Psychology class

雷　坚◎编著

受用一生的心理课

凝聚心理学的智慧精华，汇集心理学的经典理论

数百个引人深思的心理故事，数十堂饶有趣味的心理课程

让人生的积极改变，从这本书开始！

中国纺织出版社

内 容 提 要

本书带领广大读者，走入有趣的心理学世界。本书汇聚了众多心理学教授的经典理论，分别从成功心理、社交心理、职场心理、情绪心理、幸福心理、健康心理、婚姻心理、教子心理、心理暗示等方面，对心理学知识进行了全方位的介绍，使读者通过了解心理学的智慧精华，创造幸福的人生。

图书在版编目（CIP）数据

爱用一生的心理课 / 雷坚编著. --北京：中国纺织出版社，2014.2 （2024.4重印）

ISBN 978-7-5180-0085-2

Ⅰ.①受… Ⅱ.①雷… Ⅲ.①心理学—通俗读物 Ⅳ.①B84-49

中国版本图书馆CIP数据核字（2013）第242844号

策划编辑：闫　星　　责任编辑：曲小月　　责任印制：储志伟

中国纺织出版社出版发行

地址：北京市朝阳区百子湾东里A407号楼　邮政编码：100124

邮购电话：010—67004461　传真：010—87155801

http：//www.c-textilep.com

E-mail：faxing@c-textilep.com

北京兰星球彩色印刷有限公司印刷　各地新华书店经销

2014年2月第1版　2024年4月第2次印刷

开本：710×1000　1/16　印张：20

字数：256千字　定价：85.00元

前言

现实生活中，相信在很多人的眼中，心理咨询师都很神秘，因为他们似乎有看穿一切的本事。近几年， 心理学也成为一个热门专业，在众多领域中，懂得一些心理学知识的人往往拥有更多竞争的砝码。的确，我们不得不承认的是，心理学能帮助我们了解自己、了解他人、了解很多社会心理现象，也能帮助我们解决很多心理问题，从而能更好地指导我们未来的生活和工作。

事实上，在我们生活和工作的周围，人们或多或少都会接触到一些心理学现象，比如，为什么我们的周围有那么多反常的行为和人？为什么有人喜欢抢着埋单？为什么一些好学生却总是考砸了？为什么有些成年人睡觉还怕黑？……人们为什么会有这样那样的情绪？它们 是从哪里来的？为什么有些人总是整天怨天尤人，有些人总是苦大仇深？他们的身上到底发生了什么？

对于这些问题，你或许会感到迷惑，你也无法探究其根源，这是因为你对心理学没有一个全面系统的认识和了解，但如果你能了解并学习心理学，对于这些普通常见的行为，你就可以轻松探究出其背后隐藏的心理秘密。正如德国著名心理学家约翰·弗里德里希·赫尔巴特所说：“每个人都应该了解心理学基础，因为人类活动的全部可能性概要均在心理学中由因到果地陈述了。”

当然，任何知识都必须要运用到实践中才能产生效用，心理学知识同样如此。在掌握了心理学的理论知识后，我们还应该将之运用到具体的生活中。其实，心理学知识不仅可以帮助我们调节自我、释放压力、获得激励，还能帮助我们解决很多现实生活中的问题，比如，亲子教育、经营婚姻等，但前提是我们要熟悉、掌握一些基本的心理学方法，这样在各个场合下，我们都能掌握他人的心理动态，然后对症下药，才能让我们说对的话、做对的事，然后达到我们的目的。

可以说，本书就是一本心理学理论的集合，书中有很多阐述各个理论的鲜活的案例，涉及心理自修、幸福探秘、心理暗示、战胜困境、巩固信念、激励自己、美化心灵、看轻得失、善于交际、经营家庭等方面，从而让每一个读者都能获得心灵的启迪。如果你能每天读一点点，你就一定能找到前进的航标，从而最终提升自己、激发潜能。

编著者

2013年4月

目录

上篇　揭开心理学的神秘面纱

中篇　心理学与自我完善

下篇　心理学与幸福人生

上篇

揭开心理学的神秘面纱

第1堂课　心理学就在你身边

心理学是怎样的

生活中，我们常听到“心理学”一词，在了解什么是心理学之前，我们不妨先来看看一个有关算命的小故事：

在进行广告宣传后，算命先生拿出一副塔罗牌，这副牌看上去已经使用了无数次，但其实，他只是将这副牌事先在含有某种化学成分的水中泡过，晒干后，再拿砂纸擦过而已。

这天，有个人来算命，我们称之为A先生，这位算命先生便开始了自己的算命过程。

算命先生：你相信“同步性”吗？（故作神秘）

A先生：什么是“同步性”？对于从未算过命的A先生来说，这是个新鲜名词，于是，他表现出一副很疑惑的样子。

算命先生：同步性的意思就是，在某一段时间内发生了几起毫无关联的事。就拿我算命来说，就在昨天，我居然相继为六个B型血的人算命，今天，你是第七个，自然也是B型。（A在说这句话的时候，小心观察着B的表情。）

A先生：天哪，你怎么知道的？

算命先生：当然，因为我是大师嘛！

说完后，他一脸的得意。

如果你不懂心理学，那么，你肯定认为他的确是一位大师。而事实上并非如此，所谓的“同步性”和前面六个B型血的人，都是他编造出来的，都是为了探测出被算命者的血型而制造出来的幌子。当他解释同步性这个问题的时候，其实他已经在观察对方的表情，此时，对方一脸惊讶，说明他就是B型血，所以，他便得意地说：“今天，你是第七个，自然也是B型。”而倘若对方此时并没有什么反应，那说明B型血和自己并没有什么关系，那么，他便会说：“今天，你是第七个，当然不是B型了。”因此，无论他怎么说，他都“算”对了。

于此，我们便看出了那些所谓的大仙们的伎俩。实际上，在现实生活中，那些人际关系好、处处得人缘、事业上顺风顺水的人往往都有一个“绝活”——善于察言观色，善于洞悉他人的心理。

的确，人类的心理非常不可思议。实际上，这些行为和思维的背后是有一定原因的。如果能找出其中的缘由，人就可以更透彻地了解自己，在人际交往中也能避免很多不必要的麻烦。总而言之，心理学就像指南针一样，可以指导我们更好地了解自己、认识他人。

那么，什么是心理学呢？恐怕你还没有一个具体的概念，其实，生活中，人们看到美丽的花朵会心情愉悦，听到动人的故事会痛哭流涕，这些都是心理活动产生的结果。简单而言，心理学就是观察人类的行为、分析行为的理由和原因、研究心理活动的学问。简言之，心理学就是科学地研究人类心理的学问，它既是理论学科，又是应用学科，包括理论心理学和应用心理学。此门科学的发展，对人类社会具有深远意义的影响。心理学分为五个子领域，即：神经科学、发展心理学、认知心理学、社会心理学、临床心理学。

心理学一词来源于希腊文，意思是关于灵魂的科学。灵魂在希腊文中也有气体或呼吸的意思，因为古代人们认为生命依赖于呼吸，呼吸停止，生命就完结了。随着科学的发展，心理学的对象由灵魂改为心灵。直到19世纪初，德国哲学家、教育学家赫尔巴特才首次提出心理学是一门科学。在1879年，德国著名心理学家冯特在德国莱比锡大学创建了世界上第一个心理学实验室，开始对心理现象进行系统的实验研究。在心理学史上，人们把这一事件，看作心理学脱离哲学的怀抱、走上独立发展道路的标志。科学的心理学不仅对心理现象进行描述，更重要的是对心理现象进行说明，以揭示其发生发展的规律。

心理学启示

心理学既研究人的心理也研究动物的心理（研究动物的心理主要是为了深层次地了解、预测人的心理的发生、发展规律），而以人的心理现象为主要研究对象。总而言之，心理学是研究心理现象和心理规律的一门科学。

西方心理学的发展

我们都知道，心理学主要是研究和探讨人的内在心理变化活动和外在表现行为的科学。然而，心理学也是有一定起源和发展历程的，西方的心理学虽然起源于古希腊的哲学，但一直到19世纪中叶科学的心理学才得以诞生，从19世纪到现在，心理学也只有一百多年的历史，但其对西方社会的影响确是深远的，目前在西方国家对心理学的研究和应用范围几乎涵盖了生活的各个层面，同时心理咨询和心理治疗，上至国家元首，下至贫民百姓，对其无不接受，并被公认为是一种最为高级的精神按摩方法，从而成为了西方人日常生活中不可缺少的一个重要组成部分。

具体来说，西方心理学经历了以下过程。

1.希腊哲学时代

我们很难为心理学的诞生划定一个准确的时间段。如果把理论性地研究人的心理作为心理学的开端，那么就要追溯到古希腊时代了。

柏拉图认为，人的心理是独立于肉体存在的。人死之后，心理会作为“本质”继续留存下去。

亚里士多德有一部著作《论灵魂》，在这部书中他对感觉、记忆、回想、睡眠和清醒等与现代西方心理学相通的课题进行了系统的研究，但是到了后来由于基督教的兴起和影响，人的心理变化活动和行为则被误认为是由神的旨意来安排和支配的，从而使得科学的心理学理论逐渐被唯心的基督教所取代，并在很长的一段时间内销声匿迹，直到17世纪工业革命和近代科学发展起来以后，心理学才从基督教的思维方式中脱离出来，重新确定了科学的心理学理论并得以不断发展。

2.德国心理学家冯特的出现

对于心理学来说，19世纪德国心理学家冯特的出现是一个重大的转折点。冯特将心理学从哲学中分离出来，他尝试着用科学的实验方法来研究人的心理。冯特在德意志大学开设了心理学实验室（研究室）。从此之后，便有欧洲各地、美国甚至日本的学者来到冯特的实验室，跟随他学习心理学。这就是近代心理学的开端。

3.美国心理学家华生则提出了一套全新的心理学理论，即“行为主义心理学”

通过对老鼠的观察，人们虽然无法了解老鼠的意识，但可以把握它们的行为。因此他主张心理学只需要分析人的外在行为就可以了，不必分析其内在的意识，也就是说不应该过于注重和考察客观上并不能把握的意识，而应依靠科学的测定对其表现出来的行为进行分析。

4.弗洛伊德的精神分析

弗洛伊德（1856—1939）是奥地利的精神科医生，他出生于奥地利摩拉维亚弗赖堡，在维也纳修完医科后，先后在维也纳综合医院等处做过医生，后来以精神病学家的身份私人开业行医。

1896年弗洛伊德首次使用精神分裂这个词，他在精神病治疗研究等领域做出了巨大的贡献，被世界医学界誉为“精神分析学”的创始人。

弗洛伊德创造的精神分析法认为，在人类行为的背后有一种叫做“无意识”的东西。精神分析法主要用于分析心理构成和进行心理治疗。说到弗洛伊德，在百年后的现代心理学界可谓赫赫有名的人物，但在当时，他的观点却是不被认可的异端思想。不过后来，弗洛伊德的精神分析法不仅给心理学、医学带来了巨大的影响，甚至对艺术和政治思想等各个领域也产生了很大的影响。

5.荣格的分析心理学

荣格（1875—1961）出生在瑞士凯斯维尔的一个牧师家庭，他从在巴塞尔大学学习医学开始，就对精神医学很感兴趣，后来成为了苏里霍尔磁力精神病医院的一名助手，开始了他在心理学方面的研究。他最早确立了情结概念，定义了心理学上的类型论，开创了“分析心理学”。荣格与弗洛伊德交往很深，并且在学术上相互影响。

他将人的意识分为“意识”和“无意识”并认为无意识非常重要，这一点与弗洛伊德的观点相同，但是在无意识内容这个问题上，他超越了弗洛伊德，提出了自己的理论学说，他认为无意识有两种，分为个人无意识和集体无意识。

当然，历史上还有很多的心理学家，心理学的门类及其之间的关系也更加复杂，需要我们在具体的心理学的学习过程中加以了解。

心理学启示

从古至今在世界各国特别是西方国家的心理学界都普遍认为，心理学最早起源于2000年前的古希腊，是从哲学的理论思想体制中所转化出来的一门独立的学科。因那时的心理学很接近于哲学，所以当时著名的哲学家柏拉图、亚里士多德都是站在哲学的角度和层面对人的心理变化活动进行分析和研究的。

心理学与生活

生活中，相信我们都有很多不能理解的问题：有时，明明是自己喜欢的人，却故意冷落他，面对不喜欢的人反倒热情相待，而事后往往后悔不已；为什么有些人会有心理问题；为什么那些销售人员总是好像能轻松拿下客户……我们也会遇到一些棘手的问题：最近心情不好该怎么排遣，如何挽回即将凋零的婚姻，怎样才知道自己的心理是否健康等，而其实，只要我们掌握一些心理学知识，便能得到答案，从这里，我们可以看出，心理学与生活密切相关，它并不是如人们想象得那么神秘。的确，我们总是能听见身边的人说“他是搞心理学的，什么鬼把戏也瞒不过他”。或者“还是搞心理学的，一点也不了解领导，至今还没一官半职”。更有甚者，一听心理学，就把它同唯心主义、算命和易经联系起来，把心理学视为“玄学”。从这一方面来看，我们有必要在生活中普及心理学知识及其应用。下面我们来看一个小故事：

小王是一名外企职员，负责市场部的信息工作。最近，小王接到了经理分配的一个任务，那就是打探清楚合作公司的虚实，因为该公司有利用这种商业联谊窃取商业机密的嫌疑。

这可把小王急坏了，这根本是件没有突破口的任务，因为在对方公司，小王也没有认识的熟人。苦苦地思索以后，小王豁然开朗，既然没办法让他们自己承认，就只有主动出击了，他想到的办法就是让对方代表“酒后吐真言”。

那天，小王把那位代表约出来，两人很快地就称兄道弟了，然后小王慢慢地给对方灌酒，那人的酒量不好，不到一会儿，就开始“胡说八道”了，小王趁机问：“你们和我们公司合作到底是为了什么？”那个人的“口供”正如小王和公司领导所料，对方公司只不过是为了获得第三方的资料。

现代社会，人们从事社交活动，多是带有一些目的的，其中也不乏对我们不利的目的。我们只有识别对方的目的，才不会在交际中被人利用，像小王一样，懂得一点心理学知识，再巧施一些心理小技巧，那么，对方的意图就能一目了然。

其实，心理学的各个学科都直接关系到生活的各个方面，具体说来有以下几点。

1.了解自身，认识他人

人类的心理是不可思议的，比如，一些男人生活幸福、家有娇妻，为什么还要偷腥？为什么我们越是想做好一件事，越偏偏做不好？为什么有些人囊中羞涩却总是喜欢请客……实际上，这些行为和思维的背后是有一定原因的。如果能找出其中的缘由，人们就可以更透彻地了解自己，在人际交往中也能避免很多不必要的麻烦。总而言之，心理学就像指南针一样，可以指导我们更好地了解自己、认识他人。

2.认识心理问题，及时治疗心理疾病

比如说变态心理学教会我们如何区分各种心理疾病，我们可以通过学习来了解自己是否达到某种心理疾病的标准并且可以进行自我调节，做自己的心理医生。

3.指导人们正确进行人际交往

与心理学联系最紧密的应该是社会心理学，社会心理学研究了人类的情感问题，人的喜怒哀乐、爱情、人际之间的关系。它可以作为我们生活的指引。比如，我们通过学习可以知道爱情的种类，怎么样去寻找自己理想的爱情，并且指导未来的婚姻生活。

不过，心理学的应用远不止以上三个方面，比如，它还可以通过研究发生自然灾害时人们的心理，制订出最合理的避难措施；通过研究罪犯的心理，可以采取适当的措施有效减少犯罪，并改造罪犯的人格；还可以通过心理学研究，纠正人类视觉上的错觉。总之，心理学的应用范围非常广，是一门非常深奥的学问。

心理学启示

心理学涉及知觉、认知、情绪、人格、行为和人际关系等许多领域，也与日常生活的许多领域——家庭、教育、健康等发生关系。心理学一方面尝试用大脑运作来解释个人基本的行为与心理机能，同时，心理学也尝试解释个人心理机能在社会行为与社会动力中的角色；同时它也与神经科学、医学、生物学等科学有关，因为这些科学所探讨的生理作用会影响个人的心智。

学习心理学的方法

作为一门实验科学，研究的方法在心理学的发展中占有特别重要的地位。现代心理学的各主要流派所形成的研究方法在历史上都有其特定的影响、作用和局限性。用客观的、发展的观点对心理学研究方法的演化过程进行回顾和比较，对于分析、评价和改进目前在心理学研究中所应用的各种方法和提高研究的水平具有积极的意义。心理学家们正重新思考如何建构一个具有综合性、系统性、可操作性和预测性的心理学研究方法体系，在这方面应进一步引入现代科学的理论和概念。

美国心理学家查普林（James P. Chaplin）曾指出："任何科学发现或概念的有效性取决于达到该发现或概念所采取的程序的有效性。"虽然这个定义只是特指操作主义而言的，但它的确坦诚地表述了科学研究的方法论对科学发展，其中也包括了心理科学发展的重要性。从一定意义上说，科学的发展史在实质上就是科学方法论的演化史。所谓方法论是科学家在从事科学研究的过程中积累和形成的一种研究工作的模式，托马斯·库恩称其为"范式"。因此，"科学技术的每一次重大进展，几乎都伴随有研究方法的重要进展；反之研究方法的每次发展又总是使人类对自然规律普遍性的认识更深化一步。"科学的发展和体系的形成就是在新旧方法论的交替和进化中实现的，心理学及其研究方法的发展也同样如此。

那么，心理学的基本研究方法有哪些呢?

心理学的研究方法很多，可以大致分为三大类：描述研究、相关研究和实验研究。

1.描述研究

描述是心理学研究最起码的工作，研究者往往还没有一个正式的假设，目的是对心理与行为进行详细的描述，以确定某种心理现象在质和量上的特点。自然观察法、调查法和个案法都属于描述研究，即描述发生了什么，但不能解释为什么。

（1）自然观察法。

自然观察法是指在自然情境中对被观察者的行为作系统的描述记录。例如，以非参与方式观察记录不同班风下的师生之间的互动方式，观察不同企业文化下员工的休闲模式。

自然观察法听起来简单，很有吸引力，但做起来会遇到不少困难。比如，因为观察者自身因素，观察的结果就可能产生误差。

当然，即使如此，对于一些心理学课题，采用这种方法仍然是最合适的。例如，心理学家想要揭示黑猩猩在自然居住地的社会性行为，想要了解婴儿的语言发展情况，采用自然观察法就最为合适。如果能借助录音机、录像机加以记录，那就可以更有效地在自然状态下进行观察。

（2）调查法。

调查法是以提问题的方式，要求被调查者就某个或某些问题作出回答并说出自己的想法。例如，如果我们想了解受教育水平不同的人对孝道的态度，可以就此问题去调查许多人。我们也可以针对特定的人群（如大学生）对学校心理健康服务体系的现状进行调查。

（3）个案法。

个案法是收集单个被试各方的资料以分析其心理特征的方法。通常收集的资料包括个人的生活史、家庭关系、生活环境和人际关系等。根据需要，也常对被试者做智力和人格测验，从熟悉被试者的亲近者那里了解情况，或从被试者的书信、日记、自传或他人为其写的资料（如传记、病历）进行采集和分析。用此种方法的研究，不同于用同一种方法或对许多被试者的调查所收集到的资料经由统计分析得出一般性倾向的研究。

2.相关性研究

如果我们用自然观察法、调查法和个案法发现一种现象与另一种现象有联系，那我们就可以用相关法来考察它们之间的相关程度。相关法是一种探索两个或两个以上变量之间相互联系的性质与紧密程度的研究。例如，我们想考察

大学新生的自我价值感和普通心理学的学习成绩之间是否有联系（相关）。我们先要给这两个概念下一个操作性定义。该怎样测量自我价值感和普通心理学的成绩呢？测量普通心理学的成绩比较简单，可以根据一个学期内某个学生这门课程的随堂考试成绩的总和来评定。而自我价值感的测量则可以选择一个设计较好的测量工具来测量。

3.实验研究

实验法是在控制的条件下系统操纵自变量的变化，以揭示自变量和因变量之间的内在关系的一种研究方法。

虽然实验研究与相关研究都是研究事物量变关系的，但这两种研究的实施是很不同的。在相关研究中，研究者对研究环境一般不加以控制，往往依据过去从现场收集到的资料用统计程序加以处理，建立变量之间的对称关系而不是因果关系。实验则不同。实验是当时在现场收集资料，对实验环境加以控制并操纵有关变量以便建立因果关系。

心理学启示

心理学研究的方法有很多，各种研究方法都有其优缺点。我们应当根据研究问题的需要选择合适的方法，扬长避短。如果能合理地使用几种方法，取长补短，那就会取得较佳的研究成果。

第2堂课　心理的需要和动机

男女搭配，真的干活不累吗

现实生活中，我们发现一个奇怪的现象，男服务员在接待女顾客时往往比接待男顾客更加热情。一个全部由男性组成的团队如果突然有一个女性加入，会立即活跃起来。其实，这就是异性效应的作用，人们常调侃的“男女搭配，干活不累”，其实也是这个道理。

异性相吸的道理，就像物理学中，磁场会产生同极相斥、异极相吸的现象一样。

的确，在一个只有男性或女性的工作环境里，不管条件多优越，不论男女，都容易疲劳，工作效率也不高。异性效应是一种普遍存在的心理现象，其表现是有两性共同参加的活动，较之只有同性参加的活动，参加者一般会感到更愉快，干得也更起劲，更出色。这是因为当有异性参加活动时，异性间心理接近的需要得到了满足，因而会使人获得不同程度的愉悦感，并激发起内在的积极性和创造力。男性和女性一起做事、处理问题都会显得比较顺利。

那么，为什么会产生异性相吸的现象呢？在社会生活中，由于对异性欲求与尊重欲求的本能需要，在与异性接触中，会潜意识地“自我表现良好”以取悦对方。这样一来，双方自然而然会产生热情、友好的情感。此时的情感是内心体验的一面镜子，谁都愿意在异性面前留下一个美好的形象，这就不知不觉地提高了相互行为的互补性、约束性、激励性，还能给人带来愉悦的情感。与

此同时，愉悦的情感还有助于活跃思维，增强记忆，使人奋发向上，人如果处于满怀激情的状态下，会迸发出更大的力量，激发非凡的能力。

可见，在日常工作中，在精神上互悦，智力上互偿，气质上互补，事业上互助，异性效应总能让员工事半功倍，感觉生活轻松愉快。

因此，我们不难发现，很多管理人员在为员工安排工作的时候，都会遵循这一原则，从而让他们发挥最高的工作效率。

当然，男女有别，即使是同事，每天在一起相处，也要保持一个度，不可太亲密，否则就有轻佻之嫌，还易于造成一些不必要的误会。

不过，在男女之间交往时我们也不宜太严肃冷淡，理智从事和善于把握自己的感情固然必要，可是太冷淡严肃，就会伤害对方的自尊心，也会让人感觉你高傲无礼，从而对你敬而远之。这对于完成一致的目标和任务势必会起到阻碍的作用。

心理学启示

“男女搭配，干活不累”，异性相吸定律对个人和组织的启示不言而喻。但是，只有健康的才是有效的，在与异性的合作中，也要把握好分寸和原则，使异性交往成为我们工作中的好调料。

女强人就是工作狂吗

多少年来，女人似乎就是弱者，在社会的心理位置上女人的工作似乎就应该是相夫教子，只能算为“二等公民”。女人从来就是“附庸”、“摆设”、“小人”、“奴隶”。而现在，女人终于可以和男人一起参与社会工作，发挥自己的价值了，然而，也有这样一些女人，她们花在工作上的时间和精力的比重很大，她们甚至不顾家庭，不顾生活。那么，这些“女强人”为什么会那么喜欢工作，又为什么有那么大的野心呢？

关于这一点，涉及马斯洛的需求层次理论，这一理论亦称“基本需求层次理论”，它把人的需求分为五种，这五种需求像阶梯一样从低到高，按层次逐级递升，分别为：生理上的需求，安全上的需求，情感和归属的需求，尊重的需求，自我实现的需求。而很明显，对于事业上的野心则属于自我实现的需求。现代社会中的人，都不可能只追求小康和温饱，更高层次的追求能让人们不断进步，让人们获得来自他人的尊重，获得社会的认同，而工作同样如此，它不仅能给人们带来物质生活，为人们日常的吃穿住行提供资金来源，它更能给人们提供一个发挥价值的机会。对于那些工作上有所成就的人，他们获得的认同感也就更高。

当然，“女强人”之所以成为一个特定名词，还有一个现实原因，那就是和情感有关。一些女人感情不顺心，无法享受到一般女人的爱情，于是，她们会选择转移自己的精力，把大把的时间花在工作上，而反过来，它们也会因为专注于事业而没有时间恋爱和关注家庭，于是，女强人便会越来越忙，越来越喜欢工作。

其实，可能女强人自己也发现，男人们多半都不喜欢自己的妻子和恋人是“女强人”，因为女强人会让他们有压力，而且男人天生保护欲强，女强人则激发不起他们的保护欲望。

因此，如果你是一个女人，如果希望爱情事业双丰收，你就要学会把握平衡。一个女人，的确应该走自己的路，那样就不会成为男人的附属品。但积极的事业心并不与婚姻生活相违背，男人口中的“出得厅堂，进得厨房”就是这个意思。他们更希望自己的妻子是一个职业女性和家庭妇女的综合体。一个在外面交际广泛、工作能力强的女性，回到家里又能把丈夫、孩子照顾好的女人，男人都会爱的，也会尊重的，事业、爱情双丰收，才是每个女人的毕生所求！

心理学启示

现代社会的女性，应该学会热爱自己的工作，但并不需要把所有精力都投入到工作中。真正幸福的女人懂得权衡，因为一个人的价值并不一定要完全体现在工作上，懂得享受生活的女人才最快乐。

归属感是什么感觉

提到现代企业，我们最容易想到的就是人性化管理，所谓人性化管理，就是一种在整个企业管理过程中充分注意人性要素，以充分开掘人的潜能为己任的管理模式。的确，一个企业其实就像一个大家庭，而每一个员工就是家庭成员。一个家庭，只有做到“家和”，才能“万事兴”，同样，一个企业的发展，贵在人和。要人和，就离不开“暖意融融”的人文关怀。而作为企业的大家长，管理者只有正确把握好方式方法，坚持用真诚、平等、温暖的情怀去管理，才能让人感觉到春天般的希望，才能使全“家”上下具有共同的奋斗目标和价值追求，对家有强烈的归属感和认同感，对组织有充分的信任感和依托感。如此这般，才能人人心情舒畅，保持积极向上的心态，齐心协力干事创业，进而推动企业繁荣发展。

一到年底，看到别人拿着一大笔的年终奖，崔嘉都有来年后跳槽的冲动。她现在所供职的这家公司，由于体制原因，比同行业公司的收入要少很多，尤其是各项福利待遇甚至是全行业最低，“工作说到底就是赚钱养家，高薪当然总是更具吸引力。”崔嘉说，以前她经常为跳槽的问题而纠结。

虽然想过跳槽，但她从来没有付诸过行动，个中原因就是她很享受现在的工作氛围。“公司的人际关系并不复杂，我和同事关系也都非常好，特别是老板、经理为人也比较厚道”，崔嘉觉得，在这样的环境里工作，心情一直非常舒畅，干得开心比什么都重要。要是换了一家公司，遇到一个不好的老板，那就得不偿失了。因此，她决定在这家公司坚持干下去。

崔嘉的心态真实地反映了相当一部分职场人士的心态。与同事、领导和谐的关系与高薪相比哪个更重要？不同的人因为各自追求和所处环境的不同，自然答案也不尽相同。但不可否认，很多人都选择了前者。他们之所以有这样的选择，是因为他们在企业内感受到了归属感。

那么，什么是归属感呢？

归属感是指团体中的成员都有隶属这个团体的感觉。这种心理产生是由于人的本性需要所致，即生活在社会中的人渴求他人的友谊，得到他人的承认。因为个人的能力、才华的展现均需要在团体中才能实现。

不难发现，归属感是赢得员工忠诚、增强企业凝聚力和竞争力的根本所在。打个很简单的比方，如果企业管理者在平时注重对员工的人性化管理和员工归属感的培养，那么，在企业遇到难题时，员工们一定会挺身而出，与企业共渡难关。

所以，员工的归属感对企业的发展尤为重要，那么，作为企业的管理者，如何培养员工对企业的归属感呢？有以下三点建议：

1.注重和员工的交流，实现意见互通

我们先来看摩托罗拉公司怎么实现领导与员工的意见互通的。

1998年4月，摩托罗拉（中国）电子有限公司推出了“沟通宣传周”活动，内容之一就是向员工介绍公司的12种沟通方式。比如员工可以以书面形式提出对公司各方面的改善建议，全面参与公司管理；可以对真实的问题进行评论、建议或投诉；定期召开座谈会，当场答复员工提出的问题，并在7日内对有关问题的处理结果予以反馈；在《大家》、《移动之声》等杂志上及时地报道公司的大事动态和员工生活的丰富内容。另外，公司每年都召开高级管理人员与员工沟通对话会，向广大员工代表介绍公司的经营状况、重大政策等，并由总裁、人力资源总监等回答员工代表的各种问题。

古语云：上下同心，其利断金。正是这样一系列的举措，摩托罗拉让员工感到了企业对自己的尊重和信任，从而产生了极大的责任感、认同感和归属

感，促使员工以强烈的责任心和奉献精神为企业工作。

2.建立安全感

“安全”环境其实就是一个轻松、和谐、不用担心被谴责的工作氛围。的确，只有人们在一种安全机制下，才会觉得自己可以轻松投入，而当人们觉得不安全，会产生很强的自卫意识，会变得担心、胆怯、敏感等。因此，作为管理者，要尝试使用各种方法为员工建立安全的工作环境，从而培养员工的团队精神，使其能创造性地解决问题。

3.让员工有成就感

只有让员工觉得自己做的是有意义的工作，他们才有奋斗的动力，因此，管理者要对员工的工作不时地进行表扬，肯定他们的工作；另外，不要忘了给员工施展才华的机会，并委以重任，让他们从工作中获得成就感。

心理学启示

企业重视员工归属感，能让员工感受被尊重，那么，作为管理者的你，就无需时刻都对员工灌输所谓的敬业奉献，你也不用害怕员工自己管理不好自己。你应该对员工的自我管理水平抱有信心，相信他们能提高工作效率！

养宠物寻开心

生活中，我们经常看到这样的场景：清晨或傍晚，在公园或者马路上，一个人牵着一条狗……不得不说，现代社会，养宠物的人越来越多，不仅老人养宠物，年轻人也养宠物，并且，所养宠物的种类也越来越多。有人养猫，有人养狗，有人养鸟，甚至有些人还会养蛇、养蜥蜴，那人们为什么越来越热衷于养宠物呢?

关于为什么养宠物，最通常的说法是“作伴”。在国外有研究证实：饲养宠物陪伴日常生活的孤寡老人的身体状况较为良好，寿命也有所延长。而在我国，父母工作繁忙，无法经常陪伴孩子的家庭也会考虑饲养宠物陪伴孩子。

玲玲从大学毕业后，就离开湖南老家去了北京，成为了北漂一族，她之所以去北京，原因只有一个，男朋友在北京，然而，在不到三个月后，她就发现男朋友有了新欢，于是，她很干脆地说了分手。

然而，在没有一个朋友的北京，失恋的她好像失去了生活的重心，她不知道何去何从。一次，她浏览网页时，无意中看到有人因为将出国要出送自己的小狗，这引起了玲玲的兴趣。最后，玲玲很顺利地得到了这只小狗，它的名字叫果果。

虽然照看果果有点麻烦，但玲玲很开心，每天早上，在自己洗漱完之后，也会给果果洗个澡，吹吹毛发，喂它吃早餐，然后带她去楼下散散步，回来刚好七点，然后她再去上班。

果果是只很可爱的小狗，它不会在家里大小便，玲玲不在家的时候，它会安静地躺在沙发旁，晚上，玲玲一回家，它就很高兴地跑过去，然后粘着玲玲不放。

现在玲玲常对周围的新朋友们说，那段时间幸亏有果果在，不然她真不知道怎样熬过那段最痛苦的失恋岁月。

从玲玲的经历中，我们发现，养宠物确实会让人感到身心愉快，在照料宠物的过程中，我们的心情能得到舒缓，同时，宠物都是很好的听众，我们不必担心它会泄露我们的秘密。的确，有时候与宠物交流获得的乐趣和满足，是人与人之间的交流所不能得到的。

当然，除此之外，养宠物者还有以下几种心理：

自恋型，理想化照料者、压抑的情感由宠物来达成。

自恋型，就是养什么像什么，或者是他部分人性的反映。人通常都有自恋的心理，也需要有自恋的心理，养宠物，是一种很好的又不自知的自恋行为。

很多理想化照料者，是一种过渡课题，比如，很多小孩都有这样的一个阶段，他把宠物看成自己，而他自己充当一个照料者，其实，他怎么照料宠物的，就是他内心渴望别人怎么照顾他的。有一些人，则是童年时期的一个未了愿望，比如，以前家庭子女比较多，父母能够给到每个孩子的关注并不多，但孩子本身是有欲望与渴求的，在她的心里都有一个理想妈妈的原型，当她有机会时，她会充当这个理想妈妈，去照料宠物，这就是一种补偿。

表达压抑性的情感，是养宠物的另一种心理。人都有多面性，她表现出来的不一定是她最真实的一面。这个时候就产生一种压抑。压抑需要排解，养可以表达自己内心欲望的宠物，也是一种排解。所以会看到，一个斯斯文文的女孩，却养一条凶猛的大狗这种现象。

当然，养不同的宠物者的心理也是不同的。

鱼类也是人们饲养宠物中比较多的一种，鱼与其他动物的生存环境不同，鱼缸有多大，鱼的世界就有多大。喜欢养鱼的人，大都更向往自由自在的生活，崇尚大自然，拒绝受到束缚，需要极广阔的自由空间。

鸟又是一种被古代中国人普遍豢养的宠物。由于它的羽毛华丽，体姿优美和鸣声悠扬动听，历来被人们钟情并宠爱。养鸟的人，基本都有双重性格，一面渴望飞翔，渴望自由，另一面则害怕失去现实的生活。所以和他们打交道要特别注意，千万不要被他们的双重性格弄得一头雾水。而且养鸟的人较为孤僻，不善于交际。

养另类宠物往往代表自己的一种愿望，这种愿望是独特的，很引人注目的，但很多时候那种独特感、优越感，恰恰反映出内心的懦弱与无助。

从心理学上说，养宠物有着诸多的积极意义。不管出于什么心理养的宠物，都有着积极的意义，比如自恋、理想化照料者和表达压抑的情感，宠物是排解的一个渠道。养宠物，分普遍心理和独特心理，绝大部分人都是普遍心理，不过，如果对宠物特别关注的话，就折射出养宠物的人的心理状况，太过了，就是心理不健康的一种外在表现。

心理学启示

养宠物不是坏事，但一定不要把生活的重心全部放在宠物上，要发掘多一点的兴趣爱好，要发现世界的精彩，并不是只有宠物才可以愉悦生活。

好学生为什么也会考砸了

天天是一个普通工人家的孩子，有两个姐姐，他是家中老小，也是唯一的男孩子，父母宽厚待人、严于律己的生活态度深深影响着子女。从小，天天就是个很懂事的孩子，无论是学习还是生活上，他从来不让父母操心，小学成绩一直名列前茅。考入市重点中学后初中阶段成绩总在全班名列前茅，后来，升入高中后，因为竞争的激烈，他的成绩下降到全班第十名左右，于是，从高一开始，天天更加刻苦学习，每天学到深夜12点多，从不敢看电视或出去玩。

然而，临近高考的天天却出现了一些心理障碍，他无法集中精力学习，上课不停地开小差，总想一些不相干的事，看到身边的同学都在全神贯注地学习，他更加着急，但越是着急越容易开小差。考试成绩也由此越来越糟，原来是班里前十名，现在退到十五六名。他担心这样下去考不上大学，于是，他不得不求救于心理医生。

这是天天与医生的一段对话。

"一堂课，你通常会开多长时间的小差？"

"大概10分钟吧。"

"那你希望怎么样呢？"

"我希望自己上课不要开小差，集中精力听课，医生，你能帮帮我吗？"

"当然，那你能告诉我你开小差的时候都在想什么吗？"

"会想些乱七八糟的事，比如，我会想，我现在住家里，别人有足够的时间学习，我还要坐公交车回家，万一被人超过了怎么办。还有，我会想，万一我考不上大学怎么办？总是想这些问题，耽误了不少时间。"

"如果将所有的精力全部用在学习上，你会考多少名？"

"我觉得考前3名没问题。"

"也就是说，你认为自己的实力其实是不比别人差的，而你考不好的原因是因为你没有将自己的精力全部用到学习上？"

“……也不一定。”天天这样告诉心理医生。

“那你现在花在学习上的时间多吗？”

“是的，但不知道为什么，花的时间虽然多，却不见什么成效。”

“根据你以前的经验，如果整天为不能将所有精力放在学习上而着急，并一味增加学习时间，减少睡眠与休息，会有什么样的结果？”

“好像越来越糟糕。”

“那也就是说，你也认为越是着急，越是给自己加压，情况越是糟糕？”

“嗯，是的！”

“既然如此，为什么还要着急呢？”

“我好像控制不住自己。”

“好，现在假设我们换一个态度，我们自己只要尽力了，就对得起自己和父母了。成绩怎样那是老天爷的事，这样会有什么样的结果？”

“可能会放松一些。”

“嗯，既然你能这么想，那就好办多了。举一个例子，假如两个同学同是70分成绩的实力，一个极力想考80分，加班加点，终日紧张，学习效率下降，考试时发挥不出水平，最终只考了60分；另一个比较接受70分的现状，该学时认真学，该玩时就放松玩，最后考试发挥出色而考出80分的好成绩，你能理解吗？”

“能……”

从天天遇到的情况，我们不难看出，在学习这一问题上，天天之所以会考试成绩不断下降，是由于其不断给自己加压，他要让自己把所有的精力都用在学习上，这是一种苛求自己的态度。但事实上，我们可以掌握自己努力的程度，却把握不了最终成绩。无形之中，他给自己制造了遭受挫折的条件。可以这么说，他精力不集中正是将精力用至极点的表现。

也就是说，在考试这一问题上，有个很奇怪的现象，过分想考好时反而考不好，不特别在意成绩反而考得更好，正如道家所讲的“无为而无所不为”，越刻意追求某种结果反而达不到，而真正做到“无为”则在无意中什么都得到了。其实，世界上很多事是不以我们的主观意志为转移的。客观世界如此，我们的主观内部世界同样如此。不管你承认与否，我们不可能完全控制自己的心理现象。至于学习成绩的好坏，更是主观意志不可能完全控制的，它与你的智力、考试时的心理和生理状况、老师出题的偏好等因素密切相关，是你主观负不了责的。作为学生，你只需要做到平时学习认真、注意学习技巧，不打疲劳战，劳逸结合，在生理及心理允许的范围内尽可能多地投入学习时间就够了，至于考试成绩如何不要过分在意。也就是多注意过程，少注意结果。

心理学启示

世间万物，很多都不是以我们的意志为转移的，持有无为的心态对待考试以及生活中的其他事，那么你承受挫折的能力将会大大提高，心理更健康，生活更愉快！

一句“对不起”何以消解矛盾

人生在世，孰能无过。生活中，我们常常会无意中做错事，做错事并不要紧，只要我们懂得及时说一句“对不起”。心理学认为，大多数情况下，“对不起”可以消解对方的怒气，因为“对不起”三个字能很好地转变对方否定的观点，对让对方厌恶的情绪进行批判，感觉自己被理解。因此，一般情况下，只要我们说了对不起，事情就能顺利解决，矛盾也能轻松缓解。

这天，刚下飞机的陈先生行色匆匆地走着，还有半个小时，他得赶到一家大型的公司进行业务洽谈。

这时，他突然哎哟一声，原来，一个年轻的姑娘着急赶路时不小心踩了陈先生一脚，姑娘穿着细跟的高跟鞋，尽管陈先生想忍着，但他实在疼得受不住了，便大声叫了出来。他正想数落一下这个姑娘，谁知道姑娘立即说：“先生，真是对不起，你看我只知道赶路，伤着你了，真是不好意思，这样吧，我

们现在就去医院看看吧。”

陈先生一看姑娘诚恳的样子，想想自己一个大老爷们儿，没必要跟一个小姑娘计较，于是，他就说：“算了，没事，你也不是故意的，你赶紧走吧，别耽误时间了。”

听到陈先生这么说，姑娘连忙说了几个谢谢，然后就离开了。

被陌生人踩了一脚的陈先生为什么会怒气全无？因为这位姑娘及时道了歉，说了“对不起”。我们不难发现，生活中，很多矛盾的激化，甚至是怒目相向，大都来源于一些无伤大雅的小问题，其实只要我们说句“对不起”，事情就能很好地解决。因此，我们都需要学会道歉，并且掌握道歉的艺术。也许有人会说，道歉有什么难的，说声“对不起”不就得了。其实，真正的道歉不只是认个错，它应该是发自内心的歉意，是诚心诚意地请求对方原谅。

那么真诚的道歉应该怎样进行呢？以下是几点建议：

1.尽量当面道歉

玲玲最近博士毕业，刚刚找到一份不错的工作，但就在论文答辩的时候，国内一所名牌大学的一位教授看中了她，想要她去做博士后研究。这时候，玲玲不知道如何是好，便请教父母的意见：“我是不是给那个录用她的单位领导发一个邮件，告诉她其中的变故？”母亲告诉玲玲：“不行，你必须亲自前往赔礼道歉，并说明缘由。”玲玲遵照父母的建议去了用人单位，并见到了领导，结果，对方领导说本来是想说你几句，现在你人来了我们就什么都不说了，希望你做完博士后还能跟我们合作。

这就是一个皆大欢喜的结局。从这里，我们可以看出当面道歉的妙处。因为它能彰显道歉者的诚意。

2.如果你觉得道歉的话说不出口，可用别的方式代替

有时候，由于害怕对方不给面子，自己当面会碰钉子，或者是当着对方的面说赔礼道歉的话很难启齿。这种情况多半发生在夫妻之间，特别是在吵架之后。这时候，你可以采取如下的办法：

买一束鲜花送给对方；把一件对方喜爱的小礼物放在餐桌旁或枕头底下；

或趁对方不戒备时悄悄地拉紧对方的手，很多时候这种用肢体语言表达歉意的方式，经常会起到意想不到的效果。

切记，道歉并非耻辱，而是真挚和诚恳的表现。伟人也有道歉时，邱吉尔起初对杜鲁门的印象很坏，但后来他告诉杜鲁门以前低估了他——这句话是以道歉方式做出的赞誉。

除非道歉时真有悔意，否则对方不会释然于怀，道歉一定要真诚。

道歉要堂堂正正，你想把错误纠正，这是值得尊敬的事。

应该道歉的时候，就马上道歉，越耽搁就越难启齿，有时会追悔莫及。要抓住时机，不要放过机会。

如果没有错，就不要为了息事宁人而认错，要分清深感遗憾和必须道歉两者的区别。

心理学启示

每个人都生活在一定的关系中，谁也避免不了在与人交往时会伤害别人或者被别人伤害。做错了事说声“对不起”，符合社会行为规范、体现人的素质，尽管大多数伤害是无意的，但学会道歉和学会接受道歉，可以是打开通向原谅和恢复关系大门的最有效的钥匙。

第3堂课　日常行为心理解析

那些“闪婚闪离”的年轻人

生活中，我们会发现周围的80后会有这样一个奇怪的想法：谈恋爱浪费财力物力和人力，何况恋爱十年八年，也不一定不离婚，索性一步到位。于是，八分钟爱上一个人，一周谈场恋爱，一周后领回结婚证这样的现象经常发生在80后身上。不知从何时起，不少80后变成了“闪婚闪离”一族。有的甚至年前结婚，年后就离婚。80后群体为什么要如此草率地做出决定呢？婚恋心理专家指出，婚前缺乏足够的了解会成为“闪离”的导火索。

我们先来看一下这位80后的婚姻经历。

去年十一，我去北京旅游时认识了她，她是广州人，在飞机上，我们一见如故，可以说，她满足了我对于女人的全部幻想。

旅行结束，她跟我一起回了武汉。在认识半个月后，她就对我说：“我们结婚吧。”我当然高兴，天上掉下来个媳妇。很快，我们就结婚了，我们还年轻，并不打算要小孩，所以，结婚与同居我觉得没什么区别。

刚开始的那一段时间，我们如胶似漆，确实很幸福，但问题很快就出现了，她不想出去工作，这我没意见，但我觉得既然家里有个全职太太，下班回家总应该能有口热饭吃，衣服也不必都堆到星期天来洗。可事实上是，家里因为多了一个人，我必须多叫一份外卖，房间脏乱的状态翻了番，星期天我还得洗双份的衣服。我曾尝试跟她商量一下，看看她能不能做点家务，但只要一说到这个问题，她就跟我撒娇："我妈要知道自己女儿在武汉做家务，非心疼死不可。"

我并不敢跟父母说我找了一个什么都不会做的儿媳妇。起初，我也准备容忍她的这些缺点，但每次一下班回家，看着她蓬头垢面坐在电视面前吃零食，我就气不打一处来，最后，我们不断吵架，一次争吵后，她回了广州。第二天发来一封邮件，说想离婚。

可能我们身边不少80后都有这样的婚姻经历，"闪婚闪离"已经成为80后的"时尚"。据北京婚姻登记机构调查，恋爱不足三个月结婚者，离婚率居高不下，最短的婚姻仅仅维持了23天。低估两个人的生活压力，高估彼此的适应能力，是造成80后"闪婚闪离"的重要原因。

那么，80后为什么会成为"闪婚闪离"族呢？其实归结起来，大致有以下原因：

1.缺乏宽容

80后独生子女之所以成为离婚高发人群，是因为该群体中许多人以自我为中心，社会责任感和家庭责任感淡薄。这跟父母从小过分溺爱，凡事帮孩子拿主意，养成孩子缺少忍让性、宽容度有直接关系，导致了他们的婚姻稳定性下降。同时，随着时代的发展，这一代人对婚姻感情质量的要求更高了，对平淡生活的不满，使得他们不愿意凑合，一些由生活琐事引发的"婚姻死亡"现象就越来越多。

2.经济依赖导致矛盾升级

婚后两人尽管在单位都能独当一面，但家庭生活中的矛盾还是渐渐显现出来。从小花钱大手大脚惯了，一个月的工资半个月花完不说，还会经常换新手机、MP3、数码相机，甚至电脑要置办就得是一人一台，心安理得地接受老爸老妈的接济，直到产生两个家族的矛盾且一发不可收拾。

3.家务低能

经济不独立、"家务低能"是80后婚姻生活中的"软肋"，加之缺乏宽容、理解的个性往往容易成为轻言离婚的导火索。有调查显示，在已成婚的"独生代"家庭中，有30%雇用计时工来做家务，20%由父母定期为其整理房间，80%的家庭长期在双方父母家里“蹭饭”，30%的夫妇自己的脏衣服要拿到父母家里洗。

4.草率闪婚

80后到了适龄年龄后，“闪婚”也随之成为流行词。很多“闪离”的80后最后几乎都会说：之前不了解对方，没想到他（她）有那么多毛病，而导致“闪离”的前提正是看似时髦的“闪婚”。婚前缺乏深入了解，没有经过慎重考虑就草率结婚，结婚后感情基础不牢靠，而都市生活节奏快，人心容易浮躁，发生矛盾后不懂得自我调适和互相谅解，缺乏社会责任感，就容易草率离婚。

5.简单方便

值得注意的现象是，80后离婚案件当事人大多没有财产分割和子女抚养问题，使得他们离婚时的顾虑少了很多。

总之，80后群体的少数人特立独行，对待婚姻也不例外，因此，才会有越来越多的人闪婚或闪离。男女双方在一起生活不合适就离，离了再找一个，不过，如果把离婚当做一种习惯就不好了。

心理学启示

任何人，都不能把婚姻当儿戏，当我们决定进入婚姻殿堂的时候，就要抱着为自己、为对方负责任的态度，认识到婚姻的庄严和严肃，并学会努力经营婚姻。

成年人睡觉也会怕黑

我们都知道，人类不是机器，人类在工作、学习了一天后，需要休息，“日出而作日落而息”就是人们生活的真实写照。通常来说，休息就是要睡觉，而令我们感到奇怪的是，一些人在夜晚睡觉时，却不敢关灯，只有在有灯光的地方，他们才能安然入睡，这是为什么呢？对此，我们不妨先来看看高中生琪琪的经历：

琪琪今年15岁了，她刚上高中，进入新的环境，她和同学们相处得很融洽，但就是有一点，需要住宿舍的她很不适应，因为宿舍十一点就会准时熄灯，而她只要一关上灯就会睡不着，她只好自己打开手电筒，就这样，她打扰了室友们的休息，后来，她不得不回家住。其实，琪琪的父母早知道女儿在睡眠上有障碍，于是，她们决定尝试着让女儿克服一下。这天，她们强制琪琪去地下室。谁知道，过了半小时后，她们去地下室看，女儿居然昏倒了。

后来，母亲不得不带琪琪去看心理医生，在医生的鼓励下，琪琪说出了自己的心里话。原来，在她很小的时候，有一次，他和邻居家小朋友一起玩，对方给他讲了一个鬼故事，这个故事说的是一个巨人专门吃十岁以下的小孩子的心，然后还会喝他们的血，挖他们的眼。听完故事后她满怀恐惧蹒跚归家。从那次之后，她开始恐惧黑暗。

故事中的高中生之所以不敢关灯睡觉，其实是因为她患了开灯睡眠癖。开灯睡眠癖是指在夜晚睡觉时必须开灯，且在睡眠状态下也不能熄灯，造成对灯光依赖的一种不良心理嗜好。

开灯睡眠癖其病理实质是对黑暗的恐惧。这种对黑暗的恐惧大半是从幼年期开始的。因为在此期间，儿童们最爱听有关鬼、神的故事。而通常来说，这类故事的背景、内容及人物的出现，又常常是在晚间或平常人所看不到的黑暗中，以显示神秘性。久而久之，在孩子们幼小的心里，便形成了一种心理定式，那就是妖魔鬼怪都是出现在黑暗中的，就形成了对灯光的依赖，导致不敢关灯睡觉。这是开灯睡眠癖的一个主要原因。其次，在某一黑暗的情境中意外遭遇到可怕的事情，或在黑夜做了一个噩梦，这些恐怖的经历未能及时排遣，也可能造成对黑暗的恐惧。

那么，对开灯睡眠癖该怎么矫治呢？

1.可采用认知领悟疗法

对患者进行辩证唯物主义和无神论的教育，从而让他认识到世界上是不存在所谓的妖魔鬼怪的，所谓的妖魔鬼怪不过是神话而已。而他对妖魔鬼怪恐惧

其实是年幼时期的一种稚嫩情绪的反应，这种情绪的存在才是导致他害怕黑夜的主要原因。

2.系统脱敏疗法

根据患者对黑暗的恐惧程度，建立一个恐怖等级表，然后按照从轻到重的顺序，依次进行系统脱敏训练，不断强化，直到能关灯睡眠为止。

例如，对上例患者，先由数人一起关灯谈话，到数人一起关灯静坐，再到二人一起关灯睡眠，再到一人关灯静坐，最后一人关灯睡眠。

心理学启示

开灯睡觉，很多人认为这只是个很平常的生活习惯，但是如果晚上睡觉必须一直开灯才可以，就是心理疾病了，这就是开灯睡眠癖。如果患有这一睡眠障碍，一定要及时治疗，毕竟只有充足的休息和睡眠，才能保证我们有精力去进行第二天的工作、学习和生活。

吃完饭谁总是抢着埋单

生活中，有这样一类人，他们性情豪爽，天生爱请客、爱埋单，常常对周围的人说 “这次我请你们”，或者说“想吃点什么，随便点，今天我请客”。当他们表露出请客欲望的时候，那种自豪感和满足感显得尤为突出。那么，他们为什么那么喜欢抢着埋单呢?

周凯是一名电脑程序员，从毕业到现在已经工作五年，月入八千，在二线城市，他这一收入情况应该已经存了一笔钱，但实际上，周凯却没有，因为他特别慷慨，总是喜欢请客。

周凯没有女朋友，因此，只要一下班，他就喜欢约上几个同事或者朋友去酒吧玩。通常情况下，都是由周凯埋单。其实，大家收入差不多，也都是单身男青年，对于这类吃吃喝喝的消费完全可以AA制，最初同事也都建议说费用大家一齐平摊。但是，每当埋单的时候，周凯就显得特别热情地说：“我来吧！今天玩得很高兴，我请客！”

久而久之，大家似乎都形成了一个习惯，只要周凯抢着埋单，大家也都不跟他争了。有的同事觉得有便宜不占白不占，并且乐意享受这样的待遇；而还有的同事感觉老是周凯一个人埋单，显得矮人一截，于是干脆在下次出去玩的时候找借口避开了。

而周凯本人呢？他其实也是有苦说不出，由于自己太爱面子，喜欢打肿脸充胖子、在同事面前表现得大方慷慨，现在的他经常是不到月中就已经入不敷出了，而正因为如此，他也常常被父母责骂。

从周凯的经历中，我们大概能看出那些爱请客、爱埋单的人的心态，其实，最主要的原因就是想获得一种满足感。对他来说，虽然用于请客的开销很大，但是每次请客的时候，想必他的那种虚荣心就得到了满足。

这种心态会让他们有这样一些表现：他们会经常找一些由头来请客，比如，有事相求于朋友、联络感情等，甚至有些时候，他们根本找不到请客的理由，大家也提议AA制消费，但他还是露出极为不高兴的神情，然后责备说：“你真是太见外了，太客气了，我付还不等于你付啊，大家都是自己人！”并且，从他说话的口气中，我们能真切地感受到他所说的话是充满诚意的，并且是充满自豪感的，但也许我们并不知道，他的经济情况已经不允许他这么做了。

我们其实也明白，一个人有能力为大家埋单证明了一点，他有足够的金钱，有足够的经济能力，他绝不会比别人差，所以，那些大凡喜欢经常请客的人拥有一种强烈的自我满足欲望。

既然有人埋单、有人请客，那么，就一定有被请的人，其实，他们的心理也是微妙的、不尽相同的。这分两种情况，一种是吝啬鬼，他们觉得只要有人请客，那就应邀参加，不吃白不吃、不喝白不喝；还有一种，他们在接受了别人的邀约后，也会有一种不如人的感觉，因此，刚开始他们可能会高兴赴约，但久而久之，他们宁愿找借口推掉也不愿享受这种心灵的煎熬。对于第二类被请客的人，他们的这一心态其实与请客者是相同的，都是希望自己能充当保护

者的角色。这一点，与过度保护孩子的母亲的心理非常类似。

我们不难发现，有一些这样的母亲，她们对自己的孩子非常好，几乎是包办了孩子所有的事，她们除了要工作和打理家务外，还要为孩子做所有的事，她们很辛苦，但他们却很享受这样的过程。表面上看，她们是在保护孩子，但其实，她们利用这种行为来保护自己。因为她们在以前也曾经享受过这种被人呵护的感觉，现在仍然在追求那种心理状态。因此，当他们当了母亲后，他们便把孩子当做保护的对象，以此来满足自己的欲望。根据这点，我们可了解，这样的母亲看似疼爱孩子，其实更爱自己，因为唯有如此才能使她神采奕奕。

其实，一样的道理，那些喜欢请客的人，表面上看，他们是热心的表现，但其实，这只不过是他们为了满足自己的形式而已。所以喜欢请客的人，和喜欢被人请的人凑在一起，彼此就各得其所，分别得到满足了。

心理学启示

我们生活的周围总有一些爱请客的人，其实，归根结底他们是想从请客的过程中获得一种满足感。了解了他们的心态后，我们应抱着理解的态度与之相处，只要他们不是另有所求，大可接受他们的好意。这样，可以说是皆大欢喜。

得不到的东西何以更珍贵

生活中，相信人们都有这样的心理感触：我们最讨厌电视剧中插播广告，因为我们渴望尽快了解剧情；对于我们没有购买到的衣服，我们会念念不忘，但一旦到手，就可能弃之如敝履；打电话之前，我们会清楚地记得所要拨打的电话，但一旦打完，就将其抛之脑后了……为什么会这样呢？其实，这都是蔡格尼克效应在起作用。

蔡格尼克记忆效应是指人们对于尚未处理完的事情，比已处理完成的事情印象更加深刻。这个现象是由蔡格尼克通过实验得出的结论。

这是20世纪20年代苏联心理学家B.B.蔡格尼克在一项记忆实验中发现的心理现象。她让被试者做22件简单的工作，如写下一首你喜欢的诗，从55倒数到17，把一些颜色和形状不同的珠子按一定的模式用线穿起来，等等。完成每件工作所需要的时间大体相等，一般为几分钟。在这些工作中，只有一半允许做完，另一半在没有做完时就受到阻止。允许做完和不允许做完的工作出现的顺序是随机排列的。做完实验后，在出乎被试者意料的情况下，立刻让他回忆做了22件什么工作。结果是未完成的工作平均可回忆68%，而已完成的工作只能回忆43%。在上述条件下，未完成的工作比已完成的工作保持得更好，这种现象就叫蔡格尼克效应。

蔡格尼克效应说明一点，人们对未完成的事物和未得到的事物，都会产生较高的苛求度，这就是生活中人们常说的，越是得不到的，越是珍贵。

的确，人生在世，最珍贵的是什么？长久以来，大多数人认为世间最珍贵的东西是“得不到”和“已失去”。

人们常说得不到的东西才是最珍贵的。是啊，因为得不到，我们才憧憬，才梦想，才穷其一生去追求。哪怕像飞蛾扑火，哪怕像空中楼阁，哪怕像懒汉仰头等待天上掉馅饼，哪怕像沙漠行者奔跑着扑向海市蜃楼。因为得不到，我们会怅然若失，会绝望，会撕心裂肺地痛。这种感觉会深刻地印在我们的记忆中，挥之不去，会时时困扰着我们的思想，影响着我们的生活，搅得我们寝食难安。我们念念不忘得不到的东西，于是便认定它才是最珍贵的。

得不到和已失去固然珍贵，但这并不是最珍贵的，人间最珍贵的应该是把握好现在你手中的幸福，好好珍惜眼前人。日休禅师曾经说过：人生只有三天——昨天、今天和明天。活在昨天的人迷惑，活在明天的人等待，只有活在今天的人最踏实。

是的，已失去好比是昨天，得不到好比是明天。珍贵的昨天已经失去，不再回来；没有得到的明天还没有来临，不能把握。我们应该珍惜今天的生活，认真地度过今天的每分每秒，每时每刻。珍惜你所拥有的东西，哪怕你现在没有觉出它有多么重要，多么珍贵；哪怕它平凡得像一棵草，普通得像一杯水，寻常得像一粒风中漂浮的尘埃。因为只有你珍惜它，才不会为将来失去它而痛苦，就没有时间为得不到的东西而耿耿于怀。

有时间的话，常回家看看，多陪陪家人。不要等到“树欲静而风不止，子欲孝而亲不在”的时候去追悔，去痛苦，去撕心裂肺地痛哭。

把握好现在你手中的幸福，好好珍惜眼前人吧！因为这才是世界上最珍贵的。

心理学启示

人们天生有一种办事有始有终的驱动力，人们之所以会忘记已完成的工作，是因为欲完成的动机已经得到满足；如果工作尚未完成，这一动机便使他对此留下深刻印象。这就是为什么人们常常感觉越是得不到的东西才越觉得珍贵，然而，真正珍贵的是当下，是现在，因此，把握住幸福就要活在当下，珍惜当下！

“宅男宅女”的那些心思

要问现在的年轻人周末都干什么，可能很多人都会回答：起床，开机，刷牙，登录QQ，浏览网页和新闻、刷微博、聊微信……这就是人们常说的“宅男宅女”，如果你没听过“宅”这个字，那么，你就真的落伍了。

谈到林伟，朋友都会这样评价他——典型的宅男。两年前的林伟从上海的一家软件公司辞职，辞职后的他开始从事自由职业工作，也就是给人做做网站、给人画画漫画等，现在的他，每天除了出门理发和倒垃圾外，他都待在家中。

回想起两年前的生活，林伟说：“那时候我每天都要待在办公室，有时候忙的时候十几天不能回家一趟，还得赶公交、抢午饭座位、和同事说一些无关痛痒的话，我感觉虽然很忙，却完全没有存在感，我不喜欢这样的生活……”

于是，林伟主动辞职了。

辞职后的林伟几乎不出家门，却感到舒心多了。他每天吃着电话订的外卖盒饭，用着网购的生活用品，网页设计的生意也在网上谈好，闲暇时间就窝在沙发上看看电影、NBA。“当‘宅男’挣的和原来差不多，可是省去了很多不必要的应酬和花销，自由多了。”

不过宅在家中，也有让林伟烦恼的一面。“科技越来越发达，世界越来越小，看起来社交圈子天南海北，但人与人的距离却越来越远了”。今年夏天，林伟与大学同学聚会，一共就四个人，结果四个人都忙着刷微博、看手机，一顿饭吃了不到一小时就草草收场。此外，让林伟烦恼的是，到现在，他的终身大事还没解决，远在家乡的父母为此担忧不已。虽然在网上他也认识了几个女孩，但只要一见面，都是见光死。

也许我们的身边有很多和林伟一样的人，他们厌倦了朝九晚五的生活，宁愿宅起来。那么，为什么现在的年轻人更喜欢宅着呢？其实原因是多方面的。首先，现代社会科技的发达，让年轻人有了即使宅起来也能了解世界和外界的可能，无论是QQ还是微信、微博，都是一种很好的与人联系的工具；其次，有时候年轻人宅着是情非得已，工作压力大、免费的公共资源有限、出门社交成本高，不少人“被宅”，出去看个电影，吃顿饭，买件衣服，动辄上千元，月薪几千元的白领们只得宅起来。

当然，年轻人宅着的原因还有很多。年轻人认为宅着的生活很滋润，免除了很多与人打交道的烦恼，然而，在其内心深处，这却是一种自我逃避，继而产生出不愿意与人沟通、害怕和人交流、讨厌与人交谈、逃避社会、远离生活、精神压抑、对周围环境敏感等消极的心理症状，这一系列的表现就是“主动自闭症”的特征。外表光鲜的宅一族实际上常常忍受着难以名状的孤独和寂寞，容易产生社交缺失、电脑自闭、丧失自我的负面效应。

那么，要想改变“宅男宅女”不健康的生活应从何做起呢？

1.明确自己的生活目标

我们要认识的是，“宅”只是一种生活的方式或状态，而不是最终的生活目标。只要我们找到了让自己奋斗的目标，我们就能发现行走于世的意义所在，你会发现，为梦想拼搏是一种莫大的幸福。

2.从小事情开始改变

宅其实也是一种生活习惯，要改变这种不健康的生活状态，我们还应该从小事改变，不要再在电脑前一坐就是一天一夜，别再一味地网购，也去商店看看，要知道，讨价还价也是购物的一种乐趣；别再总是熬到深夜，给自己一些约束力能过得更健康。只要肯迈出第一步，剩下的99步就不再是难以攻克的障碍。

3.拓宽自己的社交圈

俗话说："在家靠父母，出外靠朋友。"拥有良好的人际关系可谓是百利而无一害。经常宅着的你有没有觉得自己很孤单？遇到了问题是不是没有人可以倾诉？真诚的朋友会带走你世间的一切烦恼。既然世界上存在这样一种"烦恼清除器"，你为何不留下它呢？

4.积极参加体育锻炼

运动不仅可以提高身体的抵抗力、增加血液循环、调节心率，还能够放松心情、缓解压力、补充精力。当你体会到运动带给你的愉悦之后，这种规律、健康的生活方式一定会打动你。

5.多进行一些户外活动

清新的空气和明媚的阳光是最好的"心情净化剂"，定期出去参加一些爬山活动或旅行是不错的选择。

可见，宅生活也许看上去很惬意，但内心的凄楚和悲凉是包不住的。正常的生活不应该是这样封闭的，而是该宅的时候宅，该活动的时候活动，该放纵的时候就放纵。人毕竟是具有社会性的成员，脱离了人群，我们不会生活得更美好。

心理学启示

人是具有社会性的群体，人的一切活动和生活都离不开社会交往和交际互动，长期远离与现实社会的接触，不仅会使我们的社会性退化，也会在心理上产生趋于退缩和自我保护的心理意识，从而催生性格上的缺陷，比如过分的自卑或自傲、交际能力退化等。

菲里埃大桥上的跟风自杀者

在英国伦敦，有座著名的菲里埃大桥，这座大桥的桥身是黑色的。说来奇怪，自从这座大桥建成后，每年都有很多人在这里跳水自尽，数量惊人，这一现象引起了伦敦皇家科学院的科研人员的重视，他们开始着手追查原因，后来，科学院的医学专家普里森博士提出这与桥身是黑色有关时，不少人还将他的提议当做笑料来议论。

在连续三年都没找出好办法的情况下，英国政府接受建议，试着将黑色的桥身换掉，奇迹竟发生了：桥身自从改为蓝色后，自杀的人数当年减少了56.4%，普里森为此而名声大震。

这里，我们不难发现，黑色的桥身是造成那些自杀者心情更加抑郁的原因，可见，色彩对人们的心理活动有着重要影响。

其实类似的事件，在日本的新干线也时常发生，后来，这一现象引起了日本政府的重视，为了阻止人们自杀，东京新干线开始在站台尾部安上蓝色的灯。

生活中，我们每天都会接触到很多色彩，这些色彩或明亮、或晦暗。世界万物因拥有各种色彩而变得缤纷绚丽，画家们也一直在用他们自己对色彩的理解来诠释这个世界，而现实生活中，色彩也在有意无意影响着人们的情绪。

颜色之所以能影响人的精神状态和心绪，在于颜色源于大自然的先天色彩，蓝色的天空、鲜红的血液、金色的太阳……看到这些与大自然先天的色彩一样的颜色，自然就会联想到与这些自然物相关的感觉体验，这是最原始的影响。这也可能是不同地域、不同国度和民族、不同性格的人对一些颜色具有共同感觉体验的原因。

近期，有英国、芬兰的科学家研究认为：色彩确实会对人的情绪产生重要影响，它们是通过刺激人的感官、刺激人的神经，进而产生心理作用的。现代社会，很多人已经认识到了这一点，并且有意地营造出让自己心情愉快的心情空间。

因此，我们可以通过选用色彩来调节自己的情绪，当心情不好时，你可以尝试选用以下几种颜色：

绿色：

与红色相反，绿色可以提高人的听觉感受性，有利于思考的集中，提高工作效率，消除疲劳。还会使人减慢呼吸，降低血压，但是在精神病院里单调的颜色，特别是深绿色，容易引起精神病人的幻觉和妄想。

红色：

颜色鲜艳强烈，刺激和兴奋神经系统，增加肾上腺分泌和增强血液循环。这是一种较具刺激性的颜色，给人以大胆、强烈的情感，使人情绪奔放，产生热烈、活泼的情绪。但过久凝视大红色，会影响视力，易产生头晕目眩之感，心脑血管病患者一般应避免红色。卧室和书房也要避免过多地运用红色。

白色：

白色对易动怒的人可起调节作用，有助于保持血压正常。孤独症、抑郁症患者不宜在白色环境中久住。

蓝色：

很容易使人想到蔚蓝的大海、晴朗的蓝天，是一种令人产生遐想的色彩，具有调节神经、镇静安神、缓解紧张情绪的作用。蓝色的灯光在治疗失眠、降低血压中有明显作用，还能减少噪声对城市居民的情绪干扰。虽然蓝色的环境让人感到幽雅宁静，但抑郁症患者过多接触蓝色，会加重病情。

粉红色：

粉红色是温柔的最佳诠释，这种红与白混合的色彩，非常明朗而亮丽，粉红色意味着“似水柔情”。经试验，让发怒的人观看粉红色，情绪会很快冷静下来，因粉红色能使人的肾上腺激素分泌减少，从而使情绪趋于稳定。孤独症、精神压抑者不妨经常接触粉红色。

紫色：

给人的感觉似乎是沉静的、脆弱纤细的，总给人无限浪漫的联想，追求时尚的人最推崇紫色。但大面积的紫色会使空间整体色调变深，从而产生压抑感。

心理学启示

人的第一感觉就是视觉，而对视觉影响最大的则是色彩。人的行为之所以受到色彩的影响，是因人的行为很多时候容易受情绪的支配。因此，我们同样可以通过色彩调节心情。

面对呼救，那些冷漠的人们

在上个世纪，人们一提到“雷锋”二字就会竖起大拇指，并以雷锋为学习的榜样，然而，现代社会，我们发现，人们会对助人的这一行为不屑甚至是鄙夷，对此，我们是不是该彻底反思一下呢？

在邻居朋友眼里，刘大妈就是个活雷锋。平日里，看到别人需要帮助，她会毫不犹豫地伸出援助之手，然而，就在上周末，刘大妈却对助人这一行为产生了怀疑之心。

那天，刘大妈上菜市场买菜，在一个菜摊处，刘大妈看见好多人围在一起，她走过去凑热闹，她看见一个老人倒在地上，看样子是骨折了，刘大妈心想，怎么人们都这么冷漠，都不去帮帮他呢？于是，她赶紧走上前去，但此时，她停住了脚步，她看了看周围的人，大家也都和她一样，四处张望，最终，刘大妈还是没有把老人扶起来。

一路上，刘大妈心中像倒了五味瓶一样，回到家，她瘫坐在沙发上，她反思：平时的那个活雷锋去哪儿了？我怎么变得这么冷漠？

的确，为什么刘大妈这个活雷锋也会和围观者一样冷漠呢？其实，这是“旁观者效应”在起作用。所谓“旁观者效应”，是指在紧急情况下由于有他人在场而没有对受害者提供帮助的情况。救助行为出现的可能与在场旁观人数成反比，即旁观人数越多，救助行为出现的可能性就越小。

凯帝案例一直被视为“旁观者效应”的经典案例，但是其实这个案例被过度渲染或是错误引用了。凯帝小姐于1964年被一个强奸杀人犯用刀捅死。根据报道，这个过程长达30分钟。在引起一位邻居的注意后，杀人犯逃离现场，十分钟后重回现场并继续捅凯帝小姐直到她死亡。报纸报道38位目击者目击了凶杀过程，但是没有一个人出来阻止或者打电话报警。这在当时引起了社会上很大的轰动。

那么，人们为什么会那么冷漠呢？根据心理学家分析，至少有四个方面的原因：

1.社会抑制作用（社会比较理论）

社会上每一个人对所发生的事情都有着一定的看法并采取相应的行动。但每当有其他人在场时，个体在行动前就比无人在场时更加小心地评估自己的行为，把自己准备做出的行为和他人进行比较，以防出现尴尬难堪的局面。比较结果当他人都不采取行动时，就会产生对个体利他行为的社会抑制作用。

2.社会影响结果（从众心理）

一个人不仅会以他人看法来评估某一情境，而且在行为举止方面也倾向于模仿他人行动。这种情况在特殊情况下更为突出。个体在面对紧急情况下，即使意识到有责任上前帮助，但若别人没有行动的话，个体往往会遵从大家一致的表现。

3.多数人忽略

他人的在场和出现影响了个体对整体情境的认知、判断和解释，尤其是在紧急情况下对自己陌生的情况进行判断。人们既缺乏对行为措施的心理准备也缺乏对行为的信息资料。因此每个人都试图观察在场每个人的行为资料以澄清事情的真实、自己的模糊认识。从他人行为动作中寻找自己行为的线索和依据。

4.责任扩散

案例中的刘大妈之所以没有对老人伸出援助之手，其实就是从众心理。假如当时就刘大妈一个人，她肯定会责无旁贷。在只有她一个人的情况下，如果她不出手帮助，她会产生羞愧感，而众人都在的情况下，帮助求助者的责任就是大家的，造成责任分散和冷漠的局面。

当然，还有一个解释，那就是对举止失措的担忧。在任何紧急事态中，为了作出反应，就必须把自己正在做的事情停下来，去从事某种不寻常的、没有预料到的、超出常规的行为。在一个人时，他可以毫不犹豫地采取行动，但由于其他人的在场，他会比较冷静，观察一下其他人的反应，以免举止失措而受到嘲笑。

心理学启示

心理学家对“旁观者效应”作出解释，并不是给我们一个冷漠的理由，而是让我们更清楚地认识自己的行为。我们都是生活在一定的集体和社会群体中，当别人需要帮助时，千万不要犹豫，请立即伸出援助之手，也许有一天，你也会得到别人的帮助。

心理学与自我完善

第4堂课　管理自我的心理课

自我判断，提升自我认知能力

朗费罗说：“别人借我们过去所做的事来判断我们，然而，我们判断自己，却是凭将来能做些什么事。”在哈佛大学，心理学教授丹尼尔·吉尔伯特曾见过这样一个姑娘：衣衫不整、蓬头垢面，但长得很美。吉尔伯特教授跟她聊天，她也心不在焉，教授沉默了一会，突然问她：“孩子，你难道不知道你是个非常漂亮、非常好的姑娘吗？”“您说什么？”姑娘惊喜地问，美丽的大眼睛里泛着泪光。原来，在日常生活中，她所面对的是同学的嘲笑、母亲的谩骂，以至于她失去了自我认知的能力。子曰：“不患人之不知己，而患人之不己知。”对于每一个人来说，最担心的事情就是不够了解自己，不能清楚地认知自己。因此，我们要善于剖析内心，让自己拥有自我认知的能力。

扁鹊是战国时代有名的医学家，魏王曾问他：“你家兄弟三人，谁的医术最高？”扁鹊回答：“大哥第一，二哥第二，我是最差的。”魏王又问：“那怎么你两个哥哥默默无闻，而你却名声大振？”扁鹊回答说：“大哥治病是防患于未然，把病消灭在萌发之中，所以在人还不知道的情况下，就把病看好了；二哥是在发病初期，给人治病，只能闻名于乡里；我呢，只有病人生命垂危，病人膏肓，才给他们动手术，就是看好了，也得落下个后遗症，但世人都认为我救了他们的命，所以名扬天下。”

一个人名声的好坏、能力的高低，是别人从事物的外表下的定义，根本就

不是这个人的本质，自己真正的能力，只有自己心里最清楚。而我们所缺乏的就是：自我认知的能力。只有清楚地认知了自己，才有可能获得成功的人生。然而，一个人最难认知的就是自己的内心，最难以回答的就是：我是谁？我想要的生活是什么？不过，当你清楚地认知了自己，就能够在这个世界上找到最基本的出发点，就能够去善待他人。

年轻时候的富兰克林很自负，有一次，一个工友把富兰克林叫在一旁，大声对他说："富兰克林，像你这样是不行的！凡事别人与你意见不同的时候，你总是表现出一副强硬而自以为是的样子，你这种态度令人觉得如此难堪，以致别人懒得再听你的意见了。你的朋友们都觉得不同你在一起时比较自在，你好像无所不知、无所不晓，别人对你无话可讲了，他们都懒得来和你谈话，因为他们觉得自己费了力气反而感到不愉快，你以这种态度和别人交往，不去虚心听取别人的见解，这样对你自己根本没有好处，这样你从别人那里根本学不到一点东西，但是实际上你现在所知道的却很有限。"富兰克林听了工友的斥责，讪讪地说道："我很惭愧，不过，我也很想有所长进。""那么，你现在要明白的第一件事就是，你已经太蠢了，现在还是太蠢了！"这个工友说完就离开了。

这番话让富兰克林受到了打击，他猛然醒悟了过来，他开始重新认识自己，与内心做了一次谈话，并提醒自己："要马上行动起来！"后来，他逐渐克服了骄傲、自负的毛病，成为了著名的科学家、政治家和文学家。

我们需要拥有全面认识自己的能力，全面认识既包括优点也包括缺点。一旦我们没有真正地认识自我，将导致内心自负或自卑等心理，最终这些负面的心理会影响到我们一生的发展。哈佛大学是世界的一流学府，能在那里学习的学子必定拥有卓越的才能，总有一些自以为是的学生，他们缺乏一定的自我认知能力。对此，哈佛教授会善意提醒：请别做少年时的富兰克林。

索菲亚·罗兰刚刚步入演艺界，就面临了制片商"善意"的建议："如果你真的想干这一行，就得把鼻子和臀部'动一动'。"但拥有一定自我认知能力的索菲亚却拒绝了，她说："我懂得我的外形和那些已经成名的女演员不一样，她们都相貌出众五官端正，而我却不是这样，我的脸毛病很多，但这些毛病加在一起反而会更加有魅力，说实在的，我的脸确实与众不同，但是我为什么要和别人一样呢？”后来，她被誉为了世界上最具自然美的人。

心理学启示

从认知自己到充实自己，这是一个美好的人生历程。自我认知是一种严谨的人生态度，自信而不自满，无论是春风得意还是失意困惑，我们都要保持最平常的心态。拿破仑的一生战功赫赫，但在晚年却遭遇了“滑铁卢”的惨败，此时他依然贪恋富贵，企图复辟王朝，最终在绝望中死去。清楚地认知自己，需要我们摆脱一切外物的依赖，绝不做金钱或权利的奴隶。

认知自我是一种胜不骄败不馁的从容，需要冷静的思考，这样才有机会赢得最后的成功；认知自我是一种高度自立的洒脱的生活方式，看清生命的本真，创造出属于自己的人生；认知自我是一种高度责任心的反省，将勇气与真诚注入自己的言行中，认清前面的方向。不断剖析内心，在忙碌之后不忘与自己作一次深入的交谈，从而拥有自我认知的能力。

解开束缚，释放自己真实的内心

有一天，十分聪明的纳斯鲁丁跑来找奥修，激动地说：“快来帮帮我！”奥修问：“发生了什么事？”纳斯鲁丁说：“我感觉糟糕透了，我突然变得不自信了，天啊！我该怎么办？”奥修说：“你一直是很自信的人呀，发生了什么事让你如此不自信呢？”纳斯鲁丁很沮丧地说：“我发现每个人都像我一样好！”

纳斯鲁丁自己十分聪明，但是，他发现每个人都像自己一样好时却感觉糟糕透了，他的内心被束缚，无法释放真实的自己，由此，不自信就产生了。现实生活中，我们常常会模糊自己真实的内心，习惯于在心里给自己设限，产生一种挫败感，导致最后我们还没有翱翔于蓝天就坠落地面了。如果我们习惯了自我设限，那么，我们的心就会失去向上生长的动力，只能在被束缚的范围里挣扎。所以，不管我们遭遇了什么样的挫折，都不要随意地否定自己，否定自己就意味着扼杀自己的潜力和欲望。

1921年夏天，年近39岁的富兰克林·罗斯福在海中游泳时突然双腿麻痹，后来经过诊断是患了脊髓灰质炎。这时，他已经是美国政府的参议员了，是政坛上的热门人物，遭到了疾病的打击，他心灰意冷，打算退隐回家。刚开始的时候，他一点都不想动，每天必须坐在轮椅上，但是，他讨厌整天被别人抬上抬下，于是，到了晚上，他就一个人偷偷地练习怎么样上楼梯。经过一段时间的练习，一天，他得意地告诉家人："我发明了一种上楼梯的方法，表演给你们看。"他先用手臂的力量把自己的身体支撑起来，慢慢挪到台阶上，然后再把双腿拖上去，就这样一个台阶一个台阶艰难地爬上了楼梯。母亲阻止儿子，说："你这样在地上拖来拖去，给别人看见了多难看。"富兰克林·罗斯福却断然地说："我必须面对自己的耻辱。"

台湾著名美学大师蒋勋曾写道："每个人完成自我，才是心灵的自由状态；每一个人按照自己想要的样子完成自己，那就是美，完全不必有相对性。天地之下可以无所不美，因为每个人都发现自己存在的特殊性。大自然中，从来不会有一朵花去模仿另一朵花；每一朵花对自己存在的状态都非常有自信。"即使遭遇了疾病的折磨，富兰克林·罗斯福也并没有给自己的心理设限，反而鼓起勇气来直面自己，挑战命运，完全地接纳自己。其实，无论是身体的缺陷还是生活中的困难与挫折，这都不是心理设限的借口，更不是自暴自弃的理由。我们要敢于突破内心的束缚，释放自己最真实的内心。

在美国纽约街头，有一位卖气球的小贩，每次当自己生意不怎么好的时候，他就会使用这样的方法：向天空放飞几只气球。这样一来，就会吸引一些围观的小朋友来玩耍，自己的生意就会好起来，那些被气球吸引过来的小朋友都争着买他的色彩漂亮的气球。

有一天，当他向空中放飞了几只气球的时候，他发现了在一大群围观的孩子中间，有一个黑人小孩，他用一种疑惑的眼神看着天空。小贩很奇怪，他在看什么呢？顺着黑人孩子的眼光看去，发现空中正飘着一只黑色的气球。

小贩走上前去，用手轻轻地抚摸黑人孩子的头，微笑着说："孩子，黑色气球能不能飞上天，在于它心中有没有想飞的那一口气，如果这口气够足，那它一定能飞上天空。"

许多人在面对挫折与困难的时候，心底都会传出这样的声音：我做不到的。自己束缚了内心，最终，他真的没有做到。齐克果曾经说："一旦一个人自我设限，并且一直认定自己就是个什么样的人时，他就是在否定自己，他不会自我挑战，只想任由自己一直如此下去，而这终将导致自我毁灭。"其实，"我做不到"是一种逃避的心态，在还没有开始之前，他就已经先被打倒了，如果我们的人生始终是这样的逃避心态，那么，将会为自己留下许多难以弥补的遗憾。因此，我们应该突破内心的束缚，当内心开始恐惧的时候，我们应该大声对自己说："你一定能做到的。"不断地暗示自己，释放出真实的内心，以此获得最后的成功。

心理学启示

有人这样种南瓜：当南瓜只有拇指大的时候，就把它装在罐子里，一旦它渐渐长大，就会把罐子内的空间占满，等到没有多余的空间了，南瓜则会停止成长，于是，南瓜就一直维持在罐子里的那种形状了。我们的心就如同南瓜一样，当它习惯了自我设限，在被束缚的范围里就不能自由生长，它会逐渐失去向上生长的动力，只能在原地徘徊。其实，束缚是源于内心的不确定或者不自信，当我们能够坚定地告诉自己"一定能行"的时候，就从内心深处建立起了强大的自信，这种不确定或者不自信的束缚将会消失，而释放出真实的自我。所以，在人生前进的路上，不要忘记告诉自己"你一定能行的"！

不断完善，努力让自己更好一点

哈佛前大学校长劳伦斯·萨默斯曾这样说："像伟大和自豪的国家在其

鼎盛时期一样，它们必须克服一个完全不能掉以轻心的危险因素：它们传统的绝对强势将会导致谨小慎微、追求内部特权及自满，这将使它们不能与时俱进。”人生就是一个不断完善和超越自我的过程，即使我们不可能凡事做到尽善尽美，但是，我们应该努力让自己更好一点，努力去追求完美。只有向前努力了，生活才会给予你相同的回报。俗话说：“尺有所短，寸有所长。”我们只有真正了解自己的长处与短处，才能避己所短，扬己所长，这样才能给自己的人生进行准确定位。因为，当我们认识到自己的不足之时，就应该不断完善自己，这就是进步的开始。

在美国第一任总统华盛顿的纪念碑旁竖着一块小石头，上面这样写着：“美国不建立贵族和皇室封号，也不要世袭制度，国家事务概由人民投票公决。”这几句话表达了美国人民追求民主、自由、幸福的强烈内心愿望，即使美国已经完全独立了，但它依然需要人民的支持与监督。在生活中，我们每个人都有自己的不足之处，只有不断地学习别人的长处，弥补自己的不足之处，我们才能完善自己，努力让自己变得更好。当然，如果你总是认为完善自己，向他人学习是一件丢脸的事情，那就错了，其实更丢脸的是自己不明白却装作很懂的样子。

自我完善就是一个不断学习的过程，只要我们善于学习，能看到别人的长处，懂得取他人所长补己之短，努力使自己更好一点，那么，总有一天会成为一个成功者。在生活中，无论是遇到什么样的人，也不管是比我们更优秀的人还是比自己稍逊的人，我们都应该主动去倾听对方的想法和建议，在这一过程中，你会发现自己总会从别人的意见中受到启发，能够学到一些利于自己成长的经验。我们永远要记住“山外有山，天外有天”，在对方身上可能有着自己没有的优点，而虚心地学习对方的长处，能够弥补自己的不足，从而完善自己。

一位著名的芝加哥商人这样说，自己需要花一个星期的时间去拜访国内的各同行商店，彼此交换对经营的看法，每年总要外出旅行一次，去考察各家著名商店的管理与经营。他认为：“要使自己能够站在广阔、不偏的视野上观察自己的素养，要保持自己的事业永不衰败，这种旅行是绝对的必需。”在每一次拜访与旅行中，他在不断地完善自己，努力使自己的商店更好一点。试想？假如一个经营者不出自己的店门一步，不同其他商人交流，那么他自己所经营的商店就不会获得进步，永远在原地踏步，直至被社会所淘汰。

心理学启示

没有人愿意在生活达到某一点就表示自己已经满足了，由于时常超越自己，所以会赢得了最后的成功。如果我们总是自满自足、不思进取，那么无论是生活还是人生就将从此开始衰落。所以，每天早上起床时，我们要下决心力求每一件事比昨天要有所进步。就这样，每天向前走几步，一段时间过去之后，你就会发现，自己已经取得了惊人的进步。

不去比较，永做自己心中的第一

哈佛大学第23任校长科南特曾这样说："垃圾是放错了位置的财宝，对哈佛大学来说，重要的不是出了7位总统和30多位诺贝尔奖获得者，而是让进哈佛的每一颗金子都发光。"很多时候，我们总是习惯与他人比较，觉得自己能力不如人，长得也不那么漂亮，好像自己真的一事无成。然而，命运对每一个人来说都是公平的，"垃圾也不过是放错了位置的财宝"，更何况对于我们而言呢？我们每个人都有自己的价值，这是不容置疑的，我们需要做的就是不要忽视自己的价值。当然，一定的比较可以促使我们取得进步，但是，大部分的比较只会带给我们失落或者沮丧，在比较之后，我们变得不再相信自己，甚至自暴自弃。所以，不要盲目去比较，因为，最优秀的人恰恰是你自己。

一位学者到了风烛残年的时候，感觉到自己的日子已经不多，他想考验和点化一下自己那位看起来很不错的助手。于是，他把助手叫到床前说："我需要一位最优秀的传承者，他不但要有相当的智慧，还必须有充分的信心和非凡的勇气……这样的人直到目前我还没有见到，你帮我寻找和发掘出一位，好

吗？”助手坚定地回答说：“好的，好的，我一定竭尽全力去寻找，不辜负您的栽培和信任。”

于是，这位助手就开始想尽一切办法来为老师寻找继承人，然而，每次他领来的人都被学者婉言谢绝了。有一天，已经病入膏肓的学者挣扎着坐起来，拍着助手的肩膀说：“真是辛苦你了，不过，你找来的那些人，其实还不如你……”半年之后，眼看学者就要告别人世，但最优秀的人还是没有找到，助手十分惭愧，泪流满面地对老师说：“我真对不起您，令您失望了！”学者叹息着说道：“失望的是我，对不起的却是你自己……本来最优秀的人就是你自己，只是你不敢相信自己，总是与他人相比较，才把自己给忽略、给耽误、给丢失了……其实，每个人都是最优秀的，差别就在于如何认识自己、如何挖掘和善待自己……”话还没有说完，学者就永远离开了这个世界。

美国著名的学者爱默生曾说过这样一句话：“你，正如你所思。”假如想着自己是最优秀的，那么你将是心中永远的第一名；假如习惯与他人比较，总是不敢相信自己、忽略自己、丢失自己，那么或许你就会成为一事无成的人。每个人都有一座宝藏。其实，这个宝藏就是潜力和能力，不要去比较，只要不懈地挖掘自己的宝藏，积极运用自己的潜能，永做心中的第一名，你就能够做好自己想做的一切，你就能主宰自己的生活。

约翰讲述了自己在中学时的经历：在中学时，由于平时学习不积极，成绩很差，每次考试都在倒数几名。为此，老师说我无可救药了，同学们也看不起我，我一直很灰心，我觉得这辈子自己不可能有什么出息了。

有一天，老师兴奋地宣布，将有一位著名的学者要到班上做实验。我心想，这和我有什么关系呢？我还从同学那里了解到，这位学者是研究心理学的，据说他有一台神奇的仪器，能预测出谁未来会获得成功。这和我更没有关系，我想着，随后就出门去玩了。著名学者在班里尖子生殷切的眼神中到来了，老师神秘地点了5个同学的名字，其中包括了“约翰”，我很紧张，以为自己没有考好而要受批评。来到办公室，看见在我身边的都是尖子生，我感到莫名其妙，学者开始讲话了：“孩子们，我仔细研究了你们的档案、家庭以及现在的学习情况，我认为你们5个人将来会成大器的，好好努力吧。”我当即感到一阵眩晕，以为自己听错了，可是看着在场人的表情，我知道这是真的，我想：原来我还有希望，这位学者是这么说的，他的预测一向是准确的，我要好好努力。原来我与那些所谓的尖子生并没有两样，我就这样一直鼓励自己，我的成绩很快就上来了，再也没有人说我无可救药了。

大部分人都没有意识到自己是最优秀的，所以，他们最后成为了碌碌无为的人。像约翰一样，自己在与班里那些尖子生比较之后，觉得这辈子自己再也不会有什么出息了，自甘堕落，自暴自弃。假如在约翰的人生中没有遇到那位著名的学者，那么，他就不会有日后的改变。其实，智者与庸者的差别在于，智者从来不与他人比较，他们相信自己就是永远的第一；而庸者总是沉迷于比较游戏中，他们在比较中丢失自我，最后成为了平庸的人。

心理学启示

我们可以去仰慕他人，但是，绝对不能忽略自己；我们可以去相信他人，但最应该相信自己。如果自己不甘于做平庸者，就要摆脱自我怀疑的心理，不要盲目去比较，相信自己就是第一名。每个人都向往成功，然而，其实我们每一个人都是自己成功人生的缔造者。在一个人的一生中，能力并不是决定成功的关键因素，只有我们相信自己，才能使自己走出成功的第一步。

学会面对，看清自己，了解真实自我

肖曼·巴纳姆是一位著名的魔术师，他曾经这样评价自己的表演：“我的节目之所以受欢迎，是因为节目里包含了每个人都喜欢的成分，所以，每一分钟都会有人上当受骗。”事实上，在现实生活中，我们既不能时刻来反省自己，看清自己，也不能把自己放在局外人的位置来观察自己。在大多数的时候，我们只能借助外界的一些信息来认识自己，所以，我们在认识自己时很容

易受到外界信息的暗示，迷失在环境中，并习惯性地把他人的言行作为自己行动的参照。早在两千多年以前，古希腊人把“认识你自己”刻在了阿波罗神庙的门柱上，但是，直到今天，我们也只能遗憾地说，“认识自己”仍还有一段遥远的距离，究其原因，来源于心理学上的“巴纳姆效应”。

巴纳姆效应是心理学家伯特伦·福勒在1948年通过试验证明的一种心理学现象，通过试验表明：每个人都会很容易相信一个笼统、一般性的人格描述特别适合自己。因此，要想避免巴纳姆效应，我们就应该客观真实地认识自己。

爱因斯坦16岁那年，父亲给他讲了一个故事，正是这个故事改变了爱因斯坦的一生：

昨天我与杰克去清扫南边的一个大烟囱，那烟囱需要踩着里面的钢筋踏梯才能进去。杰克走在前面，我在后面，我们俩抓着扶手一阶一阶地爬了上去，下来的时候，杰克依旧走在前面，我还是跟在后面。后来，钻出了烟囱，我发现了一件奇怪的事情：杰克的后背、脸上全被烟囱里的烟灰蹭黑了，而我身上竟连一点烟灰也没有。我看见杰克的模样，心想我一定和他差不多，脸脏得像个小丑，于是，我到附近的小河里去洗了又洗。而杰克看见我全身干干净净，就以为自己和我一样，只简单地洗了洗手就上街了，结果，街上所有的人都笑了，他们以为杰克是个疯子。

最后，父亲郑重地对斯因斯坦说：“其实别人谁也不能做你的镜子，只有自己才是自己的镜子，拿别人做镜子，天才或许会把自己照成白痴的。”

我们之所以无法了解到真实的自我，大部分原因在于我们容易受外界信息的影响，诸如他人的言行，等等，在那些外界信息的暗示下，我们就有可能出现了自我认知的偏差，好似看着杰克浑身很脏，就以为自己身上也很脏。因此，要想真正地看清自己，我们需要避免巴纳姆效应，让自己成为自己的镜子。

有一个割草的孩子打电话给陈太太：“您需不需要割草？”陈太太回答说：“不需要了，我已有了割草工。”这个孩子又说：“我会帮您拔掉花丛中的杂草。”陈太太回答说：“我的割草工也做了。”这个孩子又说：“我会帮您把草与走道的四周割齐。”陈太太说：“我请的那人已经做了，谢谢你，我不需要新的割草工人了。”孩子挂了电话，哥哥在旁边不解地问道：“你不是就在陈太太那儿割草打工吗？为什么还要打这个电话？”孩子带着得意的笑容：“我只是想知道我做得有多好。”

孩子通过打电话向雇主询问而收集了一些关于自己的信息，这样，他就能够预见自己未来成长以及可能取得的成绩，从而认清自己。对于大多数人来说，难以天生拥有明智和审慎的判断力，实际上，判断力是在收集信息的基础上进行决策的能力，而信息对于判断有着不可忽视的作用。当我们无法收集到一些关于自己的信息时，对自己就难以做出明智的判断，导致最终不能看清自己。

心理学启示

当一个人的情绪处于低落、失意的时候，就会对生活失去控制感，于是，他内心的安全感也会受到影响。这样一个缺乏安全感的人，其心理的依赖性将大大增强，比较容易受他人言行的信息暗示。所以，当对方说出无关痛痒的一段话时，我们很容易“对号入座”，其实，这就是一种心理倾向。在日常生活中，巴纳姆效应将影响我们对自己做出正确的判断。

我们应该学会面对自己，不要因为自己有“缺陷”或者自己认为那是缺陷，就通过自己的方法将缺陷掩盖起来，这样的掩盖方式是极其愚蠢的。试想，当你把自己的眼睛蒙上时，你就真的掩盖了自己的缺陷了吗？因此，无论是自身的缺陷还是优点，我们都应该正确看待，因为面对自己是认识自己的必经之路。

找准位置，让自己驰骋在最适合的领地

歌德曾说过这样一句话：“一个人要想成功，首先要视自己比实际的自己更伟大才行。”人生漫漫征途，在前进的旅程中，我们每一个人都要找准自己的位置，在生活这片蓝天里，给自己准确定位，让自己驰骋在最适合的领地。人活于世，每个人都有自己的价值，都是独一无二的自己，切不可因为在某方面逊色

于别人而失去自我。当然，每个人都希望自己能够翱翔于蓝天，驰骋于大地，但是，在梦想开始放飞之前，我们需要清楚地认识自己，你是否具有翱翔的能力？你是否能够驰骋于大地？如果在没有了解自己的情况下就盲目定位，一旦梦想跌落，内心的失望是无法忽视的。另外，无法给自己准确定位，只会导致好高骛远或者内心自卑。每一个人都是特殊的个体，上帝赋予了我们独特的个性，只要我们走出盲目模仿别人的樊篱，找准自己的位置，人生就会变得丰富多彩。

大卫·奥格威曾当过推销员，做过农夫，当过外交官。他移居到美国，同时不断往来于欧洲大陆。年轻时的奥格威雄心勃勃，他有两个梦想：一是拥有一部劳斯莱斯汽车，一是获得爵士爵位。于是，每到黄昏的时候，他都会去英国国会下议院，坐在观众席里倾听别人讨论，他渴望自己有一天也会参加这里的讨论。但是，突然有一天，奥格威发现自己对这一切失去了兴趣，他对自己说："这里并不适合我。"然后，他就站了起来，以一种坦然而轻松的心情走出了下议院，解脱之后，他的内心却充满了焦虑：自己38岁了，还能够使生命辉煌吗？没过多久，奥格威创办了一家广告公司，经过多年的发展，他被誉为现代广告的"教皇"。

大卫·奥格威找准了自己的位置，演绎了精彩人生。奥格·曼蒂诺曾这样写道："我们的命运如同一颗麦粒，有着三种不同的道路。一颗麦粒可能被装进麻袋，堆在货架上，等着喂给家禽；有可能被磨成面粉，做成面包；还有可能撒在土壤里，让它生长，直到金黄色的麦穗上结出成百上千颗麦粒。人和一颗麦粒唯一的不同在于：麦粒无法选择是变得腐烂还是做成面包，或是种植生长。而我们有选择的自由，有行动的自由，更有心的自由。我们不该让生命腐烂，也不该让它在失败、绝望的岩石下磨碎，任人摆布。"悠悠生命历程里，我们要给自己准确定位，展现出自己的人生价值。

有一天，国王来到花园散步，当他看到花园里的景象的时候，不禁大吃一惊。前些日子还绿意盎然的花园变得十分荒凉，美景早已不在。带着满腹疑团，国王询问了园丁："究竟发生了什么事情啊，怎么花园会变成这样？"

园丁叹息着说："我尊敬的国王啊！这是因为橡树认为它比不过松树的

高大，所以死了；松树因为比不过葡萄能结果子，所以也死了；而葡萄因为不能像橡树一样直立，因此也死了；至于其他的植物花卉，也都是因为各有比较而死去了。所以，花园因此而渐渐荒凉起来了。”听了园丁的话，国王陷入了沉思，一会儿，不经意抬头之间，他发现了花园里的草地依然生机勃勃，不禁好奇地问园丁：“为什么其他植物都枯死了，只有这一片草地依然绿意盎然呢？”园丁微笑着说道：“这是因为小草们并不想成为松树、橡树、葡萄或者其他植物，它们知道自己的价值是什么，所以也只想做它们自己而已。因为这样的想法，它们自然就生机勃勃，绿意盎然！”

每个人都想成为高大的树木，渴望矗立在高处俯瞰这个世界，但是，生活的现实与残酷却让我们成为了一颗颗小草。与其他人相比，自己的生活显得那么不堪，于是，许多人觉得自己没有价值，或许将在庸庸碌碌中度过一生。其实，小草也有它的价值，当所有高大的树木都已经枯亡时，那一片绿意盎然的小草却释放着最后的美丽。它们并不想成为高大的树木，它们深知自己的价值是什么，只想做它们自己，怀着这样一份希望，它们自然生机勃勃、春意盎然。如同小草一样，我们每一个人都有自己的价值，没有任何人或事能够取代我们，也没有任何人或事能够贬低我们，除非我们自己看轻了自己、自己贬低了自己。

心理学启示

活着，我们就要学会善待自己，在失意时鼓励自己，在得意时勉励自己。在漫漫人生旅途中，我们无法避免偶尔的挫折与困难，但是，不管我们将受到什么样的打击，即使我们正在经历着痛苦、难堪，我们都不应该忽视了自己的价值，不要觉得自己一无是处，也不要妄自菲薄。

每个人都有属于自己的独特价值，我们应该接纳自己。而且，自身价值的大小并不在于他人的评价，而是在于我们给自己的定位。一个人的价值是绝对的，坚持自己，重视自己的价值，给自己成长的空间，每个人都会成为“无价之宝”，必将告别平庸的人生。

第5堂课　美化心灵的心理课

帮助他人，快乐自己

当你帮助别人付出的劳动没有得到金钱和物质上的回报时，一定可以得到精神上的某种愉悦。这就是心理学中的“助人为乐定律”，也被称之为“快乐守恒定律”。一粒沙子可以看到世界，一朵野花也可以看到天堂，从你的手心里可以了解无限，从一瞬间能够知道永恒。人们在任何时候都是一个平衡系统，在这个世界上，既没有无缘无故地失去，也没有无缘无故地获得，有时候，我们失去了物质却换得了精神上的超额快乐；有时候，看似自己占了便宜，却不知不觉中透支了精神的快乐。所以，人们常说：吃亏是福。在现实生活中，许多人低调地做着各种各样的事情，而他们收获了一种非比寻常的快乐。或许，有人认为那些所谓的“圣人”是快乐的，而自己始终不能收获快乐，但殊不知，“圣人”从来都不是我们想象的那样高不可攀。同样是面对快乐守恒定律，他们只是善于把握精神快乐大于物质得失的分寸，因此，他们比我们多了圣人的品质。助人为乐定律告诉我们：帮助别人，我们可以获得精神上的愉悦，这远比物质带来的快乐重要得多。

印度有句古谚：“赠人玫瑰之手，经久犹有余香。”当我们帮助别人的时候，虽说看似自己付出了，但是，我们却能收获一份难得的快乐。如果我们仅仅只懂得收获，而不懂得付出，那么我们就会失去快乐。即使帮助了别人，自己并没有获得任何回报，但是，那份精神上的快乐是任何东西都无法替代的。

在快乐守恒定律中是这样认为的："第一定律，当你付出的劳动没有得到金钱和物质上的回报时，一定可以得到等值的精神愉悦；第二定律，当一个人有足够的经济条件助人为乐或乐善好施时，他当年为了生计而不择手段的罪恶会得到一定的忏悔和救赎；第三定律，越是经济发达地区和高收入人群越容易产生义举和义工。"在很多时候，我们模糊了快乐的定义，总是认为帮助别人是一种付出，并把它当作一种不快乐的行为，但事实上，以自己的微薄之力而换来的精神愉悦，这是何等的不等价交换。所以，学会帮助他人吧，让自己获得非同一般的快乐。

一位教授总是向学生讲述这样一个故事：学会布施。

从前，有一个十分吝啬的人，他从来没有想过要给别人东西，连别人叫他说"布施"这两个字，他都讲不出口，只会"布、布、布……"大半天过去了，他还是"布"不出来，好像自己一讲出这两个字就会有所损失似的。但是，唯一让他感到纳闷的是，比他还要穷的人都生活得快乐幸福，但他却不知道幸福的滋味。

佛陀知道了这件事，就想去教化这个吝啬的人，佛陀来到了他住的城镇，开始宣扬"布施"。佛陀告诉大家布施的功德：一个人这辈子会富有，比别人长得漂亮，所有一切美好的事物，都跟他上辈子的布施有关。那个吝啬的人听了佛陀的话，心里很有感触，但是，自己就是布施不出去，他为此而感到懊恼。于是，他跑去找佛陀，对佛陀说："世尊啊！我很想布施，但是，就是做不到，你能告诉该怎么办吗？"佛陀在地上抓了一把草，将草放在那个吝啬人的右手，然后要他张开自己的左手，告诉他说："你把右手想成是自己，把左手想成是别人，然后把这草交给别人。"可是，那个吝啬的人一想到要把这草给别人，他就呆住了，心里不舍得拿出去。他看了看自己的左手，赫然发现："原来左手也是我自己的手。"他心里豁然开朗，一下子就把草交出去了，他明白了把草交给别人其实很简单。佛陀笑着说："现在你就把草交给别人吧。"那个吝啬的人将草真的交给了别人，在生活的不断历练中，他学会将自己的财物布施给别人，最后把自己的房子也布施给了别人，然而，他的身心获得了一种从来没有体验过的幸福与快乐。

这位教授的故事讲完了，但是，他的布施却没有结束，他的一生都在践行着自己的人生哲学。一个人无法给予另一个人真正的发自肺腑的温暖，就不可能有精神的美。马克·吐温曾说："善良的、忠实的心里充满着爱的人，不断地给人间带来幸福。助人为乐者，他们拥有一颗充满爱的心，而爱心的力量是最伟大的，也是人间最美好的情感，谁拥有了它并付出了它，谁就拥有了一个最美的世界。

心理学启示

如果自己的快乐总量比正常人多一些，是因为自己占有了别人曾经遗失的快乐；如果你的快乐总量少一些，是因为自己的快乐曾经遗失了一些。有时候，我们会感觉异常烦闷或懊恼，这时候，你可以反思自己，是否我们在生活中遗失了快乐呢？自己的内心是否变得吝啬呢？所以，从今天起，学会布施吧，遵从助人为乐定律，让自己感受一份非比寻常的快乐！

真诚地分享，让你收获更多

真诚地分享，会让你收获更多。一位老人向一个前来拜师学艺的年轻人问了这样一个问题："如果你有5个苹果，你会怎么做呢？"年轻人不假思索地回答："我会自己吃掉一个，另外四个分给朋友。"老人似乎对这答案很满意，忍不住好奇地问道："为什么？"年轻人回答道："我吃一个苹果，能品尝出苹果的味道，吃5个苹果还是品尝出苹果的味道，不如与别人分享，让别人也品尝到苹果的味道，这样，5份苹果的味道变成了1份苹果的味道与4份快乐，何乐而不为呢？"老人赞许地点点头，就这样，这位年轻人被艺术精湛的大师留下了。

一位化学家说："我最喜欢跟我的好朋友在实验室里做实验，因为我能够跟我的朋友一起渡过难关。”这就是一种分享。爱迪生懂得分享，所以，光亮照亮了整个人类世界；梵高懂得分享，所以，朋友会在“向日葵”里感知燃烧的友情。事实上，真诚地分享，会令我们收获更多。托尔斯泰说：“神奇的爱，会使数学法则失去平衡，两个人分担一个痛苦，只有一个人痛苦；两个人分享一个幸福，却可以拥有两个幸福。”分享，本身就是一个加减法，它令我们的痛苦越来越少，快乐却越来越多。生活中的许多东西都是靠分享而得来的，如果你想获得更多的东西，那么，请先从分享开始吧！

汤姆是一位工程师，拥有体面的工作，但是，来自生活的种种磨难，令他感到沮丧。虽然汤姆已经到中年了，但是，事业还是没有任何起色，他常常无端地发脾气，怨天尤人。有一天，他对妻子说：“这个城市令我很失望，我想离开这里，换个地方。”于是，他毅然决然地搬了家，无论身边的朋友怎么相劝，都无法改变他的决定。

汤姆和妻子搬到了另外一个城市，在新的环境里，汤姆每天早出晚归，似乎很享受这样的状态。一个周末的晚上，汤姆和妻子正在整理房间，突然，停电了，整个屋子一片漆黑，汤姆后悔自己没有购买一些蜡烛，他无奈地坐在沙发上，又开始抱怨了起来。这时，门口传来了轻轻的敲门声，汤姆在陌生的城市并没有熟人，他也不希望自己的生活被人打扰，他不情愿地起身开门，极不耐烦地说：“谁啊？”门口站着一个黑影，问道：“你有蜡烛吗？”汤姆气不打一处来，生气地回答：“没有！”说完，“嘭”的一声就把门关上了。

回到客厅的汤姆开始向妻子抱怨：“真是麻烦，讨厌的邻居，我们刚刚搬来就来借东西，这么下去怎么得了！”正在他抱怨的时候，门口又传来了敲门声，汤姆生气地打开门，门口站着一个小女孩，手中拿着两根蜡烛，小女孩奶声奶气地说：“奶奶说，楼下新来了邻居，可能没有带蜡烛来，要我拿两根给你们。”汤姆一下子愣住了，好不容易才缓过神来，对小女孩说：“谢谢你和你奶奶，上帝保佑你们！”拿着两根蜡烛回到了客厅，汤姆瞬间意识到自己失败的根源：对他人太冷漠、太刻薄，不懂得与他人分享。

邻居的乐于分享感染了汤姆，而那份由两根蜡烛传递的爱更令汤姆感到羞愧。教授霍华德·加德纳曾经告诉学生："想让自己的心灵照进阳光，先要打开一条对外的缝隙。"心里充满了爱，我们就会想到分享，定会收获分享的快乐。如果一个人总是抱怨自己不得志，但是，又不愿与他人分享自己的得失，那么，他注定会成为没人关心的可怜虫。

一个人不管是拥有还是失去，是愉悦还是痛苦，都需要有人来与自己分享，只有在分享中找到了共鸣，他才会收获更多的快乐。一个人不把自己的快乐分享给别人，那他永远只会自己开心，没有人替他开心，也没有人会明白他的开心。没有人知道自己的开心，那本来的开心就成为了痛苦。因而，分享是一种态度，更是一种带着爱的行动，当我们真诚地与他人分享，必然会收获更多的东西。

心理学启示

有人说，要让自己快乐，最好的办法就是先令别人快乐。而分享本身就能带给别人快乐，在分享的同时，他人会感受到那份久违的爱。一份快乐如果乘以十三亿，那就是更大的快乐；一份悲伤如果除以十三亿，那就是渺小的悲伤。分享，有一种神奇的力量，它可以使快乐增加，使悲伤减少，最终，它带给我们的只有快乐。同时，分享是一座天平，你给予了他人多少，他人便会回报你多少。分享是收获的前提，假如我们真诚地与他人分享，那么我们必然会收获更多的东西。

付出比索取更感幸福

付出远比索取更令人快乐。在生活中，我们应该想着如何才能给别人更多的关爱，使别人生活得更幸福，只有这样自己才会感觉到真正的幸福。一个人活着就是要学会给予，勇于付出自己的全部，因为爱是给予而不是索取。那些习惯于付出的人总是比那些习惯索取的人更能获得心灵的快乐与安宁，比起索取，付出所获得的幸福感将更加强烈。我们在选择人生的时候，关键在于选择的态度，态度决定一切，谁能真正懂得付出与给予，他的人生一定会充满幸福感。懂得付出，就永远有付出的资本；若只是贪图索取，就永远有必须索取的乞求。于是乎，付出越多，收获越大；索取越多，收获越小。我们的生命就由这样一种惯性趋势操纵着，生存在什么样的状态下，这种内心的东西就会像滚雪球似的，越滚越大，有可能索取变成了无休止的欲望，而付出变成了最恩惠的布施。所以，请记住：付出比索取的幸福感更加强烈，只要我们养成付出的习惯，我们就会拥有越来越多的可供付出的资本，同时，内心的幸福感会越来越强。

两个人同时遭到了不幸，他们来到了阎罗王的大殿，阎罗王察看了两个人在人间的记录之后，对他们说："你们俩在阳间虽然不是什么大善人，但也没有做什么伤天害理的事情，所以，你们就不必下地狱受苦了，我批准你们可以转世投胎重新做人，现在我这里只有两种人，一种是索取的人，另一种是付出的人，请你们各选一个吧！"

听了阎罗王的话，头脑比较灵光的人心想：自己一辈子辛辛苦苦，都没有享受过那种无忧无虑，只向他人索取的日子，于是，他急忙对阎罗王说："我先选，我先选，我要选做那个一生只向别人索取的人。"由于阎罗王规定两人不能同时选一个人，于是，另外一个人只能无奈地说："那我只有选择做那个付出的人了。"

阎罗王听了他们的决定，笑了笑，便在他们俩的判书写道："索取的人来世投胎做乞丐，因为乞丐一生不用工作，只需向别人伸手乞讨便可；付出的那个人下一辈子做富翁，因为他通过自己的努力，成为富翁就可以向别人施舍自己的财富。"于是，第一个人生下来做了一个乞丐，整天索取，接受别人的施舍，常常因为索取时遭到拒绝而困惑，每一次乞讨时总是面临着难以言状的压力；第二个人则成为大富翁，布施行善，给予他人，感觉到与他人分享的快乐。

通过这个故事教导我们要做一个付出的人，懂得付出，那就永远有付出的资本；若是贪图索取，就永远只会向人索取。李嘉诚曾说："钱来自社会，应该用于社会。"他在取得了巨大的物质财富以后，便积极投入慈善事业。孔子

曰："穷则独善其身，达则兼济天下。"由于自己的付出，为他人造就幸福和快乐，而这种幸福和快乐，最终也会降临到我们自己的身上。

一个人跑到释迦牟尼面前哭诉："我无论做什么事情都不能成功，这是为什么？"释迦牟尼告诉他："这是因为你没有学会布施。"那人无奈地说："可我是一个穷光蛋。"释迦牟尼说："并不是这样的，一个人即使没有钱也可以给予别人七样东西。第一，颜施，你可以用微笑与别人相处；第二，言施，对别人多说鼓励的话、安慰的话、称赞的话、谦让的话、温柔的话；第三，心施，敞开心扉诚恳待人；第四，眼施，以善意的眼光去看别人；第五，身施，以行动去帮助别人；第六，座施，乘船坐车时将自己的座位让给他人；第七，房施，将自己空下来的房子提供给别人休息。"释迦牟尼说："无论是谁，只要有了这七种习惯，好运便会如影随形。"

佛陀说："避免愚蠢地积累财产，试着去改善生活的品质和他人的幸福。当你死时，财产会留下来，你的亲友会送你到墓地，但只有你在世间的所作所为会跟着你到来世。"付出的追求没有资格的限制，再吝啬、冷漠的人，只要决定去付出，就可以通过训练开启布施之心。在生活中，让我们学会"布施"，因为只有这样我们才能得到更多，学会付出，才能收获幸福；懂得付出，才能有更多的收获。

心理学启示

付出胜过索取，付出是一种快乐。《圣经》这样叙述爱的含义："爱是恒久忍耐，又有恩慈；爱是不嫉妒，爱是不自夸，不张狂，不作害羞的事，不求自己的益处，不轻易发怒，不计算人的恶，不喜欢不义，只喜欢真理，凡事包容，凡事相信，凡事盼望，凡事忍耐，爱是永不止息。"爱不是索取，而是付出，若是一味地索取，痛苦的是自己。在接受与付出、索取与给予之间，有这样的道理：给予总比索取快乐，付出总比接受幸福。付出本身就带着快乐，而索取所带着的将是无限的乞求，一旦自己的内心得不到满足，将会有更大失望感袭来，所以，付出比索取的幸福感更加强烈。

爱会让私心暗淡

虽然人皆有私心，但爱会让私心变淡。俗话说：“人不为己天诛地灭。”虽然，这句话里有夸大的成分，但是，它却揭示了一个再简单不过的道理：每个人都是自私的。那些崇尚大爱无私的人，毕竟是少数。每个人的内心都有个小小的自我，他们的一些行为或举动都是源于自我需求，他们总是在考虑自己是否损失了利益，自己是否丢失了东西。对于大多数人来说，在他们的内心深处或多或少都有一些私心，如果他们能够奉献出点滴的爱，那也是在满足了自我需求之后。自私者的内心长满了荒草，而充满爱心的人，他们心中都有一座美丽的大花园。爱和自私是一对敌人，爱心本身就是无私的，而自私总是以自我为中心，总是想着自己的得失。但是，爱与自私并不是毫无关系，如果说什么东西能够打败私心，那就只有“爱”了。或许，每个人都有那么一点私心，但是，爱会让私心暗淡。

在青海高原牧区，流传着一个关于藏羚羊的故事。

一个盗猎人在山上发现了一群藏羚羊，他在密林深处瞄准了一只藏羚羊，正准备开枪射击的时候，羊群发现了险情，很快就向远处逃散。猎人举着枪追击，那些体格健壮的藏羚羊跑在最前面，而那些小一点的羚羊就落在了后面。猎人追到一个峡谷的时候，其余的藏羚羊都纷纷纵身跳了过去，只留下一对母子，猎人很快就追上了落单的母子。其实，藏羚羊的弹跳能力很强，若是速度快可以跳数丈远，不过，那只还没有完全长大的小羚羊却跳不了那么远。在这样的危险情况下，小羚羊要么就是跌入深谷摔个粉身碎骨，要么就是落入猎人手里，而那只母羚羊可以跳过峡谷得以逃生。

猎人与母子俩的距离越来越近，眼看快要追到峡谷尽头的时候，两只藏羚羊居然同时起跳，但是，在弹跳的那一瞬间，母羚羊放慢了自己的速度，几乎只用了和小羚羊相当的力量。母羚羊在半空中先于小羚羊下降，小羚羊稳稳地踩在母羚羊的背上，并以此作为第二次起跳的支点，顺利地逃到了对面的峡谷，而母羚羊却因第二次无力起跳，掉落深谷摔死了。看见这一幕，猎人惊呆

了，他跪倒在地上，含着眼泪将自己那罪恶的枪扔下了山谷。

盗猎者以利益为重，但在这次的追猎中，他亲眼目睹了感人的一幕，那份母爱使本来自私的心瞬间融化。也许，母爱并不需要以自戕为代价，但是，母羚羊那一跳升华了母爱，是母爱的最高境界。由于爱心的感染，猎人跪下了，那一跪是良心的觉醒，是对母爱的敬仰，在猎人心中，私心正慢慢暗淡，直至心里长出一座美丽的花园。因为爱，母羚羊牺牲了；同样也是因为爱，猎人觉醒了。

哈佛心理学系的霍华德·加德纳教授曾说："现代美国人之间的冷漠与孤独很大程度上要归咎于人们自身，是我们自己选择了这样的结果。"面对着渴求帮助的人，许多人总是把自己宝贵的东西隐藏起来，害怕给予与付出，这就是私心的一种表现。但是，若是对方首先拿出自己最珍贵的东西，那么，在爱心的感召下，私心变得逐渐暗淡，他也会不自觉地拿出自己的东西，以求一种心理上的平衡。

在许多年以前，有三个士兵，他们刚从战场回来，既饥饿又疲倦。这时，他们来到了一个小村庄，不过，由于粮食歉收和连年的战争，有着小私心的村民们迅速将自己的一小点粮食藏了起来，他们在尚存的广场里接待了士兵，不住地搓着自己的双手，哀叹着他们是多么得贫穷。

士兵们平静地与村民交谈着，一个士兵对村庄的长老说："既然你们的土地收成不好，不能分给我们点儿吃的，那么我们将会给予你们我们所有的，教会你们如何用石头做一道好汤的秘密。"村民们心里满是好奇，认为士兵们很大方、友善。很快，他们就生起了火，并在广场里架起了村里最大的一口锅，士兵们将三颗光滑的石头丢尽了锅里，说道："这将是一锅好汤，不过，如果有一撮盐和一些欧芹，那就更棒啦！"一个村民听见了，高兴地跳了起来，说道："多幸运啊！我刚刚想起来家里还有剩下的呢！"说完，她跑回家，不一会儿，她就带着满满一围裙的欧芹和一根萝卜回来了，锅里的水慢慢煮沸了，村民的记忆突然变得好起来，他们纷纷回家拿了自己的大麦、胡萝卜、牛肉，还有奶油，全部都放进了那个大锅里。

汤煮好了，大家吃啊、跳啊、唱啊，一直玩到深夜，美妙的宴会令每个人都感到快乐与幸福。第二天早上，三个士兵醒来的时候，他们看见所有的村民都站在自己面前，在他们脚边还放着一包保存最好的面包和奶酪，村里的长老对他们说："你们把最好的礼物送给了我们：如何从石头里做汤的秘密。这一点我们永远不会忘记。"一位士兵笑着说："这并没有什么秘密，但是，有一件事是肯定的：只有你们付出爱心，我们才可能举办一次宴会。"说完了，三个士兵踏上了路途，留下村民们在那里沉思。

即使面对打仗归来的士兵们，村民们只想着自己的生活，怀着私心把自己的粮食藏了起来，并在士兵面前哭穷，企图以这样的方式来"赶走"士兵们。但是，当士兵们表示愿意将"如何用石头做汤的秘密"告诉给村民的时候，村民觉得士兵太慷慨了，自己为什么不试着贡献一点点东西呢？于是，在爱心的召唤下，村民们开始拿出自己藏起来的粮食，纷纷投入到那锅汤里，大家举办了一个非常美妙的宴会。士兵们临走时，村民们为了感谢主动拿出了自己最好的面包与奶酪，这时，他们的心里已经溢满了爱心，而正是爱让他们的私心变得暗淡。

心理学启示

在爱面前，再坚固的私心城堡也将会被摧垮，私心逐渐变得暗淡，只能畏缩在那个小小的角落，或者是消失不见。自私，对于每个人来说，是人性最大的缺点，那些自私自利的人，他们只能守着荒芜的心灵花园，独自到老。而那些充满爱心的人，他们的花园里挤满了游客，到处飘洒着快乐与幸福。假如自私的人无意间路过那个美丽的花园，那么，在爱心的召唤下，他们内心的自私也会逐渐被瓦解，重新建立起一座美丽的心灵花园。

设身处地替他人着想

爱心是人生美丽的源泉。联合国前秘书长安南，曾在美国德克萨斯州的一个庄园举行了一场慈善晚宴。就在晚宴即将开始的时候，一位老妇人领着一个小女孩来到了庄园，小女孩手里捧着一个看上去很精致的瓷罐。然而，保安因为她们没有请柬而拒绝她们入内，小女孩说："叔叔，慈善的不是钱，是心，对吗？"小女孩的话让保安不知所措，而参加晚宴的沃伦·巴菲特说道："不用了，孩子，你说的对，慈善的不是钱，是心！你可以进去，所有有爱心的人都可以进去，因为有爱心的人就是最好的请柬。"

爱心是人生最美的化妆品，它可以令人生释放出无与伦比的美丽，我们可以毫不夸张地说"爱心是人生美丽的源泉"。有位生病的孩子这样写道："只有你装饰了别人的风景，别人才会装饰你的梦；你若想要别人装饰你的梦，你就要学会装饰别人的风景。"爱心装饰了人生，我们才有源源不断的美丽与希望。甘地有一次坐火车，他的一只鞋子掉到了铁轨旁边，这时候火车已经开动了，没有办法再捡回鞋子。甘地索性将自己穿在脚上的另一只鞋子也脱下来扔下火车，旁边的人感到很不解，甘地却笑着说："这样一来，看到铁轨旁的鞋子的穷人就能得到一双鞋子了。"甘地的一生都在为印度人民而奋斗，有谁能说他的人生不美丽呢？

罗曼太太是一位有钱的贵妇人，她在亚特兰大城修了一座大花园，这个花园又大又美，吸引了许多游客来玩耍，他们毫无顾忌地跑到罗曼太太的花园里嬉戏。年轻人、小孩子、老人纷纷都涌来了，他们快乐地跳啊、唱啊、笑啊，罗曼太太站在窗前，看着这群快乐的人，看着他们在属于自己的花园里唱歌跳舞，心里不是滋味，她越看越生气。为了阻止那些人到自己的花园里来，罗曼太太吩咐仆人写了一块牌子，上面写着：私人花园，未经允许，请勿入内。但是，这一点儿也不管用，那些人照样成群结队地进来游玩。

后来，罗曼太太想出了一个绝妙的主意，她让仆人把花园外面的那块木牌取下来，换上了一块新牌子，上面写着：欢迎你们来此游玩，为了安全起见，本园的主人特别提醒大家，花园的草丛里有一种毒蛇，如果哪位不慎被蛇咬伤，请在半小时之内送往医院或采取急救措施，否则将会有生命危险。这简直是一个绝妙的主意，那些游客看了牌子之后，再也不敢来玩了。

几年过去了，由于走动的人太少，花园里杂草丛生，真的滋生繁衍出了毒蛇，罗曼太太独自守着荒芜的花园，变得孤独、寂寞，她十分怀念那些曾经来自己花园里玩耍的游客。

每个人的心中都有一座美丽的大花园，如果我们愿意让别人在此种植爱心，同时，也让这份爱心感染自己，我们心灵的花园就永远不会荒芜。爱心是人生最美的装饰品，然而，与其他那些装饰品不同的是，爱心并不是用来闲置的，而是用来付出的，谁付出了谁就会收获好运的回报。

在美国，许多人都知道希尔顿酒店首任经理的故事：

有一天夜里，已经很晚了，一对年老的夫妇走进了一家旅馆，他们想要一个房间，前台侍者回答说："不好意思，我们的旅馆已经客满了，一间空房也没有剩下。"但是，看着老人疲惫的眼神，侍者同情地说："但是，让我来想想办法……"不一会儿，侍者领着老人走进了一个房间，侍者有些不好意思："也许，它并不是最好的，但现在我只能做到这样了。"老人看着这件整洁而干净的屋子，心情很愉快地住下了。

第二天早上，当老人来到台前结账的时候，侍者却对他们说："不用了，因为我只不过是把自己的房间借给你们住了一晚而已，祝你们旅途愉快！"原来，那位好心的侍者一晚没睡，把自己的房间让给了老人住，自己则在前台值了一个通宵的夜班。两位老人很感动，对侍者说："孩子，你是我见过最好的旅店经营人，你会得到回报的。"侍者笑着说："这算不了什么。"他将老人送出门，转身就忙自己的事情了。

没过多久，侍者接到了一封信函，里面有一张去纽约的单程机票，并有简短附言，聘请他去做另外一份工作。侍者乘飞机来到了纽约，按信中所标明的路线来到了一个地方，抬头一看，一座大酒店就在自己的眼前。原来，那对老人是亿万富翁，他为侍者买下了这座大酒店，深信他会经营管理好这个酒店，而那个侍者后来成为了希尔顿酒店的首任经理。

爱心对于侍者来说，并不是闲置的装饰品，而是一种生活习惯。他付出了自己的爱心，不仅装饰了自己的美丽人生，而且，还收获了一份丰厚的回报。

对许多人来说，爱心不过是口头的空头支票，他们只会嘴上说说，纯粹当爱心为点缀品。试想，若是不付诸实际行动，人生怎么可能美丽呢？

心理学启示

马克·吐温说："无论是朋友或是生人遭到了危险，我们都要大胆地承担下来，尽力帮助人家，根本不用考虑自己需要付出多大的代价。"这就是爱心，它如同冬日里的阳光，使那些饥寒交迫的人感到人间的温暖；它如同一件美丽的衣裳，为我们的人生点缀出不一样的美丽。爱因斯坦说："对我来说，生命的意义在于设身处地替人着想，忧他人之忧，乐他人之乐。"

爱是最完美的沟通方式

在日常交际中，有着各种各样不同的沟通方式，可能是面对面，可能是电话交流，但是，没有一种沟通方式能够被称之为完美。最完美的沟通方式是来自心灵上的沟通，而爱是最完美的沟通方式。两个充满爱的人，他们能通过那份深深的爱来沟通，进行心灵交流，那份美是无法用语言诉说的。有人经常抱怨：我和父母总是没有办法沟通？那个跟我同一天出生的弟弟总是淘气？父母总是无法理解我的感受？然而，他们都忽略了一个最简单的问题，那就是存在于亲人之间血浓于水的那份爱。若是心中怀着爱，我们又怎能不理解父母的那份苦心？若是心中有爱，我们怎么不能原谅弟弟的淘气？若是心中有爱，我们怎么不会主动向父母诉说自己？爱，可以令完全陌生的两个人进行一次完美的沟通，更何况是亲人之间。所以，在任何时候，我们都不要忘记那些关心自己的人，就是爱我们的人，与他们之间，只要用爱就能展开顺畅的沟通。

曾听一位教授讲述了这样一个故事：

一位年轻人在大学毕业前，看中了一辆漂亮的轿车，他清楚自己的父亲有这个经济实力，于是，他就对父亲说："我想在毕业时得到这辆车。"终于到了毕业典礼那天早上，父亲郑重地把他叫到了自己的房间，对他说：“我为有这么好的儿子感到骄傲，预祝你毕业后开创自己的事业。”说完，就拿出一个漂亮的礼盒作为送给儿子大学毕业踏上社会的礼物。儿子以为父亲会给自己买那辆轿车，却没有想到父亲只交给了自己一个礼品盒。他强忍着内心的失落回到了自己的房间，打开了那个礼品盒，发现里面只装了一本精装书。顿时，他的心情一下子跌倒了谷底，根本不想再打开那本书，当即丢下了盒子就离家创业去了。

几年过去了，年轻人已经成为了一名成功的经理，有了自己的房子，有了自己的家庭。从大学毕业典礼那天起，他就很少与父亲聊天，每次回家探望父母，他都因为时间紧张而匆忙离去。无意之中，他得知父亲已经身患重病，他决定回家陪护父亲，他想：这次回家，无论如何都要住上一段时间，好好陪陪父亲，让父亲把病养好。谁料，就在他快要到家的时候，却接到了母亲的电话，母亲告诉他，父亲刚刚去世了。

年轻人急忙赶回家，他翻遍了父亲的书房，找到了当年他丢掉的那个礼品盒，里面依然放着那本书，这时他看清了书名《人生指南》，他含泪打开书，却从书里掉出了一把汽车钥匙和一张卡片，卡片上写着“贷款全部付清”，下面是他毕业那天的日期。霎时间，悲伤与悔恨一齐涌上了心头，他后悔没有及时说出自己对父亲的那份爱，最终，自己只能永远错失那次心灵的沟通。

听了这个故事，我们不能不说这是一种遗憾，父亲那深沉的爱，竟然被叛逆的儿子忽略了，而儿子心中那份迟来的爱，却迟迟不肯表明，最终，父子之间的爱没能完成一次完美的沟通，它们只能被放在内心的最深处，每想起一次，心中就会疼痛一次。如果这个世界上还有一种完美的沟通方式，那一定是心灵沟通。如果每个人都能怀揣着一份爱心，那么，这个世界一定会变得更加美好。

忙碌的中午过去，客人都纷纷散去了，老板正要喘口气，有人走了进来，是一位老奶奶和一个小男孩。老奶奶问道：“牛肉汤饭一碗需要多少钱呢？”她坐下来数了数口袋里的零钱，要了一碗热气腾腾的汤饭，奶奶将碗推到孙子面前，小男孩吞了吞口水，望着奶奶说：“奶奶，您真的吃过午饭了吗？”奶奶含着一块萝卜菜慢慢咀嚼着：“当然了。”小男孩拿起了筷子，一晃眼工夫，他就把一碗饭吃光了。老板看着这样的景象，笑着走到两个人面前说：“老太太，您今天运气真好，是我们的第一百个客人，所以免费。”

过了好些日子，一天，小男孩蹲在小吃店对面像是在数着什么，老板注意到了小男孩的动作。原来，小男孩每看到一个客人走进店里，就把一颗小石头放进自己画的圈圈里，然而，午餐时间就快过去了，小石头却连五十个都不到。老板看着也心急如焚起来，他急忙打电话给自己的老顾客：“很忙吗？没什么事，我要你来吃碗汤饭，今天我请客。”打了许多电话之后，客人开始一个接着一个，“八十一，八十二，八十三……”小男孩数得越来越快了，终于快到一百个了。

小男孩拉着奶奶的手走进了小吃店，小男孩有些得意地说：“奶奶，这一次换我请客了。”小男孩为奶奶叫了一碗热气腾腾的牛肉汤饭，而小男孩只含了块萝卜菜在口中咀嚼着。老板娘不忍心：“也送一碗给那男孩吧。”老板笑着回答：“那小男孩正在学习不用吃东西也会饱的道理呢！”奶奶问小孙子：“要不要留一些给你？”没想到，小男孩拍拍自己的小肚子，对奶奶说：“不用了，我很饱，奶奶您看……”

老奶奶心中怀着对孙子的爱，老板怀着一份对婆孙俩的爱，小男孩心中怀着对奶奶的爱，这三份爱在小吃店里展现得淋漓尽致。为了让孙子能吃上热气腾腾的汤饭，奶奶假装说：“我已经吃过了午饭。”为了帮助这对可怜的婆孙，老板故意编出了理由：“你运气真好，是我们店里的第一百个客人，所以免费。”为了请奶奶吃顿饭，小男孩在小吃店外面数着客人；为了让小男孩成为店里的第一百个客人，老板请了许多老顾客来吃饭，凑足九十九个人。他们之间的沟通，既有言语的，更有来自心灵上的，因为爱，他们的沟通变得完美无缺。

心理学启示

充满着爱心的沟通是一次完美的沟通，彼此之间有着难以诉说的默契，彼此为对方留一个最美好的回忆，那是一种难以言说的美妙。爱是一种感动，而充满了爱的沟通更能触动心灵，让每一个人都能感受到那份温暖与美好。所以，学会用爱沟通，将完美释放在生活的每一个角落，尽可能减少伤害，多一份感动，多一份爱。

第6堂课　情绪调整的心理课

控制情绪，心灵健康的法则

控制好自己的情绪，才能保持心灵健康。在法庭上，律师拿出了一封信问洛克菲勒：“先生，你收到我寄给你的信了吗？你回信了吗？”洛克菲勒平静地回答：“收到了，没有回信。”这时，律师又拿出了二十几封信，逐一地询问洛克菲勒，而洛克菲勒都以相同的表情、相同的语调给予了回答：“收到了，没有回信。”终于，律师控制不住自己的情绪，暴跳如雷不断咒骂。结果，出乎人们的意料，法庭宣布洛克菲勒胜诉，究其原因是律师因情绪失控而让自己乱了章法。

从洛克菲勒的经历中可以看出，情绪对于一个人的重要性。在现实生活中，可能有许多的人和事令我们感到愤怒或生气，这时，心中就会不断地涌上恶劣的情绪，导致自己的感觉很糟糕。有时候，心理上的情绪失控会给我们的生活带来一些不必要的麻烦，甚至，会导致心灵不健康。所以，要想保持心灵健康，我们就应该努力控制自己的情绪，争做情绪的主人。在成功的路上，其实，我们最大的敌人并不是缺少机会，或是能力不够，而是缺乏对自己情绪的控制。生气的时候，不能克制心中愤怒的情绪，使身边的人望而却步；消沉的时候，过于放纵自己的萎靡，这样我们就白白浪费了许多稍纵即逝的机会。

有一天，陆军部长斯坦顿来到林肯办公室，气呼呼地对林肯说：“一位少将用侮辱的话指责你偏袒一些人。”林肯笑着建议：“你可以写一封内容尖刻

的信回敬那个家伙。可以狠狠地骂他一顿。”斯坦顿立即写了一封措辞强烈的信，然后交给总统看，林肯高声叫好：“对了，对了，要的就是这个，好好训他一顿，写得太绝了，斯坦顿。”

但是，当斯坦顿把信叠好装进信封的时候，林肯却叫住他，问道：“你干什么？”斯坦顿有点摸不着头脑，说道：“寄出去呀。”林肯大声说：“不要胡闹，这封信不能寄，快把它扔到炉子里去，凡是生气时写的信，我都是这么处理的，这封信写得很好，写的时候你已经解了气，现在感觉好多了吧，那么就请你把它烧掉，再写第二封信吧。”

约翰·米尔顿说：“一个人如果能够控制自己的激情、欲望和恐惧，那他就胜过了国王。”有时候，情绪不仅是心灵健康的庇护神，而且，它在我们决胜的关键时刻也异常重要。在现实生活中，面对不同的环境，不同的对手，有时候，我们采用何种手段并不重要，控制好自己的情绪才至关重要。每个人都有自己的情绪，而情绪是一种抓不住的东西，在很多时候，它令我们捉摸不定。但是，不管情绪如何难以琢磨，我们都应该努力控制好它，保持平静的状态，以此保持心灵健康。

有时候，我们评价一个人的标准，只需要看一个人的涵养和行事的风格，就可以知道是否能够成为可塑之才，是否能成就一番事业。因此，如果你想成为一个有卓越成就的人，除了具备一定的常识和能力之外，还在于能否控制好情绪。如果能控制好情绪，就可以化阻力为助力，助你化险为夷；相反，若是不能掌控好情绪，便很容易激怒，甚至，出现一些非理性的言行举止，而这将给自己带来一系列麻烦。所以，保持心理健康，应努力控制自己的情绪，让自己成为情绪的真正主人。

胡佛是一位著名的飞行员，他常常在航空展览中心做飞行表演。有一次，胡佛在圣地亚哥航空展览中心做表演，飞机将要飞回洛杉矶。正当飞机飞行于300米高空的时候，飞机的两个引擎却突然熄火了。幸运的是，胡佛技术熟练，操纵飞机安全着陆，虽然飞机受到了严重损坏，但是，没有任何人受伤。

飞机降落之后，胡佛开始检查飞机的燃料，结果不出自己的预料，原来自己所驾驶的螺旋桨飞机，里面所装的居然是喷气机燃料而不是汽油。回到机场以后，胡佛要求见为自己保养飞机的机械师，那位年轻的机械师感到十分恐惧，因为他知道自己的一时过错差点酿成大祸。胡佛走了过去，年轻的机械师流下了眼泪，自己造成了昂贵的损失，甚至，差点使三个人失去了生命。胡佛心中异常愤怒，很想痛斥机械师一顿，但是，他很快压住了自己的愤怒情绪，并没有责骂那位年轻的机械师，而是温和地说："为了表示我相信你不会再犯错误，我要你明天再为我保养飞机。"说完，胡佛用手臂抱住了机械师的肩膀，而自己的心中从来没有这么平静过。

面对机械师所造成的严重错误，胡佛虽然生气，但他及时控制了愤怒的情绪，因为他知道，如果自己任意发脾气，指责和挑剔机械师的过错，那很有可能将毁掉年轻机械师的一生，更何况即使自己发泄了情绪，获得了暂时的快感，但以后肯定会后悔当初的决定。胡佛内心的平静恰好证明了心灵的健康，而这都是控制情绪所产生的效果。

心理学启示

情绪是指人们对环境中某个客观事物的特种感触所持有的身心体验，是一种对人生成功具有显著影响的非智力潜能因素。对此，美国密歇根大学心理学家南迪·内森通过一项研究发现：一般人的一生平均有十分之三的时间处于情绪不佳的状态，因此，人们常常需要与那些消极的情绪做斗争。一般情况下，那些成功者会控制自己的情绪，失败者则被情绪所控制，而那些能够控制情绪的人，实际上就是心理障碍突破最多的人。每个人都有或大或小的心理障碍，而这将会影响我们的心灵健康。所以，要想心灵健康，我们应该努力突破心理障碍，控制好自己的情绪，这样我们才有可能成为成功者。

换个角度看问题就会豁然开朗

人生就像一朵鲜花，有时开，有时败，有时候微笑，有时候低头不语。曾经听过这样一个故事：一个老太太有两个儿子，一个卖伞，一个刷墙。于是，老太太天天提心吊胆，闷闷不乐，因为晴天的时候，她担心儿子的伞卖不出去，下雨的时候，她又开始发愁另外一个儿子没法刷墙。后来，一位智者告诉她："要多个角度看问题，你想想，下雨的时候伞会卖得最多，天晴的时候刷墙正好，什么时候都不会错的。"老太太听了，笑逐颜开，整天再也不担心了。

其实，人生就是这样，无论你处于什么样的境地，多角度看问题，你就会发现我们打开了心灵的另一扇窗户，你会发现人生是美好的，而我们所遭遇的那些根本算不了什么。人生之路本就是一条曲折之路，当我们被绊倒的时候，应多角度看问题，打开心灵的另一扇窗，以一种积极、乐观的态度去面对人生中的一切。半杯酒静静地在杯子中，来了个酒鬼，看了看摇摇头，说道："嗨，只有半杯酒。"过了一会儿，又来了一个酒鬼，看到以后兴奋地说："太好了，还有半杯酒。"足见，不同的角度看问题，会让我们获得一种截然不同的心境。所以，学会多角度看问题吧，这样你会发现事情远没有想象中那么糟糕。

有四个小孩在山顶上玩耍，正玩得起劲，突然，从山顶远处窜出来一只大狗熊。第一个小孩反应很快，拔腿就跑，一口气跑了好几百米，跑着跑着，他感到身后没有人，他回头一看，其他三个孩子都没有动，他大声喊道："你们三个怎么还不跑呀，狗熊来了会吃人的？"

第二个小孩正在系鞋带，他回答说："废话，谁不知道狗熊会吃人呀，别忘了狗熊最擅长的就是长跑，你短跑有什么用？我不用跑过狗熊，只需要跑过你就行了。"这会，他惊奇地问旁边的小孩："你愣着做什么？"第三个小孩说："你们跑吧，跑得越远越好，一会儿狗熊跑近我的时候，保持安全距离，我带着狗熊，到我爸爸的森林公园，白白给我爸爸带回一份固定资产。”说完，他忍不住问第四个小孩：“你怎么不跑啊，等死呀？”第四个小孩说：“你们瞎跑什么呀，老师说了，在没有搞清楚问题的时候，不要乱作决策，不要乱判断，需要做市场调查，狗熊是不会轻易吃人的，你们看山那边有一群野猪，狗熊是奔着野猪去的，你们跑什么呀？”

面对“狗熊来了”同一件事，不同的小孩有不同的思维方式，而每一种思维方式都比前一种考虑得更周到。事实上，当我们试着多角度看问题的时候，你会发现狗熊并不是冲你来的，内心那些恐惧和忧虑是多余的，完全没有必要，生活依然是美好的，我们完全可以放下心中沉重的包袱。每一个人眼中都有一个与众不同的“小宇宙”，不同的人在各自的“小宇宙”中发现着不同的色彩，演绎着各自的人生。

老师在白纸中画了一个黑色圆点。老师问学生：“你们看见了什么？”全班同学一起回答：“一个黑点。”老师说：“你们只说对了一部分，画中最大的部分是空白，只见小，不见大，就会束缚我们的思考力，许多人不能突破自己，原因就在这里。”很多时候，传统的思维定势会束缚我们的想象力，而多种角度看问题，我们可能会有新的发现。

英国曾举办一次有奖征答活动，题目是这样的：在一只热气球上，载着三位关系着人类生存和命运的科学家。一位是环保专家，如果没有他，地球在不久之后会变成一个到处散发着恶臭的太空垃圾场；一位是生物专家，他能使不毛之地变成良田，解决几亿人的生存问题，还能够运用基因技术使人的寿命延长到200岁；一位是国际事务调解专家，没有他的存在，各个军事大国的矛盾可能就会一触即发，地球将笼罩在核战争的阴影之中。但是，不幸的是，三位专家所乘坐的热气球发生了故障，正在急速下坠，除非把其中一个人扔出去，才有可能脱离危险，问题是，把谁扔下去呢？

到底该把谁扔下去呢？下面的孩子们想了起来：环保专家很重要，没有他人类将会灭亡；可是，生物专家解决的可是生存问题，没有了粮食人类就会饿死；而国际调解专家也很重要，如果发生了核战争，人类也将会灭亡。这时，一个小男孩说出了正确的答案："把最胖的一个扔下去。"

有时候，我们凭着传统的思维来解决问题，常常会感到无所适从，谁知，机会往往会在你犹豫不决时悄然离去。如果我们都能像那个小男孩一样，跳出常规思维，多角度去思考和解决问题，用一种全然不同的思路和方法去解决问题，可能就会有豁然开朗的感觉。

心理学启示

在炎热的沙漠，两个饥渴疲惫的旅人，拿出唯一的水壶，摇了摇，一个旅人说："哎呀，太糟糕了，我们只剩下半壶水了。"而另一个旅人却高兴地说："真幸运，我们还有半壶水！"在现实生活中，许多事情都像那半壶水一样，多个角度或者换个角度，你就有了不同的心情，不同的答案。多个角度看问题，我们要有推翻成见的勇气和别出心裁的智慧，即使在黑暗的峡谷，我们也会沿着光走出来，顿时之间，你会有一种豁然开朗的感觉。

让生活丰富多彩，切莫悲观抑郁

让生活变得丰富多彩，不要悲观抑郁。有两个人，一个叫乐观，一个叫悲观，两人一起洗手。刚开始的时候，端来了一盆清水，两个人都洗了手，但洗过之后水还是干净的，悲观说："水还是这么干净，怎么手上的脏物都洗不掉啊？"乐观却说："水还是这么干净，原来我的手一点都不脏啊！"几天过去了，两个人又一起洗手，洗完了发现盆里的清水变脏了，悲观说："水变得这么脏啊，我的手怎么这么脏呀？"乐观却说："水变得这么脏啊，瞧，我把手上的脏东西全部洗掉了！"同样的结果，不同的心态，那么就会有不同的感受。

马克·吐温说："世界上最奇怪的事情是，小小的烦恼只要一开头，就会渐渐地变成比原来厉害无数倍的烦恼。"对于那些习惯于活在抑郁、悲观生活里的人，一点小小的烦恼恰似一颗毒瘤，每天都在不停地生长着，最终，毒瘤化脓，而他自己则被抑郁吞噬了。悲观、抑郁被称为“心灵流感”，在现代社会，它成为了一种普遍的情绪，但是，并没有引起人们足够的重视，有人或许认为一点抑郁或悲观算不了什么，离真正的抑郁症还远着呢？但是，长时间的抑郁或悲观，会让我们感到失望，丧失心智，就好像长期生活在阴影里而无力自拔，对我们的生活带来严重的影响。因此，为了使生活变得丰富多彩，我们应该远离悲观抑郁，积极调整自己的心态，走出抑郁、悲观的阴霾，重见灿烂的阳光。

小时候的里根非常乐观，然而，他的弟弟却是个典型的悲观主义者。有一天，爸爸妈妈希望改变悲观的弟弟，于是，他们做了一些事情：送给里根一间堆满马粪的屋子，送给悲观的弟弟一间放满漂亮玩具的屋子。过了一会儿，爸爸妈妈走进了悲观弟弟的屋子，发现弟弟正坐在角落里哭泣，而大多数的玩具都几乎没有动过，爸爸妈妈询问原因，弟弟哭着说了原因。原来，他不小心弄坏了其中一个小玩具，害怕爸爸妈妈会骂自己，所以，他哭了起来。

爸爸妈妈牵着悲观弟弟的手，来到了里根的屋子，打开门，发现里根正兴奋地用一把铲子挖着马粪。里根看到爸爸妈妈来了，高兴地叫道：“爸爸，这里有这么多马粪，附近一定会有一匹漂亮的小马，我要把这些马粪清理干净，一会儿小马就来了。”

长大后的里根做过报童、好莱坞演员、州长，最后成为了美国总统，他是第一位演员出身的美国总统。在这样一个成长过程中，正是里根乐观积极的性格才造就了他最后的成功，他得到了美国人民的喜爱和拥护。乐观成为了里根成功路上的助推器。相反，悲观、抑郁则成为了前进道路的障碍。那些一味抱怨的悲观者，他所看到的总是事情的灰暗面，即使到了春天的花园里，他所看到的也只会是折断了的残枝，墙角的垃圾；而内心充满希望的乐观者看到的却是姹紫嫣红的鲜花，飞舞的蝴蝶，自然而然，在他的眼里到处都是春天。

有两位年轻人到同一家公司求职，经理把第一位求职者叫到办公室，问道：“你觉得你原来的公司怎么样？”求职者脸色满是阴郁，漫不经心地回答说：“唉，那里糟透了，同事们尔虞我诈，钩心斗角，我们部门的经理十分蛮

横，总是欺压我们，整个公司都显得死气沉沉，生活在那里，我感到十分压抑，所以，我想换个理想的地方。”经理微笑着说：“我们这里恐怕不是你理想的乐土。”于是，那位满面愁容的年轻人走了出去。

第二个求职者被问了同样一个问题，他却笑着回答：“我们那里挺好的，同事们待人很热情，互相帮助，经理也平易近人，关心我们，整个公司气氛十分融洽，我在那里生活得十分愉快。如果不是想发挥我的特长，我还真不想离开那里。”经理笑吟吟地说：“恭喜你，你被录取了。”

在很多时候，我们的生活状态在很大程度上取决于我们对生活的态度，取决于我们看待问题的方式。每个人的人生都是从一张白纸开始的，以后所发生的事情都会一一在白纸上绘满：包括我们的经历，我们的遭遇，我们的挫折。乐观者会从中发现潜在的希望，描绘出亮丽的色彩；反之，悲观者总是在生活中寻找缺陷和漏洞，所看到的都是满目黯淡。

心理学启示

林肯在患抑郁症期间说了一段感人心扉的话：“现在我成了世界上最可怜的人，如果我个人的感觉能平均分配到世界上每个家庭中，那么，这个世界将不再会有一张笑脸，我不知道自己能否好起来，我现在这样真是很无奈，对我来说，或者死去，或者好起来，别无他路。”所幸的是，林肯终于战胜了抑郁症，成为了美国著名的总统。对每个人来说，悲观、抑郁就是漂浮在天空中的乌云，它遮住了生活的阳光。因此，为了让我们的生活重见阳光，远离悲观、抑郁，积极乐观向上地活着。

不让紧张的心境干扰自己的优雅

马克思曾说：“一种美好的心情比十剂良药更能解除生理上的疲惫和痛楚。”然而，在现实生活中，有一种情绪时常困扰着我们，诸如独自登台表演或演讲的时候、与陌生人沟通的时候、在公众场合说话的时候等，诸如这些场景，紧张的情绪会冒出来困扰我们，影响我们的一举一动。有时候，紧张的情绪使我们怯场，使内心有了退缩的念头；有时候，紧张的情绪会让我们心中大乱，最终以失败而收场。总而言之，紧张的情绪似乎总是跟随我们左右，势必要影响我们的言行举止。紧张总是有意或无意地干扰着属于自己的优雅，在紧张的心境下，我们似乎没有办法做好任何事情。所以，要想保持一份优雅，要想拥有一份美好的心情，我们应该努力克服内心的紧张情绪。

亚伯拉罕·林肯出生于一个农民家庭，他曾经是一个内心自卑却又渴望成功的人。

林肯当选为美国总统后，复杂而令人头疼的政事使他患上了抑郁症，在患病的那一段时间里，林肯经常失眠，内心时刻充满着紧张的情绪，甚至，他对自己的生活感到了绝望。每一次会议或者讨论，林肯都沉默不语，并不是他习惯于如此，而是源于内心的紧张。后来，心理医生建议他“重新找回自信”，然后，在医生的帮助下，林肯喜欢上了剪报。每天，他都会剪下报纸里对自己的赞美之词，然后揣在口袋里，这样，内心紧张的情绪就会减弱一点。每当有重大会议召开之前，林肯都会心情紧张，这时，他就会从口袋里掏出剪报，鼓励自己。“将别人的鼓励随身携带，以舒缓紧张的精神”，林肯一直到死都保持了这个良好的习惯。就在林肯不幸遇刺后，人们还从他的上衣口袋里，发现了那些赞美他的剪报。

一位曾被紧张情绪困扰的人这样说道：“过去的我，性格非常内向，每天都感觉特别紧张，活得十分痛苦，虽然，我尽力伪装自己使自己显得很正常，但是，我非常清楚自己的心境是处于病态中，当逃避和伪装让自己不胜疲惫的时候，我终于选择了面对，心里越是害怕与人沟通，我就越要与人主动沟通；越是不喜欢人多的地方，我就越给自己机会来面对人群。在这种与自己抗争的艰辛历程中，我得到了前所未有的历练和成长。”其实，紧张的情绪对于我们来说，并不可怕，只要我们鼓起勇气，就能够克服内心的恐惧，从而使自己变得优雅起来。

赵治勋被日本人称为“棋圣”，他在围棋界占据着极其重要的位置。然而，

即使是这样一位大师也会紧张，在每一次激烈的对弈中，赵治勋都感到异常紧张，而一紧张就很容易出错。因此，为了缓解内心的紧张情绪，赵治勋总是要求工作人员准备一大堆火柴和废纸，在对弈的时候，他通过撕废纸和玩折火柴来舒缓自己紧张的情绪，这样，他才能将棋局运筹帷幄，最终赢得比赛。其实，紧张的情绪并不是普通人所特有的，而是每一个人都有的一种心境，无论多么伟大的人，他们都未必能完全摆脱紧张的束缚。但是，只要他们能找到恰当的放松方式，我们就可以轻松地战胜内心的紧张情绪，最终赢得最后的胜利。

世界著名的男高音帕瓦罗蒂曾参加过无数次演出，仅在美国纽约大都会歌剧院，他的演出就达到了379场。但是，像这样一位世界著名的艺术家在每次登台的时候，也忍不住产生紧张情绪。帕瓦罗蒂认为自己的紧张情绪可能是遗传于父亲，其父亲是一位具有男高音天赋的人，但由于太过紧张而无缘于舞台。但是，为了使演出显得更加完美，帕瓦罗蒂必须克服内心的紧张情绪。

刚开始的时候，帕瓦罗蒂通过暴饮暴食来摆脱紧张的情绪，每一次上台演出之前，他都要大吃一顿，这样才能缓解内心的紧张情绪。但是，暴饮暴食使自己变得肥胖，而且，医生也对他发出了最后警告：“再这样吃下去，你将会有生命危险。”帕瓦罗蒂无奈放弃了这种方式，转而寻找另外一种摆脱紧张情绪的方式。后来，他开始依赖一枚钉子。原来，在帕瓦罗蒂的家乡，流传着这样一个传说：生了锈的弯钉子会给人带来好运。帕瓦罗蒂相信这一传说，以后，在每一次的演出之前，帕瓦罗蒂都会在后台昏暗的灯光下寻找一枚弯钉子。如果在演出开始，他还没能够找到一枚弯钉子，那么，哪怕这场演出的报酬再高，帕瓦罗蒂也会拒绝出演。因为他的这一习惯，不仅得罪了无数的朋友，而且，造成了美国芝加哥歌剧院永久地拒绝了他。后来，帕瓦罗蒂的这一习惯被慢慢传开来，那些承接帕瓦罗蒂演出的单位都会特意为他留一枚钉子。

摆脱了紧张的情绪，帕瓦罗蒂优雅地完成了每一次的演出。赛车的时候，在那瞬息万变的赛道上，每一次判断和决定都是在毫秒之间做出的，因此，几乎所有的赛车手都有一个最大的通病，那就是“紧张的情绪”。对于许多赛车手来说，彼此之间都有一个心照不宣的秘密，那就是许多人都会因为比赛过度紧张而尿裤子。舒马赫在赛车界中是数一数二的人物，然而，即使是这样一位大名鼎鼎的赛车手，他在每次比赛时也会紧张。于是，为了缓解自己的紧张情绪，在每一次比赛之前，舒马赫都会玩一玩电子游戏，这样，他才能更加娴熟地玩转赛车。

心理学启示

在生活中，要想克服紧张的心理，我们就应该努力把自己从紧张的情绪中解脱出来。有效消除紧张心理，从根本上说是要降低对自己的要求，一个人如果十分争强好胜，每件事情都追求完美，那么，常常就会感觉到时间紧迫，内心自然充满紧张。而如果我们能够清楚地认识到自己的能力，放低对自己的要求，凡事从长远打算，这样，心情自然就会放松。

愤怒需要抑制，平和让人美丽

远离冲动，抑制愤怒，我们才能驶向开心的彼岸。2006年世界杯足球赛，在法国与意大利的决赛中。在加赛的最后10分钟，由于受到对手挑衅，法国球星齐达内情绪失控，用身体冲撞对方球员，同时，给自己带来了一张红牌，给自己的足球生涯画上了句号，并导致了意大利的最后胜利。

在生活中，那些愤怒的情绪往往会挑拨起内心的冲动，而冲动的结果令我们更加愤怒，如此这样，情绪会形成一种恶性循环，一发不可收拾。有人这样生动地形容了愤怒：人们在愤怒时就像是在喝酒一样，一旦喝下了第一杯，就会一杯接着一杯地喝下去，后来，越喝就越醉。就这样，那些容易愤怒的人一旦陷入了愤怒的情绪里，就难以摆脱出来了。心理学家认为：愤怒是一种最具破坏性的情绪，它给人带来的负面情绪可能远远超过我们的想象。无疑，愤怒的情绪将严重地影响我们的生活，让生活失去平和的美丽。因此，面对愤怒的情绪，我们应该努力克制，只有平和才能让我们变得美丽。

从前，有一个叫爱地巴的人住在西藏，他有一个很特别的习惯：每次生气

或与别人争吵的时候，他都会以很快的速度跑回家，然后，绕着自己的房子和土地跑三圈，跑完以后，就坐在田边喘气。许多人对他这样的习惯很不理解，每次好奇地问他这是为什么，爱地巴总是微笑着不语。

爱地巴是一个勤劳而精明的人，在自己的努力经营下，爱地巴的房子越来越大，土地也越来越广，但不管房子和土地有多大多广。一旦遇到了自己生气或者与别人争论的情况，爱地巴依然会绕着自己的房子和土地跑三圈。

直到有一天，爱地巴老了，他的房子变得更大，土地也变得更广，不过，这并没有影响他那数十年不变的习惯。每当爱地巴生气的时候，他仍然会拄着拐杖艰难地绕着自己的房子和土地走三圈。好不容易等着走完了三圈，太阳已经下山了，而爱地巴则独自坐在田边，一边喘气，一边欣赏着自己的房子和土地。

这时，孙子在爱地巴身边恳求："阿公！您可不可以告诉我？"爱地巴感到不解："告诉你什么呢？"孙子挨着爱地巴坐了下来，说道："请您告诉我，您一生气就要绕着土地跑三圈的秘密？"爱地巴笑着说："年轻的时候，只要一和别人吵架、争论、生气，就会绕着房子和土地跑三圈，一边跑一边想：房子这么小，土地这么小，哪有时间去和别人生气呢？一想到这里，我的气就消了，整个人变得平和起来，把所有的时间都用来努力工作。"孙子感到很不解："阿公！可是，现在您已经年老了，房子也大了，土地也广了，您已经是最富有的人了，那为什么还要绕着房子和土地跑呢？"爱地巴温和地说："可是，我现在依然会生气，为了克制内心愤怒情绪的蔓延，我在生气时还是绕着房子和土地跑三圈，边跑边想：自己的房子这么大了，土地这么多了，又何必要和别人计较呢？一想到这里，我的气也就消了。"

任何事情都不像你想象得那么糟糕，没有必要一直在心里耿耿于怀，你的生气与愤怒不过是你自己罢了。那么，如何来抑制内心的愤怒而保持平和的情绪呢？林则徐习惯在堂上挂着"制怒"的字匾，这样，在自己愤怒还没有发作的时候，看到这两个字就及时控制住了自己的怒气。同时，能够抑制愤怒情绪的最佳法宝就是幽默感。

在南北战争时期，有一次，一位军官急匆匆地迎面而来，没料到，在作战部大楼的走廊上却一头撞到了林肯的身上。当军官看清被撞的是总统先生的时候，立即赔不是，那位军官恭敬地说道："一万个抱歉！"林肯诙谐地回答道："一个就足够了。"接着，林肯补充道："但愿全军的行动都能够如此迅速。"面对军官无意的过错，林肯没有生气，反而以幽默来化解军官的尴尬。

后来，在一次有关兵力问题的讨论中，有人问林肯："南方军队在战场上有多少人？"林肯回答说："有120万。"由于这个数字远远超过了南方军队的实际兵力，那些参与讨论的人脸上满是惊愕与疑虑，对林肯这样冒失地说出一个惊人的数字，感到有点不解和愤怒。接着，林肯解释说："一点也不错，的确是120万，你们知道，我们的那些将军们每次作战失利之后，总是对我说寡不敌众，敌人的兵力至少是我们军队的3倍，虽然，我不愿意相信他们，这样一来，南方的兵力无疑是增加了3倍，现在我军在战场上有40万人，所以，南方军队是120万，这是毫无疑问的。"

当愤怒遇到了幽默感，那么，愤怒的情绪就会自然而然地消失。我们生活在这个世界，每天都会面对许多情绪，似乎情绪主宰了我们的一切，有人说："一切争吵都是从情绪开始，一切纷争都来源于情绪。"在众多情绪中，愤怒和生气往往会引起强烈的反应，甚至，有可能会产生连锁反应，最后导致更大"战争"的爆发。

心理学启示

"生气是拿别人的错误来惩罚自己。"每个人都有愤怒的时候，然而，真正到了愤怒时该怎么办呢？最好的办法就是让愤怒的情绪停止下来，追求一种平和的美丽。心理学家告诉我们："叫停、想一想、再去做，这三个步骤，是避免陷入怒火的最好方法。"每天的生活就如同在高速路上行驶，当我们奋力向前的时候，不要忘记了刹车的功能，避免一不小心就撞了上去。当自己生气或愤怒的时候，记得反问自己："愤怒真的能解决问题吗？"当思想开始转移到如何能解决这件事情的时候，就唤醒了理性的力量，这样，愤怒的情绪就会停下来，开始变成一种美丽的平和姿态。

处理好心情再处理事情

一个女人的美丽并不是年轻，或是一张漂亮的面庞，更重要的是她是否神采奕奕，充满健康的活力。一个女人的美丽在于她的气质，独一无二的个性风采。她们拥有自己的品位，对生活充满热情、内心十分充实、充满了个性的魅力，而这些全靠你是否有好心情把它张扬出来。

心情于我们是那样重要。健康和美丽，如若没有一份好心情，犹如沙上建塔，水中捞月，一切都无从谈起。心情是心田的庄稼，只要心脏在跳动，心情就播种着，生长着。可能没有爱情，没有自由，没有健康，没有金钱，但我们必须有心情。

有一个女孩，是个大学三年级的穷学生。一个男生喜欢她，同时也喜欢另一个家境很好的女生。她们都很优秀，他不知道应该选谁做妻子。有一次，他到那个很穷的女孩家玩，她的房间非常简陋，没什么像样的家具。但当他走到窗前时，发现窗台上放了一瓶花——瓶子只是一个普通的水杯，花是在田野里采来的野花。就在那一瞬，他下定了决心，选择那个穷女孩为自己终身所依。促使他下这个决心的理由很简单，那个女孩子虽然穷，却用一份美好的心情来对待生活，将来，无论他们遇到什么困难，他相信她都不会失去对生活的信心。

对于每一个女人来说，出身、环境乃至某一段人生遭遇，都不是我们所能选择的，我们唯一可以控制的，就是自己的心情。如果我们能拥有一颗宁静广博的心，就不会因为环境的压力而灰心，不会因为眼前的困苦而沮丧。有好心情的女人，不论是在生活还是工作中，随时都有碰到好机会的可能。

无论怎样都不要把工作和生活混在一起，抛弃女性应有的温柔，把在工作中的成功经验运用到日常生活中，这样不分时间地点的处世方法只会带来不尽的麻烦和困扰。由于工作繁忙，没有时间和精力去表达爱心，去做比较有人情味的事，会使自己的情感处于压抑的状态，无从发泄，时间长了，自然会感到烦躁不安，并不经意地表现出来。

心理学研究认为，一切精神疾病的肇因，总是起于不快乐，而唯一的药方就是快乐。“疾病”的意思就是不快乐的状况，在英文里，“疾病”这个字是由“不”与“安乐”两个字构成的。在生活中，很多人对于快乐的看法，都是本末倒置了。我们说：“好好地做，你就会快乐”、“如果我成功健康，我就会快乐”或“对别人仁慈，你就会快乐”。但是更接近事实的说法应该是：“你快乐，你就可以好好地做，可以更成功健康，可以对别人更仁慈。”

心理学启示

如果长期处于不良的心情状态，人的面容会变得晦暗无华。因为皮肤内黑色素的合成受脑垂体控制，忧郁寡欢的不良心情会导致神经内分泌系统失调，造成上皮细胞合成黑色素的数量增加。忧愁还影响皮肤的供血，使人面容失去光泽。

人体在心情愉快时，其内脏器官活动会发生改变，如心脏跳动更均匀有力、肺活量增加、肠胃平滑肌蠕动加快，呼吸、消化、循环系统都得到很好的运转，肌体免疫功能得到增强。人自然会容光焕发。因此，对人谦让宽容、性情豁达开朗，保持良好的心情，会令人洋溢出迷人的风采。

第7堂课　得失自在的心理课

做人不易，岂能自寻烦恼

富兰克林曾说：“不要预期烦恼，或者为可能永远不会发生的事情担心，要保持快乐。”在现实生活中，每个人都有烦恼或正在经历烦恼，但事实上，很多烦恼都是我们自找的。我们可以寻找甜蜜的爱情，可以寻找美好的生活，但绝不可以自寻烦恼。虽然，烦恼是我们每个人都避免不了的，但是，如果你总是自寻烦恼，烦恼就会成为你生活的一部分，你甩也甩不掉。许多人的烦恼、郁闷都是自找的，本来没有什么烦恼，或者说原本就不是烦恼，但由于内心的浮躁，不自觉地把一切事情都当作烦恼。所以，善待自己，宽容自我，抛弃心中的烦恼，不要自己跟自己过不去。

一位著名的心理学家为研究“烦恼”问题，做了一个很有趣的实验：心理学家要求实验者在一个周日的晚上，把自己未来7天内所有忧虑的“烦恼”都写下来，然后投入一个“烦恼箱”里。三周过去了，心理学家打开了“烦恼箱”，让所有实验者一一核对自己写下来的每个“烦恼”。结果发现，其中百分之九十的“烦恼”并没有真正发生。这时，心理学家要求实验者将真正的“烦恼”记录，并重新投入“烦恼箱”。三周很快过去了，心理学家又打开了“烦恼箱”，让所有实验者再一次核对自己写下的每个“烦恼”，结果发现，那些许多曾经的“烦恼”，已经不再是“烦恼”了。所有的实验者感觉到，对于烦恼，总是预想的很多，但往往出现的很少。对此，心理学家得出了这样的结论：一般人所忧虑的“烦恼”，有百分之四十是过去的，有百分之五十是未来的，只有百分之十是现在的，而最终的结果是，至少有百分之九十的烦恼是根本没有发生过的，剩下的一点烦恼则是可以轻松应付的。所以，许多烦恼都是自己找来的，这就是所谓的“烦恼不寻人，人自寻烦恼”。

曾有一位年轻人，他总觉得自己好像生病了。于是，他就去图书馆借了一本医学手册，想看看自己到底得了什么病，他先看了癌症的介绍，他认为自己患癌症已经好几个月了，顿时被吓住了。后来，他想知道自己还患了什么病，就依次读完了整本医学手册，一下子明白了，除了膝盖积水症以外，在自己身上什么病都有。当他走出图书馆的时候，完全变成了一个全身都有病的老头。

他决定去找医生，见到了医生，说：“亲爱的朋友，我不给你讲我有哪些病，只说我没有什么病，看来，我的命不会长了，我只是没有患膝盖积水症，其余什么病都有。”医生给他做了诊断，然后开了一张处方给年轻人。年轻人顾不得看，就马上塞进口袋，立即跑往药店。到了那里，年轻人匆匆把处方递给药剂师，谁知，药剂师看了一眼，就退给他说：“这是药店，不是食品店，也不是饭店。”年轻人惊讶地接过处方一看，上面写着：煎牛排一份，啤酒一瓶，6个小时一次；10英里的路程，每天早上走一次。年轻人照做了，他一直健康地活到了现在。

一群研究生曾向心理学家请教：你怎么解释“烦恼都是自己找来的”呢？心理学家微笑着不说话，一会儿，他从房间里拿出了20多个水杯摆在茶几上，杯子各式各样，还有不同的材料，有的是玻璃杯，有的是塑料杯，有的是瓷杯，有的是纸杯，有的杯子看起来很高档，有的杯子看起来很粗陋。心理学家开始说话了：“你们都是我的学生，我就不把你们当客人看待了，你们要是渴了，就自己倒水喝吧。”这天正值天气闷热，大家便纷纷拿了自己中意的杯子倒水喝，当学生们都拿起了杯子，心理学家说话了：“大家有没有发现，你们挑去的杯子都是比较好看、比较别致的，像这些塑料杯和纸杯，都没有人拿走。其实，这就是人之常情，谁都希望手里拿着的是一只好看一点的杯子，但是，我们需要的是水，而不是水杯，所以说，杯子的好坏，并不影响水的质

量。”接着，心理学家解释道：“想一想，如果我们总是有意或无意地把选杯子的心思用在了那些琐碎的事情上，甚至用在攀比上，那么，烦恼自然而然就来了。”

对此，美国心理治疗专家比尔·科特尔经过研究认为：一个人若有下面的心理或做法，一定会自寻烦恼。

（1）总是把别人的问题揽到自己身上，这样下去就会自怨自艾，把别人不喜欢自己的责任都统统归咎于自己，那么，要不了多久，你就会自寻烦恼。

（2）喜欢做一些不切实际的梦，许多人习惯于抱着不切实际的希望，如果一个人总是把自己的目标定得很高，那么，期望越大失望就越大。

（3）总是着眼于事情的消极面，有的人总是记住自己受过的不公正待遇，记着别人态度的不友善。如果总是把注意力集中在那些事情的消极面，那么，长此以往，你就会运用消极的思想方法来为自己制造烦恼。

（4）人为地制造隔阂，有的人不喜欢赞扬别人，不使用任何鼓励的语言，总是喋喋不休地批评、挑刺、埋怨他人，这样会制造出隔阂，无疑是自寻烦恼。

（5）滚雪球式地扩大事态，当问题第一次出现的时候，学会正视它，那么问题就很容易化为乌有。相反，如果让问题像滚雪球一样不断地扩大下去，那么就会养成“如果错过了解决问题的时机，索性再往后拖”的思维定势，这样只会让问题变得更糟。

（6）以可怜者自居，总是想着“我多可怜，没有人心疼我”，那么，经常这样想，必然会使自己凭空多出许多烦恼，同时，令自己感觉变得糟糕。

（7）“我早就知道会如此”综合症，如果自己预料到会有什么坏事出现，它们多半是会兑现的。

（8）有的人把其他人看得一文不值，他们首先嫌弃自己，贬低自己的价值，然后，他觉得其他人跟自己一样浅薄，于是，对他们不屑一顾，使自己变得异常烦恼。

心理学家比尔·利特尔告诉我们：不管你是高官还是平民，是富豪还是穷人，是社会名流还是无名之辈，谁也超越不了“有得必有失”的辩证逻辑。有时候，我们不去自寻烦恼，烦恼还会找上门来，那么，我们就要学会善于淡化烦恼，化解烦恼。其实，最关键的减少烦恼的方法，就是不要自寻烦恼，凡事以坦然的心态面对。

心理学启示

医生都知道有一个秘密，那就是：大多数的疾病都可以不治而愈。同样的道理，大多数的烦恼都会很快消失不见，想要克服心中的烦恼，我们就应该养成一种超然的态度，把心里的烦恼看作流过的江水，不要让自己沉溺在里面，要将心神集中在现实生活中的事物，学会感恩，试着将那些值得快乐的理由写下来，这样我们就能摆脱烦恼的纠缠了。

人生载不动太多的物欲和虚荣

生命这一叶扁舟，载不动太多的物欲和虚荣，如果不想生命之舟搁浅或沉没，我们就要学会退一步，用高远的眼光看清人与事。在印度热带丛林中，当地居民是这样捕捉猴子的：在一个固定的小木盒子里面装上了坚果，再把盒子打开一个小口，刚好够猴子的前爪伸进去。猴子为了取到盒子里的食物，抓住坚果，爪子就抽不出来了。人们用这样的方式来捕捉猴子，几乎每一次都能获得成功，因为猴子有个习性，那就是不肯放下已经到手的东西。也许，看了这个故事，我们会嘲笑猴子的愚笨，但是，事实上，生活中的我们有时候也跟猴子一样，总是不肯退步，担心失去，所以，最终承受了那些本不该承受的痛苦。

史学家范晔说：“天下皆知取之为取，而莫知与之为取。”得与失是互相转化的结果，这句话似乎道出了所有的哲理。那些懂得其中玄机的人，他们会善于掌握得失的主动权，坦然地退一步，用长远的眼光看清自己的得失，这样，他们更容易获得自己想要的东西。这时候，退一步并不是放弃，而是一种

新的获得。生命只有两种状态，运动和停止，只会向前猛冲，而不懂得后退或减速的人，在人生的某个弯道处，一定会冲出跑道，定会失去更多。

小米和小松是好朋友，他们俩从小就喜欢画画，常常拿着笔在墙上、报纸上涂画着五颜六色。后来，在自己的要求下，父母把他们送到了美术班里学习。长大后的他们更加喜欢绘画了，高考那年，小米和小松费了很多口舌说服了父母，让自己报考美术学院。在大学里，小松和小米经常在一起谈论着未来，描画着自己的蓝图，他们坚信自己会坚持下去，通过画画挣钱来让身边的人幸福。

大学毕业后，小松和小米开始找工作了。他们整天奔波于各家报社，希望能够成为报社的一名美术编辑，可是，各家报社的总编都以种种理由拒绝了他们的求职申请。在多次碰壁之后，小米绝望了，本来希望通过自己的一技之长来给妈妈幸福的生活，却发现社会根本没有自己的容身之地，养活自己已经很困难了。而小松却咬牙说："我一定要坚持画画，绘画是我生命不可缺少的一部分。"他毅然放弃了找工作，而是把自己关在家里，没日没夜地画着。在现实的残酷打击下，小米开始愈加颓废了，妈妈心疼地说："你既然那么喜欢画画，不如自己开一间画室吧。"小米听了，觉得心里很难受，当初是想通过找份工作继续自己的绘画创作，现在却需要自己的这份才华去养家糊口。

但是，思索了很久，小米决定自己开一间画室，他跑去与小松商量，却被小松骂走了，小松说："绘画挣钱？你这是在亵渎艺术。"于是，小米单枪匹马开始了创业，他向亲戚朋友借了十几万，再加上妈妈的积蓄，他开了一间属于自己的画室，既教小朋友画画，又出售自己的作品。几年之后，小米的画室成了这个城市有名的美术培训学校，他不仅还清了所有的欠债，还拥有了自己的房子、车子和存折上不小的数字，当初给妈妈许下的承诺也实现了。而小松依然整天窝在家里画画，不过，由于小松没有名气，所有的画都卖不出去，他成了一个穷困潦倒的画家。小米每天教画之余，用心地钻研自己的作品，也逐渐提高了自己的绘画水平，在美术界里，也成了小有名气的画家。

面临人生的窘途，小松坚持继续画画来作为自己的工作，不肯退一步，最后，他成为了一个潦倒的画家。而小米在妈妈的建议下，果断地放弃了继续画画，而是退一步，开了一间属于自己的画室，一边教小朋友画画，一边创作自己的作品，最后，他获得了成功，兑现了自己当初的诺言，同时，成就了自己的梦想，成为了小有名气的画家。相比较，谁的选择更完美呢？面对人生的困境或挫折，我们要选择后退一步，这样我们才能以长远的目光着眼于未来，也才有可能获得成功。

智者说：当我们无法前进的时候，退一步也是一种智慧。在通往成功的路上，若是不顾头破血流地一意孤行，最后我们可能什么都不能得到；但是，如果我们能够停下来，或者退后一步，我们会看清前方的景色，这样我们会更容易获得最后的成功。

心理学启示

退一步，并不是懦弱的表现，而是一种智慧的策略。有时候，看似退了一步，实则向前进了一步，这才是得与失最智慧的所在。当我们向后退了一步，我们才会重新看清一些东西，或许，你注意到，有的人因负荷太重而步履维艰，有的人因欲壑难填而疲于奔命，有的人因深陷其中而难以自拔。如果我们想踏上轻松的人生之旅，请学会退一步，或者停下来欣赏路边的风景，这样我们才能更有力量走完后面的路程。

宽容是解救自己心灵的心法

宽容是解救自己心灵的心法。一位老妇人在50周年金婚纪念日那天，向来宾道出了自己保持婚姻幸福的秘诀。她说：“从我结婚那天起，我就准备列出丈夫的10条缺点，为了我们婚姻的幸福，我向自己承诺，每当他犯了这10条错误中的任何一条的时候，我都愿意原谅他。”有人好奇地问：“那10条缺点到底是什么呢？”老妇人回答说：“老实告诉你们吧，这50年来，我始终没有把这10

条缺点具体地列出来，每当丈夫做错了事情，气得我直跳脚的时候，我马上提醒自己：算他运气好吧，他犯的是我可以原谅的那10条错误当中的一个。”

足以见得，宽容不仅能带来美满幸福的婚姻，而且，宽容也是抚平自己内心最有效的方式，从表面上看，老妇人原谅了丈夫的过错，实际上，她也安慰了自己的心灵，那么，快乐与幸福还会远吗？唐太宗宽容了魏征，成就了“贞观之治”的盛世；鲍叔牙宽容了管仲，成就了“九合诸侯，一匡天下”的壮举；蔺相如宽容了廉颇，成就了一段“将相和”的千古佳话。他们在宽容他人的同时，也提升了自己的思想境界，这就是一种心灵的修炼。

在“二战”期间，一支部队在森林中与敌军相遇，经过了一场激烈的战斗之后，有两名战士与部队失去了联系，只剩下两名战士相依为命。两人来自同一个小镇，他们在森林中艰难跋涉，互相安慰，可是，十多天过去了，他们仍然没有与部队联系上。有一天，他们打死了一只鹿，他们凭着鹿肉艰难地度过了几天。也许是战争使动物都逃走或被杀光了，他们再也没看到任何动物，两名战士带着仅剩的一点鹿肉，继续前行。

这一天，两名战士在森林中与敌人相遇，经过一次激战，两人巧妙地避开了敌人。就在他们快要脱离危险的时候，却听到一声枪响，走在前面的那个年轻战士中了一枪，幸运的是只伤在了肩膀上。后面的那位士兵惶恐不安地跑过来，害怕得语无伦次，抱着年轻战士的身体泪流不止，他赶快撕下自己的衬衣将战友的伤口包扎好。那天晚上，没有受伤的战士一直念叨着母亲的名字，他们都认为自己熬不过这一关了，尽管他们十分饥饿，但谁也没有动身边的鹿肉。幸运的是，第二天部队救出了他们。

30年过去了，那位受伤的战士说：“我知道是谁开的那一枪，他就是我的战友，当时在他抱住我时，我感觉到他的枪管是热的，我怎么也不明白，他为什么对我开枪？但是，当天晚上我就原谅了他，我知道他想独吞那点鹿肉，我知道他想为了母亲而活下来。在以后的30年里，我假装根本不知道这件事，也从来不提起这件事，战争太残酷了，他的母亲还是没有等到他回来，我和战友一起祭奠了他的母亲。在那一天，战友跪下来，请求我原谅他，我没有让他继续说下去，我们继续做了几十年的朋友，我宽恕了他。”

即使战友伤害了自己，战士依然决定以宽容来对待他，在他原谅战友的那一刻，他自己的心灵也得到了救赎。宽容，让我们少了一分忧伤，多了一分快乐；宽容，使我们少了一分仇恨，多了一分善良；宽容，让我们少了一分嫉妒，多了一分真诚；宽容，使我们少了一分纷争，多了一分友爱。宽容是解救自己心灵的心法，使我们的心灵得到升华。

古代有位老禅师，一天晚上，禅师在院子里散步，突然看见墙角边上有一张椅子，他一看就知道有位出家人违反寺规越墙出去玩了，老禅师没有声张，而是走到墙边，移开了椅子，就地而蹲。不一会儿，果真有一个小和尚翻墙，黑暗中踩着老禅师的背脊跳进了院子里。小和尚双脚着地的时候，才发觉刚才自己踩的不是椅子，而是自己的师傅。顿时，小和尚惊慌失措，张口结舌，但是，出乎意料，师傅并没有严厉责备他，而是平静地说：“夜深天凉，快去多穿一件衣服。”在宽容的无声教育中，小和尚没有被惩罚，而是被教育了。可见，老禅师所悟的是禅，但修的更是“心”啊！

心理学启示

面对他人有意或无意之间造成的错误，如果我们心里充满憎恨，老是愤愤不平，希望别人能遭到不幸或惩罚，但是，却又往往不能如愿，顿时，一种失望的情绪就会涌上来，内心将充满仇恨，我们就会失去了往日那种轻松的心境和快乐的情绪。学会宽容他人的错误，即使只是一句最简单的话，也能够迎来天空的蔚蓝。其实，宽容并不是姑息他人的过错，更不是自己软弱的表现，而是一种理解，一种心灵的修炼。当别人做了错事的时候，宽容对方往往是最好的处理办法。

不以物喜，不以己悲

生活中，世事难料，因为任何事情都有一个变化发展的过程，此刻你不如意并不代表你一生不幸，此时你满面春风并不代表你一生顺利，人生充满得失，虽然我们不能掌握变化无常的事态，但我们可以掌控自己的心态。“不以物喜，不以己悲”这种淡定通达的心态，正是现代人要追求的。正如《老子》五十八章中描述的：“祸兮福之所倚，福兮祸之所伏。孰知其极，其无正。正复为奇，善复为妖。人之迷，其日固久。”无论遇到什么事，都不要执迷于单向度的追求，而是要了解相依转换的道理，然后调整心态，走上自立自足的生活。祸福本身就是转换的，因此，不管你现在得到了什么，失去了什么，都不要纠结于一时，心态是自己选择的，祸会转化为福，福也会转化为祸，何必不敞开心扉，坦荡地面对呢?

“塞翁失马，焉知非福”的故事，我们已经烂熟于心：

从前有个智者，大家都叫他塞翁。

有一天，塞翁的马从马厩逃出去了，并跑到了胡人境内，很明显，这匹马就是别人的了。邻居们纷纷过来，向塞翁表达安慰之情，但塞翁一点都不难过，反而笑笑说：“我的马虽然走失了，但这说不定是件好事呢？”

又过了几个月，这匹马居然自己跑回来了，而且还跟来了一匹胡地的骏马，这不是意外之财吗？大家都过来向他道贺，塞翁这回反而皱起眉头对大家说：“白白得来这匹骏马恐怕不是什么好事喔！”

塞翁有个儿子很喜欢骑马，有一天，他心血来潮，要骑这匹“外来马”，结果一不小心从马背上摔下来跌断了腿，邻居们知道了这个意外又赶来塞翁家，安慰塞翁，劝他不要太伤心，没想到塞翁并不怎么难过、伤心，反而淡淡地对大家说：“我的儿子虽然摔断了腿，但是说不定是件好事呢！”

儿子摔断了腿，塞翁居然认为是好事，邻居们都感到莫名其妙，他们认为塞翁肯定是伤心过头，脑筋糊涂了。过了不久，胡人大举入侵，所有的青年男子都征调去当兵，但是胡人非常剽悍，所以大部分的年轻男子都战死沙场，塞翁的儿子因为摔断了腿不用当兵，反而因此保全了性命，这时候邻居们才领悟到，当初塞翁所说的那些话里头所隐含的智慧。

塞翁的确是个智慧的老人，他就懂得“福祸相倚”的道理，因此他既不以福喜，也不以祸忧。后来这个故事在人间流传了几百年，成为人们经常规劝他人的一个成语：比喻一时虽然受到损失，也许反而因此能得到好处。也指坏事在一定条件下可变为好事。但生活中，我们是否能做到既不以福喜，也不以祸忧呢？答案是否定的，人都是情绪化的动物，一些人一遇到悲伤之事，便萎靡不振；在竞争中获胜，便高兴不已，甚至得意忘形。显然，大喜大悲并不是一种好的处事心态。

因此，无论得失，我们都要调整自己的心态，超越时间和空间去观察问题，要考虑到事物有可能出现的极端变化。这样，无论福事变祸事，还是祸事变福事，都有足够的心理承受能力。

可以说，“宠辱不惊，看庭前花开花落；去留无意，望天空云卷云舒”，这份闲散与安逸，对于现代社会的人们来说，或许真的是一种奢望。要放下人生道路上得失成败的压力，还需要我们保持一颗平常心。对“花花绿绿”“流光溢彩”不生非分之心，不做越轨之事，不做虚幻之梦。面对外界种种变化与诱惑，心不痒，嘴不馋，手不伸，脚不动，荣辱不惊，去留淡然，白天知足常乐，夜晚睡眠安宁，走路步步稳健。总之，拥有一颗平常的心，能让我们拿捏好分寸，把握住幸福。

心理学启示

人生之路，不会总是阳光灿烂，不会总是枝繁叶茂，不会总是掌声不断，也会有阻挡在眼前的高山和荒凉的沙漠，也会有阴天时的迷雾重重，也会有他人的冷落，任谁也无法轻松地跨越。只要拥有平淡的真实，才会真正懂得品味人生，抒发人生，才会拥有自我，心存淡泊。平淡才是人生的至高境界，它让你获得坦坦荡荡、自自然然的快乐。生活中的点滴愉悦，都是生活中的原汁原味。

生命是一次没有回程的旅行

生活中，我们经常会失去很多东西，如果失去之后，再失去快乐的心情，岂不是失去的更多了？世事难以预料，谁也不想让倒霉和不幸的事发生在自己身上，但如果发生了，你应该怎样去面对呢？种种失去大都会在我们的心理上投下阴影，有时我们甚至会因此而备受折磨。究其原因，就是我们没有调整心态去面对失去，没有从心理上承认失去，只沉湎于已不存在的东西，而没有想到去创造新的东西。我们常说："旧的不去新的不来。"事实正是如此，与其为失去的懊悔，不如振作起来，重新开始，去赢得新的机遇。

每个人都曾经失去，但对其所持的心态却不同。有的人总是向他人反复表明他失去的东西多么好，多么得珍贵；有的人则不同，比如，他们在失去了原有的工作之后，不是一味地伤感，而是主动寻找新的工作；他们相信，失去并不意味着失败，失去后还可以重新拥有。这才是成功者应具备的心态。

有一对兄弟，他们的家住在80层。有一天他们外出旅行回家，发现大楼停电了！虽然他们背着大包的行李，但看来没有什么别的选择，于是哥哥对弟弟说，我们就爬楼梯上去！于是，他们背着两大包行李开始爬楼梯。爬到20楼的时候他们开始累了，哥哥说："包包太重了，不如这样吧，我们把包包放在这里，等来电后坐电梯来拿。"于是，他们把行李放在了20楼，这下轻松多了，于是他们有说有笑地继续往上爬，但是好景不长，到了40 楼，两人实在太累了。想到还只爬了一半，两人开始互相埋怨，指责对方没注意大楼的停电公告，才会落得如此下场。他们边吵边爬，就这样一路爬到了60楼。到了60楼，他们累得连吵架的力气也没有了。弟弟对哥哥说，"我们不要吵了，爬完它吧。"于是他们默默地继续爬楼，终于80楼到了！兴奋地来到家门口，兄弟俩这才发现他们的钥匙留在了20楼的包包里了……

有人说，这个故事其实反映了我们的人生：20岁之前，我们活在家人、老师的期望之下，自己不够成熟、能力不足，因此步履难免不稳。20岁之后，远离了众人的压力，开始全力以赴地追求自己的梦想，就这样愉快地过了20年。可是到了40岁，发现青春已逝，不免产生许多的遗憾和追悔……就这样在抱怨中度过了20年。到了60岁，发现人生已所剩不多，于是告诉自己不要再抱怨了，就珍惜剩下的日子吧！从此默默地走完了自己的余生。到了生命的尽头，才想起我们所有的梦想都停留在20岁的青春岁月，还没有来得及完成……

在人生旅途中，我们可能会遇到坎坷和不幸；可能会有名利得失和荣辱毁誉；可能会有历史的伤痕和岁月的沧桑……如果一切都是不可避免的，那我们不妨挥一挥衣袖，学会舍弃，舍弃应该舍弃的一切。舍弃功名利禄，将会防止那种孤独的高处不胜寒的悲凉；舍弃曾经的痛楚，那将有助于你寻找到另一份真正属于自己的幸福；舍弃曾经的仇恨，那将帮助你开辟另一条通往成功的大道；舍弃曾经的成功，那将有助于把你带往新的人生高峰。

30年前，一个年轻人离开故乡，开始踏上自己的旅途。他动身的第一站，是去拜访本族的族长，请求指点。老族长正在练字，听说本族有位后辈开始踏上人生的旅途，就写了3个字：不要怕。然后抬起头来，望着年轻人说："孩子，人生的秘诀只有6个字，今天先告诉你3个，供你半生受用。"30年后，这个曾经的年轻人已是人到中年，有了一些成就，也添了很多伤心事。归程漫漫，到了家乡，他又去拜访那位族长。他到了族长家里，才知道老人家几年前已经去世，家人取出一个密封的信封对他说："这是族长生前留给你的，他说有一天你会再来。"还乡的游子这才想起来，30年前他在这里只听到人生的一半秘诀，拆开信封，里面赫然又是3个大字：不要悔。

生命在不断地延续，舍弃也会成为一种衰老的必然，我们无法抗拒，无法逃避。有时想想，如果真的能舍弃一切，也未必不是一种庆幸，至少麻烦来了就会消退，乌云便会随风而散。就像一位哲人说过，人的双脚不可能同时跨入同一条河里。世界的一切都在变，每时每刻，尽管你并没有意识到，但是事实上，我们所面对的，每一分每一秒都是一个崭新的世界。

属于你的新的一天，你要去做一些事情，帮助别人来认识你自己、发现你自己。做你自己的主宰，用一种全新的意识与心态对待即将开始的这一天，给自己一个新鲜的开始。你会觉得自己是如此快乐，世界是如此美好，而你生活的意义，又是那么让你满意愉悦。也正因为如此，你的人生价值就会因你的新鲜而获得提高。

心理学启示

对于每个人来说，生活中出现过的是可能忘记的，而曾经走进心里的是难以忘怀的。人生路上会有各种各样的放弃，但关键的却只有几次。无论何种放弃都是为了生活，对于世界不足为奇。过去的就让它过去吧！因为生命是一次没有回程的旅行。

懂得放下，烦恼自消

我们常说："拿得起，放得下"。其实，所谓"拿得起"，指的是人在踌躇满志时的心态；"放得下"，则是指人在遭受挫折或者遇到困难时应采取的态度。范仲淹说"不以物喜，不以己悲"，有了这样一种心境，就能对大悲大喜、厚名重利看得很轻，自然也就容易"放得下"了。

法国哲学家、思想家蒙田说过：今天的放弃，正是为了明天的得到。在这个世界上，为什么有的人活得轻松，而有的人活得沉重？前者是拿得起，放得下；而后者是拿得起，却放不下。所以，人生最大的包袱不是拿不起来，而是放不下。人生最好的选择就是拿得起，放得下。只有这样，你才能活得轻松而幸福。

有一个叫秦裕的奥运会柔道金牌得主，在连续获得203场胜利之后却突然宣布退役，而那时他才28岁，因此引起很多人的猜测，以为他发生了什么问题。其实不然，秦裕是明智的，因为他感觉到自己运动的巅峰状态已经过去，而以往那种求胜的意志也迅速减退，这才主动宣布退役，去当了教练。应该说，秦裕的选择虽然若有所失，甚至有些无奈，然而，从长远来看，这也是一种如释重负、坦然平和的选择，比起那种硬充好汉者来说，他是英雄，因为他消失于人生最高处的亮点上，给世人留下的是一个微笑。

一个职务、一种头衔，自然意味着一个人在社会上所取得的成就和地位，它的意义是不言而喻的。但是，凡事都有一个度。适可而止，于是心定，定而后能静，静而后能安，安排既定，自能应付自如，就不会既忙且乱了。在生活中，很多时候，懂得放下才能收获更多。

人生的烦恼来自于非分的欲望，种种诱惑使你心中的明月蒙尘。修养心灵不是一件容易的事，要用一生去琢磨。“放下”，是非常不容易做到的，有了功名，就对功名放不下；有了金钱，就对金钱放不下；有了爱情，就对爱情放不下；有了事业，就对事业放不下。我们在肩上的重担，在心上的压力，可以使人生活得非常艰难。

成功并不总是青睐那些死守一个真理的执着者，还格外偏爱那些懂得适时放弃的聪明人。要想达到自己的目标，我们固然要“拿得起”；但与此同时，当我们发现“此路不通”时，也要学会及时地放下。片面地偏向任何一点，生命的天平都有可能发生难以控制的偏斜，到时再来补救就来不及了。李嘉诚有一次在长江集团周年晚宴上说：“好的时候不要看得太好，坏的时候不要看得太坏。”这句话是李嘉诚人生修炼最高境界的体现，也就是“拿得起，放得下”。歌德说：“一个人不能永远做一个英雄或胜者，但一个人能够永远做一个人。”这里，做一个英雄或胜者，指的便是“拿得起”的状态；而“做一个人”便是“放得下”的状态。

有个人两手各拿着一只花瓶前来拜见三祖寺的宏行法师。法师对他说：“放下！”那个人于是把左手拿的那只花瓶放下了。法师又说：“放下！”那个人于是把他右手拿的那只花瓶也放下了。法师还是对他说：“放下！”那个人说：“法师，能放下的我都已经放下了，我现在两手空空，没有什么可以再放下了，您到底让我放下什么呢？”

法师说：“我要你放下的，你一样也没有放下；我没有叫你放下的，你全都放下了。花瓶是否放下并不重要，我要你放下的是心中的杂念，你的心已经被这些东西填满了，只有放下这些，你才能从生活的桎梏中解放出来，才能懂得真正的生活。”那个人终于明白了，点了点头。

宏行法师最后说：“放下这两个字听起来容易，做起来却很难。有的人追求功名，他放不下功名；有了金钱，就放不下金钱；有了爱情，就放不下爱情；有了嫉妒，就放不下嫉妒。世人能有几个能真正做到‘放下’呢？”

心理压力要重于手上的花瓶，“放下”不失为一条追求幸福的绝妙方法。其实，每天发生在我们生活中的很多悲剧，往往就是因为无法放下自己的手中已经拥有的“东西”所酿成的：有些人不能放下金钱，有些人不能放下爱情，有些人不能放下名利，有些人则是不能放下过分的执着。

然而，如果你能够领悟“放下”的道理，你将会有一种如释重负的感觉。因为只有懂得放下，才能掌握当下。放下就是快乐。只要你心无挂碍，什么都看得开、放得下，何愁没有快乐的春莺在啼鸣，何愁没有快乐的泉溪在歌唱，何愁没有快乐的白云在飘荡，何愁没有快乐的鲜花在绽放！

心理学启示

许多事情，总是在经历过以后才会懂得。一如感情，痛过了，才会懂得如何保护自己；傻过了，才会懂得适时地坚持与放弃。在得到与失去中我们慢慢地认识自己。其实，生活并不需要这些无谓的执着，没有什么真的不能割舍。学会放下，生活会更容易。

每一种失去都是另一种收获

人生短暂，与浩瀚的历史长河相比，世间一切恩恩怨怨、功名利禄皆为短暂的一瞬，“福兮祸所伏，祸兮福所倚”。得意与失意，在人的一生中只是短短的一瞬。普希金在一首诗中写道：“一切都是暂时的，一切都会消逝，让失去的变为可爱。”有时，失去不一定是忧伤，反而会成为一种美丽；失去不一定是损失，反倒是一种收获。只要我们抱着积极乐观的心态，失去也会变得可爱。

能否舍弃人生路上必须舍弃的东西，这或许是衡量一个人是否成熟、是否具有智慧的一个重要标准。因为只有当一个人能够冷静而准确地认识自己，认识环境，能够理性、客观地规划自己的理想与生活的时候，他才敢舍弃，他才能够舍弃。舍弃是大自然的规律，舍弃是生存的一种方式，舍弃是理智者的行为。

比尔·盖茨放弃大学学业创立微软公司，成为了世界上最富有的人之一。有人说，即使面前有一张百元大钞，比尔·盖茨也不会弯腰捡起，因为捡起这张钞票的同时他将损失上百万美元，或许这种说法未免有点夸张。比尔·盖茨是个绝顶聪明的生意人，他明白，放弃来之不易的学业能够使他拥有开创一个时代的机会，放弃面前的100美元，能给他带来更为丰厚的收益。

生活在尘世中的人们，有一个可怕的心理，就是“终朝只恨聚无多”，干什么都想赢，舍弃谈何容易？纵观社会，横看人生，有撑死的，也有饿死的，有穷死的，也有富死的，有厉害死的，也有窝囊死的，有因祸得福的，也有因福得祸的，如此等等，不一而足。何时该获得，何时该舍弃，真的很困难，天下没有放之四海而皆准的真理，必须根据此时、此地、此情、此景去综合地考虑。但是人们考虑获得和舍弃的时候大都有一个误区，不能用辨证的哲学的观点来权衡获得和舍弃的利弊得失。

放弃是一种睿智，它可以放飞心灵，可以还原本性，使你真实地享受人生；放弃是一种选择，没有明智的放弃就没有辉煌的选择。进退从容，积极乐观，必然会迎来光辉的未来。放弃绝不是毫无主见，随波逐流，更不是知难而退，而是一种寻求主动、积极进取的人生态度。我们不惜一切求取成功。可是，失败是难免的。如果我们做得优雅，保持平衡，我们就可以得到平安，从经验中成长。就像松开一个握紧的拳头，我们会感到自在而有活力。

迈克生活在一个家境很好的家庭，毕业后也没费什么周折，就进了一家大型企业。然而，接下来的一切却让他始料不及：单位的人际关系非常复杂，而他说话办事都率性而为，不懂得收敛。渐渐地，他听到了一些议论，说他年轻气盛，做事毛糙等。从小就养尊处优惯了的迈克觉得非常沮丧。

回到家，他把在单位遇到的种种不愉快说给父亲听。听完后父亲给他讲了一个故事：有个人在一次车祸中不幸失去了双腿，而他却说道，“这事确实很糟糕。但是，我却保住了性命，并且我可以通过这件事认识到，原来活着是一件多么美好的事情——我失去的只是双腿，却拥有了比双腿更加珍贵的生命。”

父亲说：“这个遭遇车祸的人是个智者，他知道失去了双腿是一件已经发生的事实，哪怕再痛苦也改变不了。所以，他换了一个角度，同样一件事情，他能够找到积极的那一面。而你……”父亲的一番话让迈克豁然开朗。回到单位之后，每当再遇到不顺心的事情，他就想：这是一件好事情，它至少说明我有不足甚至不对的地方，我得改正自己。如果确实不是他自己的问题，他也不再像以前那样气恼，而是想：这说明别人对我的要求比较高，我得加把劲儿。同样的一件事情，过去给他带来的是烦恼、苦闷，而现在带给他的则是积极向上的动力。

在我们的现实生活中，需要有一种舍弃的智慧。当你与人发生矛盾或冲突时，只要不是什么原则问题，完全可以舍弃争强好胜的心理，甚至甘拜下风，就可能避免两败俱伤；当你在生活中与人发生摩擦时，舍弃争执，保持缄默，就可以唤起对方的恻隐之心，换来和谐相处。

心理学启示

放弃，是一种睿智，是一种豁达，它不盲目，不狭隘。放弃，对心境是一种宽松，对心灵是一种滋润，它驱散了乌云，它清扫了心房。有了它，人生才能有爽朗坦然的心境；有了它，生活才会阳光灿烂。善于放弃是一种境界，是历尽跌宕起伏后对世俗的一种不屑，是饱经人间沧桑之后对财富的一种感悟，是运筹帷幄、充满自信的一种流露。只有在了如指掌之后才会懂得放弃并善于放弃，只有在懂得并善于放弃之后才会获得成功。因此，我们在争取拥有的同时，也要懂得学会放弃，遇事都要退一步，不必斤斤计较。

第8堂课　调整心态的心理课

特里法则：认错让自己进步

一次错误并不会毁掉以后的道路，真正会阻碍你的，是不愿意承担责任，不愿意改正错误的态度。2001年，沃尔玛首次位列世界500强榜首，据德国《商报》报道，这个世界上最大的连锁商进入德国市场四年来连遭败绩，损失超过了1亿美元，而且，它还在财务上遮遮掩掩，这一切都没能蒙过德国法律，于是，沃尔玛不得不对外公开自己 2000 年和 2001 年两个年度的财务情况。当时，沃尔玛在德国拥有十几万员工，有几十家分店。但是，沃尔玛并没有因在德国受挫而灰心丧气，而是积极采取整顿措施，在德国市场上继续拼搏，后来，终于获得了成功。

美国田纳西银行前总经理L.特里曾说："承认错误是一个人最大的力量源泉，因为正视错误的人将得到错误以外的东西。"由这句话引申出来的就是著名的心理学法则—特里法则。俗话说："金无足赤，人无完人。"谁都难免会犯一点小错误，而且，每个人都存在着这样的心理：犯错误的时候，脑子里总是想着隐瞒自己的错误，害怕自己承认错误之后会没有面子。其实，有这样的心理是正常的，但是，为了能够从错误中获得另外一些有用的东西，我们应该克服这样的心理。承认错误并不是什么丢面子的事情，相反，在一定程度上，这是一种勇敢的行为，因为，对于每一个犯错的人来说，错误承认得越及时，那么这个错误就越容易得到改正和补救。另外，更为关键的是，自己主动承认错误远比别人提出批评后再承认更容易得到他人的谅解。

心理学教授常常向学生们讲述卡耐基认错的故事：

卡耐基从家里步行一分钟就可以到森林公园，因此，他经常带着自己的小猎狗雷斯去公园散步。由于平时在公园很少碰到人，而且雷斯看起来很友善，所以，卡耐基常常不给雷斯系狗链或者戴口罩。

有一天，卡耐基在公园遇到了一个警察，警察看见雷斯既没有系链子也没有戴口罩，就十分严厉地说："你为什么让你的狗跑来跑去而不给它系上链子或戴上口罩？你难道不知道这是违法吗？"卡耐基低声回答："是的，我知道，不过，我认为它不至于在这儿咬人。"警察提高了嗓门："你不认为！你不认为！法律是不管你怎么认为的，它可能在这里咬死松鼠或小孩，这次我不追究，假如下次再让我碰上，你就必须跟法官解释了。"卡耐基照办了，但是，雷斯不喜欢戴口罩，卡耐基自己也不喜欢这样做。

又一天下午，卡耐基正和雷斯在山坡上赛跑，突然，他看见了警察骑着马过来了，卡耐基想：这下栽了！他决定不等警察开口就先认错，卡耐基说："先生，这下你当场逮到我了，我有罪，你上星期警告过我，若是再带小狗出来而不给它戴口罩，你就要罚我。"警察语气很温和："好说，好说，我知道没有人的时候，谁都忍不住要带这样一条小狗出来溜达。"卡耐基表示赞同："的确忍不住，但这是违法的。"警察反而安慰卡耐基："哦，你大概把事情看得太严重了，我们这样吧，你只要让它跑过小山，到我看不到的地方，事情就算了。"

如果我们犯了错误，而又免不了受责备，何不先自己承认错误呢？毕竟，自己谴责自己比挨别人的批评好受得多。因此，很多时候，需要主动承认错误，这样比别人提出批评后再认错更容易得到别人的谅解。

心理学教授曾讲述了这样一个故事：

布鲁士·哈威是公司财务部的一名员工，有一次，他错误地付给一位请病假的员工全薪。就在他发现这个错误的时候，他及时地告诉那位员工，解释说必须要纠正这个错误，他要在下一次的薪水中减去多付的薪水金额。然而，那位员工说这样做会给自己带来严重的财务问题，因此，他请求分期扣回多付的薪水。但是，这样的话，哈威必须首先获得上级的批准。哈威心想：我知道这样做，一定会使老板十分不满。在哈威考虑如何以更好的方式来处理这种情况的时候，他清楚地知道这一切的混乱都是自己的错误造成的，自己必须在老板面前承认错误。

于是，哈威找到了老板，说明了事情的详细经过，并承认了错误。老板听了大发脾气，指责人事部门和会计部门的疏忽，然后，开始责怪办公室另外两个同事。哈威反复解释："这是我的错误，跟别人没有关系。"最后，老板看着他说："好吧，这是你的错误，现在把这个问题解决吧。"哈威解决了问题，纠正了错误，没有给任何人带来麻烦，从这以后，老板更加器重哈威了。

哈威敢于承认自己的错误，从而赢得了老板的信任。其实，如果一个人有足够的勇气来承认自己的错误，那么，在认错之后，其内心可以获得某种程度的满足感。承认错误，不仅可以消除内心的罪恶感，而且，有助于解决错误所造成的问题。

心理学启示

在营救驻伊朗的美国大使馆人质的作战计划失败后，美国总统吉米·卡特在电视里郑重申明："一切责任在我。"当时，仅仅因为这句简单的话，卡特总统的支持率上升了10%。并不是错误了，就永远不能改正；不是失败了，就永远不能成功。如果我们能够勇于承认自己的失败与错误，自己就能赢得成功。达尔文曾说："任何改正都是进步。"

生活应多一些体谅而非责备

毕业于哈佛大学的经济学家萨缪尔森曾获得诺贝尔经济学奖，他曾说：

"人们在交往中应当多一些体谅而非责难。"原谅比辱骂更能让一个人醒悟与进步。面对他人有意或无意造成的错误，如果我们总是愤怒或生气地指责对方，反而会使对方感到有种受伤的感觉，在他心里，第一感觉不是认识到自己的错误，而是感觉到自尊受到了伤害。这样一来，我们就没有达到自己的目的，他或许并没有意识到自己的错误，而是心怀对你的仇恨。而原谅则不一样，原谅能使一个人清楚地看到自己的错误，同时，还会心存感激。所以，面对他人的错误，原谅比挑剔、指责更管用。

发明大王爱迪生和他的助手辛辛苦苦工作了一天一夜，终于做出了一个电灯泡。他们非常珍惜这个成果，就叫来一个年轻的学徒，让他把这个灯泡拿到楼上的实验室好好保存。这名学徒知道这是个重要的东西，心里非常紧张，在上楼的时候，由于不住地哆嗦，一下子摔倒了，把电灯泡摔得粉碎。爱迪生非常惋惜，但并没有责备这名学徒。过了几天，爱迪生和他的助手又用了一天一夜制作了一个电灯泡，做完后，爱迪生想也没想，仍然叫来那名学徒，让他送到楼上。这一次，什么事也没有发生，这个学徒安安稳稳地把灯泡拿到了楼上。事后，爱迪生的助手埋怨他说："原谅他就够了，你何必再把灯泡交给他呢，万一又摔在地上怎么办？"爱迪生回答："原谅不是光靠嘴巴说说的，而是要靠做的。"

在生活中，许多人习惯于责骂他人的错误，特别是当他们的错误对自己的生活产生不利影响的时候，我们的情绪有可能会一下子失控，这时，怨恨将占据我们的心灵，那些指责与辱骂就会随之而来。但是，如果我们仔细想想，就会发现指责与挑剔对于我们来说一点好处也没有，它只会让我们的情绪变得更加恶劣，而他人在指责与挑剔之下也会心生不满。所以，在任何时候，原谅他人都是一个有益的选择，而且，正如爱迪生所说"原谅不是光靠嘴巴说说的，而是要靠做的"，我们必须以实际行动来让对方感受到，自己已经被谅解了。

有一天，七里禅师正在蒲团上打坐，突然，一个强盗闯进来，拿着一把又明又亮的刀子对着他的脊背，说："把柜里的钱全部拿出来！否则，就要你的老命！”七里禅师缓缓说道：“钱在抽屉里，柜里没钱，你自己拿去，但要留点儿，米已经吃光，不留点儿，明天我要挨饿呢！”那个强盗拿走了所有的钱，在临出门的时候，七里禅师说：“收到人家的东西，应该说声谢谢啊！”强盗转过身，说：“谢谢。”霎时间，他心里十分慌乱，几乎从来没有遇到这样的事情，这使他失去了意识，愣了一下，才想起不该把全部的钱拿走，于是，他掏出一把钱放回抽屉。

没过多久，这个强盗被官府捉住，根据他所提供的供词，差役把他押到七里禅师的寺庙去见七里禅师。差役问道：“几天之前，这个强盗来这里抢过钱吗？”七里禅师微微一笑，说道：“他没有抢我的钱，是我给他的，临走时还说了声谢谢，就这样。”强盗被七里禅师的宽容感动了，只见他咬紧嘴唇，泪流满面，一声不响地跟着差役走了。

这个人在服刑期满之后，便立刻去叩见七里禅师，求禅师收他为弟子，七里禅师不答应。这个人长跪三日，七里禅师终于收留了他。

即使面对抢劫的强盗，七里禅师也没有说任何指责、辱骂的话语，反而原谅了他。当差役问道：“这个强盗来这里抢过钱吗？”七里禅师只是说“他没有抢我的钱，是我给他的，临走时还说了声谢谢”。听了这样的话，有了这样的宽容，再凶狠、再无药可救的强盗也会流泪，醒悟了。在服刑期满了以后，他去叩见七里禅师，长跪三日，七里禅师终于答应收留了他。原谅与宽容，会令奇迹遍地开花。

原谅别人，我们才是真正的强者。佛说：“当你战胜了嗔恨的心魔，生命会因此更自主、自在与自由。”真正的强者不是指责别人，挑剔别人，而是战胜自己。内心的心魔需要我们自省，这样我们才能对他人的错误以微笑对之。甘地曾要求自己不要怨恨任何人，他说：“我知道这很难做到，所以要用最谦恭的态度，尽量达成这项自我的要求。”

心理学启示

每个人的心都如同一个容器，当爱越来越多的时候，仇恨就会被挤出去。因此，要学会原谅，不要一味地去消除仇恨，而是不断地用爱来充实内心，用爱心来滋润胸襟，这样一来，那些怨恨或仇恨就没有了容身之处。所以，试着放弃心中的怨恨，放下愤怒，善待自己，原谅他人。面对他人犯下的过错，不要总是挑剔和指责，而是学会原谅。

驱走内心的孤独感

和煦的阳光可以照暖内心的孤独。金斯利说："太阳底下所有的痛苦，有的可以解救，有的则不能，若有就去寻找，若无，就忘掉它。"生活中，很多时候，由于环境或者其他一些原因，我们感到心里荒芜，内心满是孤单，这种情绪就像赶不走的影子，时刻伴随着我们，令我们感到恐惧与绝望。孤独，是一种心境，那是一种似乎全世界都抛弃了自己的感觉。如果想要摆脱孤独折磨的滋味，需要依靠和煦的阳光填满内心的空洞，这样我们就不会再感到孤独，而会感受到阳光带来的温暖。

在一个村庄里，有位中年人从事了二十年的邮差工作，每天，他往返五十里的路程，将忧欢悲喜的故事送到居民的家中。一晃二十年过去了，村庄里的人和事物都已经过了几番变迁，只有邮局到村庄这条道路，从过去到现在，始终没有改变。每一次，邮差经过这条道路，心里都会想：这样荒凉的路还要走多久呢？太阳照着大地，中年邮差的身影孤独地走在道路上，悲凉而又迷茫。

邮差一想到自己必须在这条没有花没有树，而且充满尘土的路上，踩着脚踏车度过自己的一生的时候，心中充满着遗憾，这二十年来，他第一次感觉到孤独的滋味。有一天，中年邮差送完了信，正准备回家的时候，路过一家花店。邮差不禁心中一动：对了，就是这个。他走进花店，买了一把野花的种子，第二天，他把这些种子撒在自己往来的路上。就这样，经过了一天，两天，一个月，两个月……邮差不停地撒播着野花种子。

没过多久，在那条邮差已经来回走了二十年的荒凉道路上，竟然开出了无数的花朵，有红色的，有黄色的，四季盛开，永不停歇。花朵对于村庄的人们来说，比邮差送达的任何一封邮件都让人开心。那条道路不再充满灰尘，而是充满了花香，中年邮差骑着脚踏车，吹着口哨，他不再是孤独的邮差，也不再是愁眉苦脸的邮差，而是满脸洋溢着幸福与快乐的邮差。

一位年轻的老师被派遣到山区的小学为学生们代一个星期的课，刚开始，年轻老师满怀热情，希望自己与学生们能度过一周愉快的时光。然而，很快他就感到了孤独与失望，这一个星期真是糟糕透了，孩子们既粗野又不爱完成作业，他感觉自己很孤单，在最后一节课上，年轻老师对学生们说："现在我知道了，我不能和孩子们在一起，我不适合这个工作。"这时，一位学生告诉老师："我想为这一个星期感谢您，感谢您教给我们许多知识，您知道，以前我从来没有听到过树林中的风声，它是那么可爱，我永远也不会忘掉它。这是我为您写的一首诗，我差点没有勇气把它给您。"说完，孩子从口袋里掏出一张纸递给了老师，然后就跑走了。那一瞬间，年轻老师感到自己心里洋溢着满满的阳光，自己再也不孤单了。

心理学启示

心灵是一座宝库，在这里只应留有美好与智慧，而不是装满垃圾，或浸满孤独。哲人说："要想除掉旷野里的杂草，方法只有一种，那就是在上面种满庄稼。"那么，如果想要摆脱内心孤独的束缚，就应该敞开心扉，让和煦的阳光照射进来，这样，孤独才会无处遁形。

克服自私狭隘的心理

人只有献身于社会，才能找出那短暂而有风险的生命的意义。对每一个人来说，最大的快乐，最大的幸福是把自己的精神力量奉献给他人。不过，人本身是“自私动物”，这是一种本性，我们所需要的就是认识和利用“自私”，而不是逆“性”而为。努力克服内心的自私，以无私的思想来面对人和事，否则，一味地自私狭隘，只会让心灵长满杂草，最后只能沉沦。

在一座城市的郊区有一座水库，每年夏天都有许多游泳爱好者前去游泳，然而，水库是城市自来水工厂的重要水源。为了保持水源的清洁卫生，自来水厂在水库边竖了一块“禁止游泳”的牌子，但是，效果并不理想，人们还是到游泳池来玩耍嬉戏。后来，自来水厂换了一块公告牌，上面写着：“你家用的水来自这里，为了你和家人的健康，请保持清洁卫生。”结果，那些来库区里游泳的人都没有了。由此人们内心那种自私心理展现得淋漓尽致，在他们心里，已经没有“无私”的概念，最终，自私狭隘让他们走向了人生的死胡同。而且，很多时候，自私狭隘的心理会给我们带来一些不必要的麻烦，甚至使自己的性命受到威胁。

从前，山谷里住着一只小白兔和一只小灰兔，它们俩是邻居，两家的距离不过一米，在它们两家门口各有一丛茂盛的野草。这年夏天，连着下了几天的暴雨，两只兔子没有办法到外面去寻找食物。到了傍晚，小白兔饿了，想去吃家门口的野草，可是，它想到妈妈说过自己门口的野草不能吃，如果吃了，猎人就会找上门来。它想了想，跳到了小灰兔门口把小灰兔家门口的叶子吃了个精光。饱餐一顿的小白兔回到家里伸了个懒腰，然后就进入了甜蜜的梦乡。第二天早上，从睡梦中醒来的小灰兔感到很饿了，它好不容易爬出家门，却看见家门口茂盛的野草已经不见了，一眼看过去，发现小白兔家门口的野草却依旧茂盛着。小灰兔马上明白过来了，心想：一定是小白兔把我家门口前的野草吃了。于是，小灰兔也把小白兔家门口的野草吃光了。

正巧，这天上午，一位猎人经过山谷，一眼就发现了兔子的洞穴，两只小兔子都没有逃过猎人的捕捉，成为了猎人的囊中之物。

两只自私的小兔子最后都成为了猎人的囊中之物，它们还没有来得及享受美好的生活，就已经走到了生命的尽头。如果小白兔没有那么自私，光想着自己，而不顾小灰兔的安危，那么，或许结果又是另一番光景；如果小灰兔在看到自己家门口的野草被吃了之后，能克制住自己内心的报复心理，那么，它和小白兔就能够逃过这一劫，彼此成为好朋友。那些无私的人，往往能够帮助自己的仇人脱离危险，这份宽容之心就是无私地奉献，因而，他们往往能交好运。

从前有一个富翁，他有三个儿子，在自己年事已高的时候，富翁决定把自己的财产全部留给三个儿子中的一个。可是，到底要把财产留给哪一个儿子呢？富翁想出了一个办法：他让三个儿子花一年的时间去周游世界，回来之后看谁做的事情最高尚，那谁就是财产的继承人。一年的时间很快就过去了，三个儿子相继回到了家里，富翁让三个儿子说一说各自的经历。

大儿子看起来十分得意，他开始说了：“我在周游世界的时候，遇到了一个陌生人，他对我很信任，把自己的一袋金币交给我保管。后来，没过多久，那个人意外去世了，我把那袋金币原封不动地还给了他的家人。”

二儿子十分自信，他说：“当我走到一个贫穷落后的村庄的时候，一个可怜的小乞丐不幸掉进了湖里，我没来得及脱鞋就跳进了河里，从河里把小乞丐救了起来，还给了他一笔钱。”

听了两位哥哥的话，三儿子显得很犹豫，但在父亲的鼓励下，他缓缓道出了自己的经历：“我没有遇到过两位哥哥碰到的事情，在我旅行的时候，我遇到了一个人，他看中了我身上的钱袋，一路上他千方百计地陷害我，有一次我还差点死在他的手上。后来，有一天，我经过悬崖边上，正看到那个人在悬崖边上的一棵树下睡觉，我想：只要我一抬脚就可以轻松地把他踢到悬崖下面了，但是，我又思索了一阵，觉得自己不能这样做。正准备走，我又担心他一翻身就掉下了悬崖，于是，我决定叫醒他，然后再继续赶路，其实，这实在算不上什么有意义的经历。”说完，他涨红了脸，低下了头。

富翁听了三个儿子的经历，点了点头，说："诚实、见义勇为都是一个人应有的品质，算不上高尚。但是，有机会报仇却选择放弃，反而帮助自己的仇人脱离危险的宽容之心就是高尚的，这是无私的行为，那么，我的全部财产都是老三的了。"

正如富翁所说"诚实、见义勇为都是一个人应有的品质，而有机会报仇却选择放弃，反而帮助自己的仇人脱离危险的宽容之心就是高尚的"，内心无私的人，即使在面对自己的仇人，他所能想所能做的依然是"心中有他人"，处处为他人着想，在他们心里，永远有一座美丽的花园。相反，那些自私狭隘的人，他们总是想着自己，从来不考虑别人，因此，在他们的内心是一片荒芜。

心理学启示

奥斯特洛夫斯基说："人的一生可以燃烧也可能腐朽，我不能腐朽，我愿意燃烧起来。"每个人都有自己的价值，如果喜欢自己的价值，那么，我们就得为这个世界创造价值。人生最美好的不是享乐，而是无私地奉献。如果要想自己的心灵不长满杂草，就要努力克服人性所带来的自私狭隘心理，因为，只有无私才能让我们不断地进取，而自私狭隘只会让我们沉沦。

不完美是生命的本质

阿法朗诗说："我坚持我的不完美，它是我生命的真实本质。"每个人的一生中都会经历不同的坎坷或挫折，没有一个人可以说他就是完美无缺的。上帝对于每个人来说都是公平的，他给予了你一样东西，肯定会拿走另一样东西，关键是你如何去看待生命里的缺憾。完美是一座无人能抵达的宝塔，人们总是倾其所有来追逐它，向往它，但是，却永远难以到达。它只能作为一个追寻的目标，不能把它当作一种现实的存在，否则你将会陷入自我矛盾中而无法自拔。生命的美丽在于真实，纵然有缺憾，也是无法复制的无与伦比的美丽。在很多时候，我们没有必要凡事追求完美，美丽一定是伴随着遗憾，只要足够真实，生命一样会绽放出最灿烂的光辉。

一个失意的人找到了智者，他向智者诉说着自己的遭遇和无奈。智者沉思了许久，舀起了一瓢水，问失意者："这水是什么形状？"失意者摇摇头："水哪有什么形状？"智者不语，只是将水倒入了杯中，失意者恍然大悟："我知道了，水的形状像杯子。"智者没有说话，又把杯子里的水倒入了旁边的花瓶，失意者悟然："我知道了，水的形状像花瓶。"智者摇摇头，轻轻拿起了花瓶，把水倒入了盛满沙土的盆里，水一下子溶进了沙土，不见了。智者低头抓起了一把沙土，叹道："看，水就这么消逝了，这也是人的一生。"失意者陷入了沉思，许久才说道："我知道了，你是通过水来告诉我，社会处处就像是一个个不规则的容器，人应该像水一样，盛进什么样的容器就成为什么形状的人。"

智者微笑着说："是这样，也不是这样，许多人都忘记了一个词语，那就是滴水穿石。"失意者大悟："我明白了，人可能被装于规则的容器，但也能像这小小的水滴，滴穿坚硬的石头，直至突破，我们要像水一样，能屈能伸，既能尽力适应环境，也要保持本色，活出自我。"

对于完美主义，哈佛教授本·沙哈尔提出了自己的看法，每一个人都应该学会接受自己，不要忽略自己所拥有的独特性，要摆脱"完美主义"，要"学会失败"。追求生命的完美，这本是一种积极的人生态度，但是，过分地追求完美，则会导致产生消极的负面情绪。与其过分地追求完美而又难以到达，还不如享受当下真切的美丽。

对意大利前锋卢卡·托尼来说，自己既没有出众的技术，也没有惊人的速度，却站在前锋的位置，这何尝不是一种致命的人生。但是，托尼并没有放弃，逐渐修炼自己的"头球"功夫，成为了"头球机器"。生命对于托尼来说有着不可弥补的缺憾，但是，他却成为了意大利永远的旗帜，一个不可失去的出色前锋。瑕不掩瑜，真实的人生并非需要完美，缺憾未尝不是一种惊人的美丽。

琳达是一位电车车长的女儿，她从小就喜欢唱歌和表演，她梦想着自己能够成

为一名当红的好莱坞明星。然而，琳达长得并不算漂亮，她的嘴看起来很大，而且还有讨厌的龅牙。每次公开演唱，她都试图把上嘴唇拉下来盖住自己的牙齿。

有一次，她在新泽西州的一家夜总会演出，为表现得更加完美，她在唱歌时努力拉下自己的上嘴唇来盖住那讨厌的龅牙，但是，结果却令自己出尽洋相，真是一次失败的演出。琳达看起来伤心极了，她觉得自己注定了命运的失败，她打算放弃自己当初的梦想。但是，正在这时，同在夜总会听歌的一位客人却认为琳达很有天分，他告诉琳达："我跟你说，我一直在看你的演出，我知道你想掩盖的是什么，你觉得你的牙齿长得很难看。"琳达低下了头，觉得无地自容，可是，那个人继续说道："难道说长了龅牙就是罪大恶极吗？不要想去掩盖，张开你的嘴巴，观众看到你自己都不在乎，他们就会喜欢你的。再说，那些你想掩盖住的牙齿，说不定能给你带来好运呢。"琳达接受了客人的建议，努力让自己不再去注意牙齿。从那时候开始，琳达只要想到台下的观众，她就张大嘴巴，热情地歌唱，使她成为了好莱坞当红的明星。

赛德兹说："你应庆幸自己是世上独一无二的，应该将自己的禀赋发挥出来。"无论是龅牙一样的缺点，还是难以弥补的缺憾，它一样是生命组成的重要部分，在生命中占据着不可或缺的位置。如果我们总是寻找着完美的东西，寻找一份完美的工作，寻找一种完美的生活，那么，生命就会在寻找过程中枯萎，以至于到最后，它都没有来得及释放那真切的美丽。与其追求不能到达的完美境界，不如努力把握真实的美丽。

心理学启示

在现实生活中，"完美"的诞生就伴随着遗憾，因此，追求完美是一个人正常的追求，却也是一个人最大的悲哀。人生贵在真实，瑕不掩瑜，即使有了缺憾，也无损人生真切的美丽。我们在很多时候，要善于接纳自己，无论是自己的优点还是缺点，我们都要以平常心看待。上帝是公平的，当他向你关闭了一扇门，却向你打开了另一扇窗，我们需要的只是尽情释放出生命真实的美丽。

战胜拖沓，向目标奋进

有一个做事拖拉的人，有人问他："你一天的活是怎么干完的？"这个人回答说："那很简单，我就把它当作昨天的活。"这就是拖沓的习惯，其实，拖沓岂止是把昨天的活移到今天来干。有人给拖沓下的定义为：把不愉快或成为负担的事情推迟到将来做，特别是习惯性这样做。如果自己是一个做事拖沓的人，那么，生活中我们大部分都在浪费时间，做一件事也需要花很多时间来思考，担心这个或担心那个，或者找借口推迟行动，但最后又为没有完成目标任务而后悔，这就是"拖沓者"典型的特点。拖沓对于成功来说，是一个讨厌的绊脚石，拖沓的习惯会阻碍目标任务的完成。所以，要想获得成功，就需要向着目标立即奋进，拒绝拖沓。

说到拖沓的习惯，相信许多人都不陌生，因为在平时生活中，随处可以见到它的身影。在该工作的时候上网冲浪，总是对自己说："明天再去做吧。"但是，正所谓"明日复明日，明日何其多"，在拖沓蔓延的过程中，我们错过了许多达成目标的机会。

马克·吐温曾经说过："如果你每天早上醒来之后所做的第一件事情是吃掉一只活青蛙的话，那么你就会欣喜地发现，在接下来的这一天里，再没有什么比这个更糟糕的事情了。"由此引发出了"青蛙"规则，对每一个人而言，"青蛙"就是最重要的任务，如果我们现在对它不采取行动的话，我们很可能就会因为它而耽误时间，我们的青蛙也可能是对自己的生活产生最大积极影响的事情。

有人引申出了"吃青蛙"的两个规则：一是如果你必须吃掉两只青蛙，那么要先吃那只长得更丑陋的。简单地说，假如在一天里我们面临了两项重要的任务，那么我们应该先处理更重要的那一项，即使重要的任务总是棘手的，但我们也要去吃掉那只丑陋的青蛙。养成这样的习惯，而且一开始就要坚持到底，完成一个目标再接着开始另外一个目标。二是如果你必须吃掉一只活的青蛙，那么即使你一直坐在那里并盯着它看，也无济于事。摆在面前的即使是一件非常难做的任务，我们也需要立即行动，漫无目的地思索只会浪费更多的时间，这可以使我们养成不假思索、立即行动的习惯。

完成既定目标，提高自己的工作效率在于立即行动，即“吃掉那只青蛙”所阐发出来的理论：每天早上要做的第一件事情，就是对你来说最重要的那件事情，并使之成为一种习惯。这样时间久了，自然就能克服拖沓的毛病。通过大量的研究表明，那些成功人士身上最显著的共性是“说做就做”。一旦他们有了明确的目标，就会立即展开行动，一心一意、持之以恒地完成这项工作，直到达成目标为止。

有人或许不知道，《致加西亚的信》的作者阿尔伯特·哈伯德曾就读于哈佛大学。

阿尔伯特·哈伯德出生于美国伊利诺州的布鲁明顿，父亲既是农场主又是乡村医生。年轻时的哈伯德曾在巴夫洛公司上班，是一名很成功的肥皂销售商，但是，他却对此感到不满足。1892年，哈伯德放弃了自己的事业进入了哈佛大学，然后，他又辍学开始到英国徒步旅行，不久之后，哈伯德在伦敦遇到了威廉·莫瑞斯，并喜欢上了莫瑞斯的艺术与手工业出版社。

哈伯德回到美国，试图找到一家出版社来出版自己的那套《短暂的旅行》的自传体丛书，但是，他没有找到任何一家出版社。于是，他决定自己来出版这套书，创建了罗依科罗斯特出版社。哈伯德的书出版之后，他成为了既高产又畅销的作家。随着出版社规模的不断扩大，人们纷纷慕名而来拜访哈伯德，最初游客会在周围住宿，但随着人越来越多，周围的住宿设施已经无法容纳更多的人了，哈伯德特地盖了一座旅馆，在装修旅馆时，哈伯德让工人做了一种简单的直线型家具，而这种家具受到了游客们的喜欢，哈伯德开始了家具制造业，哈伯德公司的业务蒸蒸日上。同时，出版社出版了《菲士利人》和《兄弟》两份月刊，随后《致加西亚的信》的出版使哈伯德的影响力达到了顶峰。

有人说，阿尔伯特·哈伯德是无比传奇的一生，他之所以能在多方面都能获得成功，在于他从来不拖沓，不断地朝着自己的一个又一个目标而努力奋进。阿尔伯特·哈伯德是一位坚强的个人主义者，一生坚持不懈、勤奋努力地工作着，成功对于他来说是理所当然的。在《致加西亚的信》中，阿尔伯特·哈伯德讲述了罗文送信这样的情节："美国总统将一封写给加西亚的信交给了罗文，罗文接过信以后，并没有问：'他在哪里？'而是立即出发。"拖沓、懒散的生活态度，对许多人来说已经是一种常态，要想成为罗文这样的人，我们就应该拒绝拖沓。

心理学启示

通常来说，一个人成就的大小取决于他做事情的习惯，克服拖沓是做事情的一个重要技巧。我们要想完成既定目标，取得成功，就应该培养做事不拖沓的习惯，通过逐渐学习"吃掉那只青蛙"，不断地重复。一旦养成了这个习惯，"完成目标，马上行动"就会成为一件自然而然的事情。

虚怀若谷，善于听取他人意见

虚怀若谷，才是真正的尊贵。天才作家卡里·纪伯伦在《贪心的紫罗兰》中讲了一个故事：玫瑰花听到邻居紫罗兰的哀叹，便笑了笑摇头说："在百花群里，你最糊涂，你身在福中不知福，大自然赋予你其他花草都不具备的芳香、文雅和美貌，你要知道虚怀若谷的人，永远不会感到贫困和饥荒，且心胸开阔无比高尚。"何谓"虚怀若谷"？老子曰："古之善为士者，微妙玄通，深不可识……敦兮其若朴，旷兮其若谷。"只有虚怀若谷，才是真正的尊贵。唐代大诗人白居易曾去拜访老禅师，请教："何是佛法大意？"老禅师回答说："诸恶莫作，众善奉行。"白居易不以为然，颇为失望地说："这是三岁小孩都知道的道理呀！"老禅师笑着说："三岁孩儿说得出，八十老翁做不到啊！"白居易听了，恭敬地行礼退出。

据说，宋代医学家刘完素生病了，然而，自己配的药吃了却不管用。这时，有另外一位有名望的医生张元素来问候他，并要给他看病。刘完素刚开始有些顾虑，心想：自己也是名医，如果自己的病被张元素治好了，名望岂不是受损了？但是，随即，他就想到：自己平时一直提倡互相学习，怎么到了这个时候反而糊涂了呢？于是，他改变了自己的态度，诚恳地请张元素诊断，吃了张元素的药，病很快就痊愈了。天空能容纳云彩，所以，才显得宽阔；大海能容纳百川，所以，才显得深蕴。而对于我们来说，善于虚心听取他人的意见，方能成就自我。

唐太宗曾问魏征："历史上的人君，为什么有的人明智，有的人昏庸？"魏征说："多听听各方面的意见，就明智；只听单方面的话，就昏庸。"随后，魏征列举了尧、舜和秦二世、梁武帝、隋炀帝等例子，说："治理天下的人君如果能够采纳下面的意见，那么，下情就能上达，他的亲信要想蒙蔽也蒙蔽不了。"

有一次，魏征在上朝的时候，跟唐太宗争得面红耳赤，唐太宗实在听不下去了，想要发作，可是，又怕自己在大臣面前丢了自己接纳意见的好名声，只好勉强忍住。退朝以后，唐太宗憋了一肚子气回到内宫，见了长孙皇后，气冲冲地说："总有一天，我要杀死这个乡巴佬！"长孙皇后好奇地问："不知道陛下想杀哪一个？"唐太宗说："还不是那个魏征！他总是当着大家的面侮辱我，叫我实在忍受不了！"长孙皇后听了，一声不吭，她回到了自己的内室，换了一套朝见的礼服，向唐太宗下拜，唐太宗惊奇地问道："你这是干什么？"长孙皇后说："我听说只有英明的天子才有正直的大臣，现在魏征这样正直，说明陛下英明，我怎么能不向陛下祝贺呢！"唐太宗好像意识到了什么，再也不发脾气了。

公元643年，直言敢谏的魏征因病去世，唐太宗很难过，他流着眼泪说："一个人用铜作镜子，可以照见衣帽是不是穿戴端正；用历史作镜子，可以看到国家兴亡的原因；用人作镜子，可以发现自己做得对不对，魏征死了，我就少了一面好镜子了。"

唐太宗的虚怀若谷，使他在历史上拥有着不可替代的地位。富兰克林说：

“不谦虚的话只能有这个辩解，即缺少谦虚就是缺少见识。”如何才能达到真正的尊贵？那就是先把自己杯子里的水倒空，这样我们才能装进禅意的“活水”。然而，对于许多人来说，将自己的杯子里的水倒空都不容易，更何况要做到胸怀宽广，像山谷一样容纳各种意见，这更是难以企及的境界。

心理学启示

伽利略曾说：“当我历数了人类在艺术上和文学上所发明的那许多神妙的创造，然后再回顾一下我的知识，我觉得自己简直是浅陋之极。”在现实生活中，做人不能太固执，不可一意孤行，凡事多听听别人的意见，不要等到付出了惨重的代价才醒悟。有时候，他人对自己指出的错误和不足，都是对自己善意的帮助，对自己是有益的。所以，在别人善意提醒的时候，要放下所谓的“自尊”，虚心听取他人的意见，这样我们才能达到最高境界。

第9堂课　激励自己的心理课

让自己的潜能发挥出来

生物学教授曾做过这样一个有趣的实验：他曾经将跳蚤随意地向上一抛，它能从地面上跳起一米多高，但是，如果在一米高的地方再放个盖子，这时，跳蚤跳起来，撞到了盖子，而且一再地撞到了盖子。这样过了一段时间，生物学家拿掉了盖子，发现跳蚤虽然还在继续跳，但它们已经不能跳到一米以上了，直至跳蚤结束了生命，他们也跳不到一米以上了。这是为什么呢？其实，理由很简单，因为跳蚤调节了自己跳的高度，而且，逐渐适应了这种情况，不再改变。这个现象就是心理学上著名的跳蚤效应，不仅跳蚤如此，人也一样，有什么样的目标就有什么样的人生。许多人不敢去追求梦想，不是梦想太远，而是因为他们心里已经默认了一个“高度”，而这个高度常常使他们受限，所以，他们看不到未来确切的努力方向。

有这样一个故事：有人问三个泥水匠：“你们在干什么？”甲说：“砌墙。”乙说：“挣钱。”丙说：“造世界上最有特色的建筑。”后来，前两位泥水匠一生碌碌无为，只有第三位泥水匠成为了知名的建筑师，因为只有他清楚自己砌每块砖这样的小目标与未来造一座宏伟建筑之间的关系。在我们身边，有许多人都清楚自己在人生中应该做些什么，但就是迟迟不肯拿出行动来，根本原因就在于他们欠缺了未来清晰的目标，而有什么样的目标，就有什么样的人生。

一位教授讲述了一个真实的故事，他告诉学生：一个人若是看不到自己的目标，该会有怎样的结果。

1952年7月4日清晨，加利福尼亚海岸还笼罩在浓雾之中，在海岸以西21英里的卡塔林纳岛上，34岁的费罗伦斯·柯德威克涉水进入了太平洋里，她开始向加州海岸游去，如果这次能够成功，她就会成为第一个游过这个海峡的妇女。在这之前，费罗伦斯·柯德威克是从英法两边海峡游过英吉利海峡的第一个妇女。然而，这天清晨似乎没有想象中的顺利，海水冻得费罗伦斯·柯德威克身体发麻，由于浓雾越来越大，她几乎看不到护送自己的船，一个小时过去了，又一个小时过去了，无数的观众在电视上注视着她。对费罗伦斯·柯德威克来说，诸如此类的渡海游泳中最大的问题不是疲劳而是刺骨的水温，15个小时过去了，费罗伦斯·柯德威克被冰冷的海水冻得浑身发麻，她知道自己不能再游了，就叫人拉她上船。而柯德威克的母亲和教练就在另一条船上，他们告诉她："海岸很近了，不要放弃。"但是，罗伦斯·柯德威克朝加州海岸望去，前面是一片浓雾，什么都看不见。几十分钟以后，人们将柯德威克拉上了船，而拉她上船的地点，离加州海岸只有半英里。

当有人告诉柯德威克这个事实后，从寒冷中恢复知觉的她看起来很沮丧，她对记者说："真正令我半途而废的不是疲劳，也不是寒冷，而是因为在浓雾中看不到目标。"在费罗伦斯·柯德威克的一生中，只有这一次没有能坚持到最后。两个月后，柯德威克再一次尝试，这次，她成功地游过了这个海峡，她不但是第一位游过卡塔琳纳海峡的女性，而且比男子的记录还快了大约两个小时。

对于柯德威克这样的游泳能手来说，还需要目标才能鼓足干劲完成她有能力完成的任务，而对于我们普通人来说，更需要为自己设立一个清晰的目标。一个人如果没有明确而坚定的目标，是不会成功的。克莱斯勒在年轻时曾做了一件疯狂的事情，他从银行里取出了所有的存款，到纽约参观汽车展，回来时还买了一辆新车，更糟糕的是，他回到家中便把车停到车库中，并将每个零件都拆卸了下来，研究完之后，又把车子组装起来。大家都认为他疯了，但是，最后他成为了闻名世界的"汽车大亨"。

在美国企业界，有一个深孚众望的奖项——美国国家品质奖，它象征着美国企业界的最高荣誉，而赢得此奖的企业，必须是能生产全国最高品质产品的企业。这里所讲的就是摩托罗拉公司不断追逐目标的故事。

1981年，摩托罗拉公司派了一个侦察小组到世界各地进行考察，不仅需要看他们怎么做，而且还要看他们如何精益求精。同时，摩托罗拉公司的员工也面临了挑战，那就是最大限度地降低工作中的错误率。公司设定了新的目标：生产的电话合格率达到了99.997%。所有摩托罗拉员工都收到了一张小小的卡片，上面标示着公司的目标。

1988年，66家公司竞夺美国国家品质奖，大多数参赛企业是一些像IBM、柯达、惠普等大公司的某一个部门，但摩托罗拉却以整个公司为单位参加竞赛，并轻松获得该奖项。1988年，由于减掉了昂贵的零件与替换公司，摩托罗拉公司节省了2.5亿美元，收入增加了23%，利润提高了44%，达到了前所未有的高度。

正如摩托罗拉公司一名主管说：“得美国国家品质奖，有一种金钱买不到的奇效。”这里的“奇效”就是指目标的效力，有什么样的目标就有什么样的人生，目标可以促使我们产生积极性。同样的道理，一个企业要想获得成功，就要为自己设定一个可以追逐的目标，摩托罗拉公司的成功就是最典型的案例。

心理学启示

在生活中，许多人不敢追求成功，原因并不是追求不到成功，而是他们在还没有开始追逐之前就在心里默认了一个“高度”，这个高度常常暗示自己：成功是不可能的，这个是没办法做到的。“心理高度”成为了人们无法取得成功的根本原因之一，自我设限是一件很悲哀的事情，跳蚤并非失去了跳跃的能力，而是他们在受挫之后变得麻木了、习惯了。所以，我们要将成功的信念注入血液之中，不断地告诉自己“我能行”、“我努力就一定能成功”、“我是最优秀的”，不断增强自信心，勇于向成功奋进。

有勇气做自己想做的人

美国著名学者爱默生曾说："你，正如你所思。"研究那些所谓的成功者的成长经历，发现他们对自我都有一种积极的认识和评价，从而产生一种相当的自信。这种自信是一种魔力，即使他们在认清了自己的现状之后，依然能够保持奋勇前进的斗志，而这也是他们必须依赖的精神动力。每个人都梦想过自己能成为什么样的人，也许是科学家，也许是医生或者律师，不过，大多数人却宁愿梦想着，也不付诸实践，甚至他们希望能得到别人的救赎。事实上，做自己想做的人，其实很简单，只要相信自己，朝着梦想勇敢地奋进，那么我们就真的能够成为我们所希望的那个人。

有一天，著名的成功学家安东尼·罗宾接待了一位走投无路、风尘仆仆的流浪者。那人一进门就对安东尼说："我来这儿，是想见见这本书的作者。"说着，他从口袋里掏出了一本《自信心》，这本书是安东尼多年以前写的。安东尼微笑着请流浪者坐下，那人激动地说："是命运之神在昨天下午把这本书放入了我的口袋中，因为当时我已经决定要跳进密西根湖，了此残生，我已经看破了一切，对这个世界已经绝望，所有的人都已经抛弃了我，包括万能的上帝，不过，当看到了这本书，我的内心有了新的变化，我似乎看到了生活的希望，这本书陪伴我度过了昨天晚上，我下定了决心，只要我能见到这本书的作者，他一定能帮助我重新振作起来，现在，我来了，我想知道你能帮助我什么呢？"安东尼打量着流浪者，发现他眼神茫然、满脸皱纹、神态紧张，他已经无可救药了，但是，安东尼不忍心对他这样说。

安东尼思索了一会，说："虽然我没有办法帮助你，但如果你愿意的话，我可以介绍你去见本大楼的一个人，他可以帮助你东山再起，重新赢回原本属于你的一切。"听了安东尼的话，流浪者跳了起来，他抓住安东尼的手，说道："看在老天爷的份上，请你带我去见这个人！"安东尼带着他来到从事个性分析的心理实验室，面对着一块看来像是挂在门口的窗帘布，安东尼将窗帘

布拉开，露出一面高大的镜子，流浪者看到了自己，安东尼指着镜子说：“就是这个人，在这个世界上，只有你一个人能够使你东山再起，除非你坐下来，彻底认识这个人，当作你从前并不认识他，否则，你只能跳进密西根湖了，只要你有勇气重新认识自己，你就能成为你想做的那个人。”流浪者仔细打量自己，低下头，开始哭泣起来。几天后，安东尼在街上碰到了那个人，他已经不再是一个流浪汉了，而是成为了西装革履的绅士，后来，那个人真的东山再起，成为了芝加哥的富翁。

如果因对自己感到失望，而失去了生活的希望，那么，能够挽救自己的只有一个人，那就是自己。很多时候，我们希望上帝能救赎自己，甚至把自己的处境归结为被所有人抛弃了。其实，没有人能够抛弃你，除非你自己抛弃了自己。当生活遭遇了挫折与困难的时候，我们唯一能做的就是勇敢向前，一步一步向自己的梦想靠近，最后，真的会成为自己想做的那个人。

安妮是大学艺术团的歌剧演员，她有一个梦想：大学毕业后，先去欧洲旅游一年，然后要在纽约百老汇占有一席之地。心理老师找到安妮说：“你今天去百老汇跟毕业后去有什么差别？”安妮仔细一想，说：“是呀，大学生活并不能帮我争取到去百老汇工作的机会。”于是，安妮决定一年后去百老汇闯荡，老师感到不解：“你现在去跟一年以后去有什么不同？”安妮想了一会，对老师说：“我决定下学期就出发。”老师紧紧追问：“你下学期去跟今天去，有什么不一样呢？”安妮有点眩晕了，她决定下个月就去百老汇。老师继续追问：“一个月以后去跟今天去有什么不同？”安妮激动不已，说：“给我一个星期的时间准备一下，我就出发。”老师步步紧逼：“所有的生活用品在百老汇都能买到，你一个星期以后去和今天去有什么差别？”安妮激动地说：“好，我明天就去。”老师点点头：“我已经帮你预定了明天的机票。”

第二天，安妮飞赴了百老汇，当时，百老汇的制片人正在酝酿一部经典剧目，许多艺术家都前去应聘。当时的应聘步骤是先挑出10个左右的候选人，然后，再要求每人按剧本演绎一段主角的对白。安妮到了纽约后，没有着急打扮自己，而是费尽心思从一个化妆师手里要到了剧本，在以后的两天时间里，她闭门苦练，悄悄演习。到了正式面试那天，安妮表演了一段剧目，她感情真挚，表演惟妙惟肖，制片人惊呆了，当即决定主角非安妮莫属。

安妮到纽约的第一天就顺利进入了百老汇，穿上了她人生中的第一双红舞鞋，她的梦想实现了，她成为了百老汇的一名演员。有的人梦想着成为明星，有的人梦想着成为富翁，有的人梦想着成为伟人，但是，他们却因为缺乏勇气而与梦想失之交臂。梦想需要勇敢地拼搏，我们才能做那个我们想做的人，在追逐梦想的过程中，我们会遇到许多实现梦想的机会，但却常常由于怯懦和畏惧的心理而放弃了努力，导致机遇一次次擦肩而过。其实，只要我们克服胆怯心理，勇敢地奋进，我们就能够做自己想做的人。

心理学启示

小时候，幼儿园老师总是有意无意地引导我们："将来长大了想做什么样的人？"有时候，我们会认为自己天生就知道自己能做个什么样的人。但是，长大后，我们会发现，早已忘记了儿时的梦想，在成长过程里，由于缺乏勇气，我们将梦想搁浅了。不过，一个人究竟想成为什么样的人，或者内心深处想做什么样的人，这种感觉是不会变的。在追逐梦想的过程中，我们应该勇敢向前，克服畏惧心理，努力成为自己想做的那个人。

肯定自己，欣赏自己

哈佛心理学教授威廉·詹姆斯说："世界精神太忙碌于现实，太驰骛于外界，而不遑回到内心，转回自身，以徜徉自怡于自己原有的家园中。"世界上没有两个完全相同的人，每个人都是作为独立的个体，在我们身上有许多与众不同的甚至优于别人的地方，这是每一个人值得骄傲的地方。我们没有理由总是欣赏别人，而忽略了自己的优点；没有理由一味地比较，而最终丢失了自我。有人说："生活中并不是缺少美，而是缺少发现美的眼睛。"认同自己，

学会欣赏自己，你会发现一个全新的自己。

在一次哈佛大学泰勒·本·沙哈尔教授的课堂上，有个学生在课堂上向沙哈尔提问道："请问老师，您是否知道您自己呢？"沙哈尔心想：是呀，我是否知道我自己呢？他回答说："嗯，我回去后一定要好好观察、思考、了解自己的个性，自己的心灵。"

本·沙哈尔教授回到家里就拿来了一面镜子，仔细观察着自己的外貌、表情，然后来分析自己。首先，沙哈尔就看到了自己闪亮的秃顶，想："嗯，不错，莎士比亚就有个闪亮的秃顶。"随后，他看到了自己的鹰钩鼻，心想："嗯，大侦探福尔摩斯就有一个漂亮的鹰钩鼻，他可是世界级的聪明大师。"看到了自己的大长脸，就想："嗨！伟大的美国总统林肯就是一张大长脸。"看到了自己的小矮个子，就想："哈哈！拿破仑个子就很矮小，我也是同样矮小。"看到了自己的一双大撇撇脚，心想："呀，卓别林就是一双大撇撇脚！"

于是，第二天他这样告诉学生："古今国内外名人、伟人、聪明人的特点集于我一身，我是一个不同于一般的人，我将前途无量。"

泰勒·本·沙哈尔教授善于欣赏自己，这令他对自己充满了自信，即使在别人看来，自己的长相并不出众，但是，经过他一番积极的心理暗示，原来自己身体的每个部分都与名人、伟人、智者扯上了关系，这样一来，自己肯定是一个前途无量的人。尼采曾这样说："聪明的人只要能认识自己，便什么也不会失去。"只有学会欣赏自己，才能使自己充满自信，并从自信中获得快乐，使自己的人生不迷失方向。

有这样一句话："人活着，或许有不少人值得欣赏，但你最应该欣赏的应该是你自己。"波尔是丹麦的物理学家，他在年轻时就提出了量子论，然而，在一次科学讨论会上，权威们却否定了波尔的理论，但这并没有使波尔失去信心，反而更加努力地研究起来，为了寻找理论根据，他做了大量的试验，后来，科学家证明了波尔的观点，他因此荣获了诺贝尔奖。正所谓"天生我材必有用"，学会自我欣赏可以产生巨大的力量推动自己逐渐迈向成功，学会欣赏自己是成功的第一秘诀。

小泽征尔是世界著名的交响乐指挥家，在他还没有出名之前，他曾参加了一次世界优秀的指挥家大赛。在决赛中，他按照评委会给出的乐谱指挥乐队演奏，在指挥过程中，小泽征尔敏锐地发现了不和谐的音符。刚开始，他以为是乐队的演奏出现了错误，于是，他停下来重新指挥，但是，演奏还是出现了不和谐的声音。他当即指出："我觉得乐谱有问题。"这时，所有在场的作曲家和评委会的权威人士都坚定地说："乐谱绝对没有问题。"面对着权威人士的质疑，小泽征尔涨红了脸，但还是斩钉截铁地大声说："不！一定是乐谱错了！"话音刚落，评委们全部站了起来，对他报以热烈的掌声，祝贺他通过了决赛。原来，乐谱不过是评委们精心设计的一个"圈套"，而小泽征尔却以坚定地认同自己而获得了最后的成功。

每个人都具有独一无二的价值，没有任何人能够取代我们，也没有任何人能够贬低我们，除非你首先看轻了自己。有人总是叹息自己工作不如别人，外貌不够出众，才能不被老板所赏识。其实，在生活中，我们没有必要去太在乎别人的看法，学会欣赏自己或许能够重新找回自信。"金无足赤，人无完人"，每个人都不可避免地会有一些缺陷或者伤痛，但是，这个世界上没有完全相同的叶子，我们都是最特别的那一个。抛弃对他人的膜拜，以及对自己的叹息，冷静地思考，你会发现自己身上有着许多他人没有的特点，自己也可以和他人一样优秀。别人能力出众，又有什么值得羡慕的？

心理学启示

曾有这样一句经典的话："你站在桥面上看风景，看风景的人却在楼上看你。"当我们总是在羡慕别人的时候，别人却正在欣赏着你。可谓"风景总是在别处"，在生活中，互相比较是不可避免的，但是，我们需要知道，自己既有缺点更有优点，因此，在欣赏别人的同时不要忽略了自己。欣赏自己是一种智慧，它会令你浑身上下散发出自信的魅力；欣赏自己是一种心理暗示，当你把自己想象成什么样，你就真的会成为什么样的人。认同自己，学会欣赏自己，活出自己的价值，眺望远处的风景，准确把握自己的坐标，这才是人生的魅力所在！

关键时刻给自己一片危崖

成功是可以用胆量缔造的，有一种胆量是可以穿透梦想的。那些在取得了一点成就就满足于安稳的现状，在困难面前，不敢破釜沉舟一试的人，他们的这种“稳健”的作风，也正是他们平庸的根源。

那些刚刚走出校门的学生，多数都怀有远大的理想。但在社会上打拼几年之后，特别是那些没有较大发展的人，他们渐渐感受到衣食住行等实际需要的重要性，在获得了一个稳定的饭碗时，往往就会在时间的消耗中失去进取的锐气，无奈地满足眼前的一切。

哲人说，自己是最大的敌人，人有时最难突破的，就是自身的局限性。很多时候，一个处于困境中的人往往比那些已经取得温饱的人更有作为。想迈开脚步大干一场，又舍不得抛开自己现有的温饱保障，如此瞻前顾后，必定无所作为。

曾听一位教授在课堂上讲过这样一个故事：

有一个小孩子，见一只蝙蝠掉在地上，挣扎了好大一会儿也没有飞起来，心里就开始纳闷儿了：奇怪呀，蝙蝠是非常灵巧的动物，怎么落到地上之后就飞不起来了呢？

带着这个疑惑，小孩子去找他父亲。父亲把他带到了一个山洞里面。只见山洞的洞顶和洞壁倒悬着无数的蝙蝠，就是没有一只栖落在地面上的。

见小孩子一副不解的样子，父亲就说：这是蝙蝠在给自己一片危崖。

蝙蝠为什么要给自己一片危崖呢？小孩子还是不解，它这样做岂不是让自己每时每刻都处在危险中了吗？

父亲笑着告诉他：蝙蝠一旦脱离了攀附的洞壁，就会直接摔掉在地上。为了避免坠落而亡，蝙蝠只有尽全力地扑打着翅膀，努力使自己向上、再向上，所以我们才看到了灵巧飞翔的蝙蝠……

可是，为什么蝙蝠掉到地上之后，就再也飞不起来了呢？

父亲接着解释道：蝙蝠一旦掉在了地上，就再也没有悬挂在洞壁时那种“生的危险，死的威胁”的感受了。没有这种生死攸关的感受，蝙蝠也就不可能再尽全力地去飞了，而正是因为没有尽全力地去飞，才使得它永远飞不起来了！

给自己一片没有退路的悬崖，从某种意义上来说，正是给自己一个向生命高地发起冲锋的机会。当一个人面临后无退路的境地，才会集中精力奋勇向前，从生活中争到属于自己的位置。出路还没打探明白的时候，就先开始筹划退路，这势必会影响他们开拓新生活的冲劲，进三步退两步，很难有根本性的改变。

大陆私营企业领军人物，新希望集团总裁刘永好，曾是四川省机械厅干部学校讲师。在他还没有创业时，他也是一个生活不是很富裕的人，后来，他与几位兄弟相继辞去公职，卖掉自己的自行车、手表等一切值钱的东西，凑足1000元人民币，到川西农村创业，办起良种场。

万事开头难，刘氏兄弟的第一笔生意差点就让良种场夭折。当时，资阳县一个专业户向他们预订了10万只良种鸡。种种原因，对方后来只要了2万只，剩下的8万只鸡怎么办？打听到成都有市场后，他们连夜动手编竹筐，此后四兄弟每日凌晨4点就开始动身，先蹬3个小时自行车，赶到20公里以外的集市，再用土喇叭扯起嗓子叫卖。等几千只鸡卖完，拖着疲惫的身子蹬车回家时，早已是月朗星疏了。这样，十几天下来，四兄弟个个掉了十几斤肉，但所幸的是8万只鸡苗总算全脱手了。

回顾这段经历，刘永好说，为了创业我投下了一切赌注，如果干不下去，我的公职、财产将一无所有，所以再苦再难，也要往前走。无论再艰辛，压力再大的事儿，只要沉下心来去做了，这一关就总能挺过来。

在这个时代，墨守成规，缺乏勇气的人，迟早会被时代所抛弃。处处求稳，时时都给自己留有退路，这是一种看似安泰其实却充满潜在危机的生存方式。

这就是干大事的人的气魄，有退路的人可以随时规避艰险，所以很难保证

他前进的决心有多大，而自己把一切撤退的后路都封死，就等于封死了自己瞻前顾后的可能性。美国的企业家协会信条有这样一句话：

我是不会选择去做一个普通人的，如果能够做到的话，我有权成为一位不寻常的人，我寻找机会，但我不寻找安稳。

不管在世界的哪一个角落，那些曾经赤手空拳而成功创业的人，血液里都有一种共同的“不安分因子”。切断退路，四处出击，这与中国人传统的“知足常乐”的行为准则不合，于是一些人对世事表现出一种不平的心态，他们既渴望成功，又害怕失败，偏爱坐而论道，缺乏果敢的行动。

新经济时代，胆量决定财富，四平八稳不是富人的脾气，机遇面前，敢拼才会赢。我国优秀的企业家，福海实业股份有限公司的董事长罗忠福，是做服装起家的。刚开始的时候，他并没有自己的设计师和加工厂，在1983年的一次展销会上，他直接拿出海外亲属给他孩子的几件童装参销，并且一签就是二百多万元的订单。回去之后，那种兴奋和压力促使他马不停蹄地联系服装厂，很快就议定了童装的加工事宜。这一次，罗忠福在没有后路的冒险中获得了巨大的成功。

心理学启示

山穷水尽的背水一战，常常是富人的必修课程，尽管他们清楚这种决断之后的道路会十分艰险，但是没有这一步，人生就是一潭死水，淹没的是一个人的挑战性和创造性。

当然，大部分人同样明白机遇往往和风险相伴随的道理，只是在他们的理想之中，一直想寻找一个进可攻退可守的山头。事实上，抱着撤退的目的打仗的人，在气势上已先输了一阵，最终也难逃随波逐流，混一口粗茶淡饭的结局。

“孤芳自赏”更是一种自信

约翰·菲茨杰拉德·肯尼迪曾对家族成员说过这样一句幽默的话：“在我看来，我除了当总统，别的什么也干不了！”这似乎听起来有点“孤芳自赏”，但正是这份难得的自我欣赏给予了肯尼迪无比的自信心。肯尼迪以自己的“孤芳自赏”赢得了美国第35任总统的位置，他极富个人魅力，年轻英俊，言谈举止风趣而有活力，即使在局势动乱的年头，他也给美国人民带来了极大的勇气和希望，美国民众称肯尼迪为“美国历史上最有魅力的总统”。大多数的时候，我们会不自觉地认为“孤芳自赏”是一个恶意的贬义词，似乎那些孤芳自赏的人总是与孤独、高傲、目中无人联系在一起。其实，我们都忽略了“孤芳自赏”中的积极心理，那就是懂得欣赏自我，事实上，“孤芳自赏”还能够为自己加油，它会帮助我们走向成功。

一位著名教授曾遇到了一位名叫威尔逊的人，他常常讲起威尔逊“孤芳自赏”的故事。

威尔逊在创业之初，他的全部家当就只有一台分期付款的爆米花机，价值50美元。第二次世界大战之后，威尔逊做生意赚了点钱，他决定从事地皮生意。当时，在美国从事地皮生意的人并不多，战后大多数都比较穷，买地皮修房子、建商店的人很少，地皮的价格也很低。当威尔逊骄傲地宣布自己的决定时，遭到了亲朋好友的反对，大家都对他说：“你太自信了，到时候一定会输得很惨。”然而，威尔逊却固执己见，相反，他认为家人和朋友的目光太短浅了，他认为美国作为战胜国，其经济应该很快就能进入发展期，而那时买地皮的人增多，地皮的价格就会暴涨。

于是，威尔逊用自己的积蓄再加上贷款在市郊买下了很大的一片荒地，然而，这块土地地势低洼，不适宜耕种，简直无人问津。不过，威尔逊还是决定买下这块土地，他预测：美国经济很快就会繁荣，城市人口增多，市区会不断扩大，必然向郊区延伸，在不久之后，这块荒地就会变成黄金地段。

一两年过去了，威尔逊的预言成真了，美国城市人口剧增，市区迅速发展，大马路一直修到了威尔逊那块土地上。这时，人们发现这块土地风景宜人，是一个夏天避暑的好地方。于是，这块土地的价格倍增，很多商人竞相出高价购买，但是，威尔逊却有着长远的打算。他在这块土地上盖起了一座“假日旅馆”，由于地理位置比较好，开业后生意非常兴隆，从这以后，威尔逊的生意越做越大，在世界各地都有威尔逊的“假日旅馆”。

威尔逊创业的决定遭到了亲朋好友的反对，他们对于威尔逊的计划颇有不屑，认为他简直是“孤芳自赏”，然而，事实证明威尔逊的决定是明智的，他凭着自信开创了自己的事业。假如，威尔逊当初没有坚持自己的意见，放弃了地皮生意，那么命运将是另外一种结局了。“孤芳自赏”其实是一种自信，当一个人拥有了自信，那么他的言行不免就有点“固执”，甚至显露出“清高”，但是，许多时候，正是那份“固执己见”，坚持到底，他们的梦想才得以实现，人生需要那么一点“孤芳自赏”。

一位画家将自己的一幅佳作送到画廊里展出，他别出心裁地在旁边放了一支笔，并且他写上了这样一句话：“观赏者如果认为这画有欠佳之处，请在画上标上记号。”结果，画展结束后，画家看到了画面上标满了记号，几乎没有留下空白的一处。过了几天，这位画家又画了一幅同样的画拿出去展出，不过这次他写了不同的一句话：“请每位观赏者将你们最为欣赏的妙笔都标上记号。”画展结束之后，画家取回了画，看到画面又被涂满了记号，那些之前被指责的地方都换上了赞美的标记。画家明白了：凡事只要自己欣赏就行了，孤芳自赏其实并不是坏事。

很多时候，我们对自我的评价往往会陷入他人的评论之中，诚然，对于他人的意见我们需要虚心接受。但是，任何一个人在对事物或人的评价中，总是不够全面。简单地说，每个人都有自己的价值判断标准，那些影响我们心理的评价并不一定就是中肯的意见，更多的时候，需要我们去欣赏自己，认可自己，虽然这有点“孤芳自赏”之嫌，但是，若没有“孤芳自赏”，哪来强烈的自信心呢?

心理学启示

孤芳自赏的人凡事“以我为第一”，所有的事情都是自己做决定，他们有着极强的自尊心和权利感，渴望得到他人的注意和仰慕。在很多时候，他们会认为自己就是个传奇，他们是迷人的、智慧的。在通常情况下，他们都会固执己见地去做一件自己认为会成功的事情，通过事实证明，他们在很多时候都会成功。当然，并不是说所有“孤芳自赏”的人都会成功，但是，至少比起普通人来，“孤芳自赏”的人多了一份自信，他们坚信自己一定能成功，并为此作出不懈的努力。不管如何评价“孤芳自赏”的人，但我们需要相信一点：孤芳自赏也可以为心加油。

勇气是脱颖而出的使者

心理学教授通过研究发现：人们在没有经历一些事情的时候，总是会首先对自己形成一种心理暗示，比如将一块宽30厘米、长10米的木板放在地上，人们通常都能够轻易地从上面走上去，但如果把这块木板放在高空中，许多人就会因为恐惧而不敢迈步。这时人们往往会形成一种自我暗示：我会掉下去。在这样的暗示作用下，他们会感到恐惧，害怕自己真的会掉下去，虽然事实并没有发生，但是，他们内心还是会隐隐不安。歌德曾说：“你失去了财产，你只是失去了一点；你失去了荣誉，你会失去许多；你失去了勇气，你就把一切都失掉了！”假如两个人在势均力敌的情况下，那么，有勇气的那一位将成为最大的赢家。勇气，在很多时候能够帮助我们踏上成功之旅，它可以帮助我们找回自信。

有两个人在沙漠中艰难地跋涉，他们的食物和水都用完了，现在是又饿又渴。这时，一个人从口袋里掏出了一把手枪和五颗子弹给另外一个人，并对他说：“我现在去找水，不然我们会饿死在沙漠里，请你在这里待着，每隔一小时就打一枪，让我知道你在什么地方，以免我一会儿迷了路。”另一个人点了

点头，那个人就走了。留下来的那个人在每隔一小时就打一枪，可是，只剩最后一枪了，那个出去找食物的人还是没有回来，他内心开始恐惧，担心那个人已经死了，最后，他终于忍不住了，用枪里最后一颗子弹打死了自己。但是，就在枪声响后不久，找食物的人回来了，可是，那个人已经死了。

如果留下来的人再忍耐一下就可以活下来，可是，他选择放弃了生的机会，因为他缺少勇气。孙振耀曾这样写道："我宣布从惠普（中国）公司总裁任上退休后，接到了许多人的祝贺，大部分人都认为我能够在这样的年龄，以及这样的职位上选择退休，是一种勇气，也是一种福气。"生活需要勇气，不仅仅能够战胜对手，更重要的是战胜自己，这样我们才能推开成功的大门。

人生是一叶小舟，勇气是引航的灯塔和推进的风帆，没有勇气的人生就像是失去了方向和动力的小舟，只能在生活的波浪中随处漂泊，有可能还会沉没在激流之中。在人生的旅途中，我们需要一份勇气，即使有能力、有才华，但若是缺少了勇气，那些潜在的能力就会成为镜花水月，而只有勇者才能够摘取成功的鲜花。

在1968年的墨西哥奥运会上，美国选手吉·海因斯以9.95秒的成绩打破了男子百米赛跑的世界纪录。当时，全程都有摄像镜头记录，海因斯在撞线后回头看了一眼记分牌，然后摊开了双手说了一句话。这个镜头被电视机前的观众所看到，但是，由于当时海因斯身边没有话筒，所以，他到底说了句什么话，没有人知道。

1984年，洛杉矶奥运会前夕，一位名叫戴维·帕尔的记者在办公室回放奥运会的资料片，当他再次看到海因斯的镜头时，心想：这是历史上第一次在百米赛道上突破10秒大关，海因斯在看到记录的那一瞬间，一定说了一句不同凡响的话。不过，这一个关键的新闻点，居然让在场的431名记者给漏掉了，这真是个遗憾。于是，戴维·帕尔决定去采访海因斯，问他当时到底说了一句什么样的话。

戴维·帕尔很快就找到了海因斯，但是，回忆起16年前的往事，海因斯却一头雾水，他甚至否认当时自己说了话。戴维·帕尔说："你确实说话了，有录像带为证。”海因斯打开了帕尔带去的录像带，看完之后，他笑了，说道：“难道你没有听见吗？我说，上帝啊，原来那扇门是虚掩着的。”戴维·帕尔好奇地问：“你能解释这句话吗？”海因斯说：“自从欧文斯创造了10.3秒的成绩之后，医学界就断言，人类的肌肉纤维所承载的运动极限不会超过每秒10米，看到自己9.95秒的记录后，我惊呆了，原来10秒这个门不是紧闭着的，它虚掩着，就像终点那根横着的绳子。”

成功大师拿破仑·希尔曾说：“一个人一生中唯一的限制就是他内心的那个限制。”那么，如何突破内心的那个限制呢？勇气，当然是勇气，只有勇气才能战胜自我，当你鼓起勇气向前，你就会发现许多门都是虚掩着的。试想，也许，在当时与海因斯条件差不多的运动员应该不少，但是，他们在最后都没有获得成功，而海因斯却赢得了胜利，这是因为海因斯战胜了自我，鼓起了勇气推开了那扇虚掩着的门。许多时候，生活中的困难和阻力被我们放大了，它就像一块绊脚石横在了通往成功的路上。这时，假如有与我们势均力敌的对手出现，那么，谁有勇气谁就能获得最后的成功。其实，许多门都是虚掩着的，只要伸手就能推开，当我们鼓起勇气战胜自我，突破内心的限制之后，我们就能够达到人生的最高点。

心理学启示

英国作家莎士比亚说：“真正勇敢的人，应当能够智慧地忍受最难堪的屈辱，不以身外的荣辱介怀，用息事宁人的态度避免无谓的横祸。”面对充满压力和困难的生活，没有勇气是不行的。当暴风雨来临，勇敢的水手总是满怀着生存的希望，不断激励自己，不管风浪多么可怕，他们总是能够坚持下去，最终平安回来；而那些胆小的水手，早在暴风雨来临之前，他们就失去了生存的勇气，他们最终以失败告终。我们需要勇气，生活需要勇气，勇气是光明的使者，它能将人从黑暗的泥沼中拉出，帮助我们战胜困难，赢得最后的胜利。

在人生的关键处鞭策自己

一匹再懒惰的马，只要身上有马蝇叮咬它，它就会精神抖擞，飞快地奔跑。这就是心理学中著名的马蝇效应，马蝇效应告诉我们，需要适时地鞭策自己，方能使自己不断地前进，获得成功。对此，林肯说："一个人只有被叮着咬着，他才不敢松懈，才会努力拼搏，不断进步。"通常情况下，越是有能力的人越容易自负，因为内心有着强烈的占有欲，如果任由这样的情况发展下去，自己会被自满吞噬，安于现状、不思进取；另外，有的人在遭遇了一点点挫折就松懈了，丧失了生活的希望，自暴自弃。其实，在这些时候，我们都需要利用马蝇效应来鞭策自己，赶走身上的自负与骄傲、畏惧与自卑，激励自己，勇往直前，迎接人生新的一天。

马蝇效应源于美国前总统林肯的一次有趣的经历。

1860年大选结束后，林肯当选为美国总统，他任命参议员萨蒙·蔡思为财政部长，蔡思非常有能力，但是，他狂热地追求最高领导权，而且嫉妒心很强。本来，蔡思想进入白宫，但是，林肯当选了总统，于是，他不得不退而求其次，想当国务卿，但是，林肯任命给了西华德，蔡思只好坐了第三把交椅，他对此怀恨在心。一天，巴恩看见萨蒙·蔡思从林肯的办公室出来，巴恩对林肯说："你不要将此人选入你的内阁。"林肯问道："你为什么这样说？"巴恩回答道："因为他认为他比你伟大得多。"林肯恍然大悟："哦，你还知道有谁认为自己比我要伟大的？"巴恩回答："不知道了，不过，你为什么这样问？"林肯说："因为我要将他们全部收入我的内阁。"

后来，《纽约时报》的主编亨利·雷蒙特拜访林肯的时候，特地告诉林肯，蔡思正在狂热地上蹿下跳，准备谋求总统职位。林肯以自己特有的幽默方式告诉雷蒙特："你不是在农村长大的吗？那么你一定知道什么是马蝇了。有一次，我和我的兄弟在肯塔基老家的一个农场犁玉米地，我吆马，他扶犁，这匹马很懒，但有一段时间它却在地里跑得飞快，连我这双长腿都差点跟不上。

到了地头，我发现有一只很大的马蝇叮在它身上，于是，我就把马蝇打落了。我的兄弟问我为什么要打掉它，我回答说，我不忍心让这匹马那样被咬，我的兄弟说：‘哎呀，正是这家伙才使马跑起来的嘛。’”讲完了故事，林肯意味深长地说：“如果现在有一只叫‘总统欲’的马蝇正叮着蔡思先生，那么只要它能使蔡思的那个部不停地跑，我就不想去打落它。”

林肯所提出的“马蝇效应”被许多人运用到公司或企业的管理中来，然而，管理好了自己才能有效地管理别人。在日常生活中，我们也需要利用好马蝇效应，适时鞭策自己，使自己努力向前。林肯以“欲求”叮着蔡思先生，其实，每个人对生活都有各种不同的欲求，有的人注重精神的东西，比如荣誉、地位；有的人比较注重物质，比如金钱。对于我们自己来说，最大的欲求就是梦想了，在人生的道路上，我们要以“梦想”这只马蝇来叮着自己，激励自己，让自己这匹“马儿”欢快地跑起来。

一天夜里，小偷潜入了谈迁的家里，但是，小偷发现谈迁家里空荡荡的，根本没有什么值钱的东西。正当小偷失望而归的时候，他一眼瞥见了屋子角落里有一个锁着的竹箱，小偷如获至宝，以为里面装着值钱的财物，就把整个竹箱偷走了。其实，那个竹箱里并没有什么值钱的东西，而是谈迁刚刚写好的《商榷》，对小偷来说，这东西一文不值，而对谈迁来说，却是珍贵的书稿。

20多年的心血化为了乌有，这对谈迁来说，是一个致命的打击。他已经年过半百，两鬓花白，似乎无力坚持下去了。但是，谈迁没有放弃，他不断地鞭策自己：再写一本将会更精彩。在强大信念的支撑下，谈迁从痛苦中崛起，重新撰写那部史书。10年以后，又一部《商榷》诞生了，新写的《商榷》104卷，500万字，内容比之前的那部更精彩、翔实，谈迁也因而名垂青史。

小偷在无意之间做了那只“马蝇”，促使谈迁鞭策自己，重新撰写了《商榷》这部史书。或许，正是因为再一次的仔细撰写，使得《商榷》更精彩，而谈迁也因此而名声大振。生活有时候就是这样，或是有意无意之间影响自己，然而，只要不停止对自己的激励，我们永远都有再站起来的那一天，成功从来不曾离我们而去。

心理学启示

有时候，我们会满足于现状，不思进取；有时候，我们会自暴自弃，甚至破罐子破摔。但是，生活还是要继续，我们停止了前进的步伐是因为我们内心已经松懈、倦怠，所以，适时鞭策自己，不断地鼓励自己，前方就是成功之路。只要我们不断地提醒自己，激励自己，我们就会像那匹被马蝇所叮的马儿一样，越跑越快，最终能够将心中的梦想变成现实。

别让心理萦绕“不可能”的声音

爱默生曾说：“相信自己能，便会攻无不克……不能每天超越一个恐惧，便从未学会生命的第一课。”如果有人说“水声可以卖钱”，你一定会说：“这是不可能的事情。”但是，在美国有个人用立体声录下许多潺潺的水声，复制后贴上“大自然美妙乐章”的标签高价出售，大赚了一笔。在日常生活中，许多事情告诉我们一切都是有可能的，在我们的字典里从来没有“不可能”这三个字。在这个世界上，没有什么事情是不可能做到的，在世界上有许多事情，只要你有信心去做，你就能成功。当然，我们需要在思想上挣脱“不可能”这个束缚，从行动上开始向“不可能”挑战，这样我们才能将“不可能”变成一切皆有可能。在这个世界上，一切皆有可能，只要我们敢想，对自己充满信心，那些看似“不可能”的事情会成为无限可能，让“不可能”只出现在字典里，用信心去战胜现实。

贝勒夫人是大学的文学老师，她和蔼可亲，深受学生们的敬重。有一天，贝勒夫人给学生们带来了特别的一节课。开始上课了，贝勒夫人首先让学生们在纸上写出自己不能做到的事情，一个10岁的女孩子这样写道“我无法完整地背出太长的课文”、“我不会骑脚踏车”、“我不知道怎样才能让别人喜欢我”……虽然她已经写了半张纸，却丝毫没有停下来的意思，仍认真地写着。贝勒夫人也忙着写自己不能做到的事情："我不知道如何让孩子的家长都来"、"我不知道怎样帮助玛丽提高她对数学的兴趣"，等等。过了10多分钟，许多学生都已经写满了一张纸，有的学生开始打开了第二张纸，不过，贝勒夫人及时制止了这一行为："同学们，写完一张就行了，不要再写了。"学生们按着贝勒夫人的指示，把那些写满"不可能做到的事情"的纸对折，然后按顺序来到讲台，把纸放进一个空的鞋盒里。

等所有的纸条都放进去以后，贝勒夫人把自己的纸也放了进去。然后，她将盒子盖上，夹在腋下领着学生走出了教室，路过杂物室的时候，贝勒夫人找了一把铁锹，领着学生来到了运动场，她挑选了一个最边远的角落，开始挖坑。10分钟后，坑挖好了，贝勒夫人吩咐学生将那个鞋盒埋在"墓穴"里，贝勒夫人神情严肃地说："孩子们，现在请你们手拉着手，低下头，我们准备默哀，朋友们，今天我很荣幸能够邀请到你们前来参加'我不能'先生的'葬礼'，'我不能'先生在世的时候，曾经与我们的生命朝夕相处……您的名字几乎每天都要出现在各种场合，当然，这对于我们来说是非常不幸的……我们更希望您的兄弟姊妹'我可以'、'我愿意'、'我立即就去做'等能够继承您的事业……愿'我不能'先生安息吧，也祝愿我们每一个人都能够振奋精神，勇往直前！阿门！"

接着，贝勒夫人带着学生回到了教室，还举办了一个庆祝活动。贝勒夫人用纸剪成了一个墓碑，上面写着"我不能"，中间则写上"安息吧"，下面还标明了日期。贝勒夫人将这个墓碑挂在了教室中，每当有学生无意中说"我不能"的时候，贝勒夫人就会指着这个墓碑，学生们便会想起"我不能"先生已经死了，进而想出解决问题的办法。

生活中有许多困难与挫折，面对这些困境，许多人总是不由自主地说"我不能……"在这样一种心理的影响下，他们不敢正视现实中的挑战，对自己缺乏信心，最后导致自己的潜力并没有得到充分的发挥。其实，我们之所以不能成功的原因在于：缺乏自信，总是被"我不能"先生左右。所以，不妨试着把"我不能"埋在地下，相信自己，用积极乐观的心态来面对一切，这样那些困难与挫折

就会迎刃而解。永远不要让“不可能”禁锢自己的手脚，对自己要充满信心，勇敢地向前迈一步，坚持到底，那么，“不可能”就变成了“一切皆有可能”。

如果说信仰是引导我们走向成功的航灯，那么自信就是我们到达人生顶峰的动力。成功来自于自信，自信者有着决胜的信念，在他们的字典里是没有“不可能”的事情，他们不达目的就不罢休，坚持咬定青松不放松，使“不可能”变为“可能”。其实，能够打垮自己的往往不是别人，而是内心的“不可能”先生，所以，相信自己，相信“一切皆有可能”，不要把一次失败就看做是人生的终审。

心理学启示

当我们认为凡事都没有可能的时候，那是因为我们缺少了自信，挑战还没有开始，我们就已经被“不可能”先生打垮了。因此，我们应该记住一句话：有自信，才有动力。失败了，不要为自己找借口，而是要为成功找理由，当我们发现“我能行”的时候，内心才会变得更强大。在生活中，我们需要忘记所有的烦恼和不愉快，相信自己，只要不放弃，一切都是有可能的。

不放弃，一切才可能

世界酒店大王希尔顿用200美元创业起家，有人问他成功的秘诀，他说：“信心。”而美国前总统里根在接受*SUCCESS*杂志采访时说：“创业者若抱着无比的信心，就可以缔造一个美好的未来。”自信是成功的助燃剂，自信多一分，成功就可以多十分。爱迪生曾经试用1200种不同的材料做白炽灯泡的灯丝，但是都失败了，有人批评他：“你已经失败了1200次了。”可是，爱迪生不这么认为，他却充满自信地说：“我的成功就在于发现了1200种材料不适合做灯丝。”正是怀着这份自信，爱迪生最后获得了成功。那些成功者的经历，其实就是心理学中的“自信心效应”，只要不放弃，那就没有什么不可能。

有一天，教授告诉学生：今天我要给大家讲讲拿破仑“后人”的故事。

有一个美国青年叫亨利，他个子很矮，内心很自卑，30多岁依然一事无成，整天坐在公园里唉声叹气。一天，亨利的好朋友找到他，兴高采烈地对他说：“亨利，告诉你一个好消息！”亨利不相信，没好气地说道：“我哪有什么好消息。”朋友高兴地说：“真的是好消息，我看到一份杂志，里面有一篇文章，讲的是拿破仑有一个私生子流落到美国，这个私生子又生了一个儿子，他的全部特点跟你一样：个子矮矮的，讲的是一口带有法国口音的英语……”亨利半信半疑：“真的是这样吗？”但是，亨利不愿意相信这是事实，可是，当他拿起那本杂志琢磨了半天，他终于相信了自己就是拿破仑的孙子。

这一发现让他完全改变了自己的内心，以前，亨利觉得自己个子矮小，非常自卑，现在，他开始欣赏自己的这一特点，他心想：矮个子有什么不好！我爷爷就是靠这个形象指挥千军万马；以前，他觉得自己的英语讲得不好，像个乡巴佬一样，但是，现在，亨利为自己拥有带法国口音的英语而自豪。亨利变得无比自信起来，每当遇到困难的时候，亨利就对自己说：“在拿破仑的字典里是没有‘难’字的。”就这样，亨利一直相信自己就是拿破仑的孙子，他克服了一个又一个的困难，三年之后他成为一家大公司的董事长。后来，亨利请人去调查自己的身世，发现自己其实并不是拿破仑的孙子，但是，亨利说：“现在我是不是拿破仑的孙子，已经不重要了，重要的是我懂得了一个成功的秘诀：人生不能没有自信。”

心理学研究中把这种由外界某种刺激的作用激发了一个人的自信心，使人重新振作，努力实现自己志向的社会心理现象，称之为“自信心效应”。自信心是一个人对自己力量充分估计的一种自我体验，是自我意识的能动表现。每一个想要成功的人不能缺少强烈的自信心，艺术大师徐悲鸿曾说：“人不可有自负，但不可无自信。”如果说自卑是成功的敌人，那么自信就是成功的第一秘诀。

马援小时候并不怎么聪明，不太会背诵诗句，也不太会讲解章法，学习成绩比较差，因此，他经常挨先生的训斥。有一次，马援见到了同学朱勃，朱勃能背诵《诗》、《书》，举止娴雅，学识渊博。马援对他又羡慕又惭愧，虚心向朱勃请教，但是，还是赶不上人家，心里很难受。马援回到哥哥家，心事重重地说："大哥，我不会背诗，是不是没有出息？"哥哥微笑着安慰他说："背书并不能体现一个人的真本领，会背书的人可能是小器速成，不会背书的人倒可能是大器晚成，你很用功，肯定能成大器，不要灰心。"听了哥哥的一番话，马援开始激励自己，不再灰心丧气，而是加倍地努力学习，并开始寻找适合自己的人生道路。最后，他终于大器晚成，成为了我国历史上著名的汉名将。

邓亚萍说："当运动员时什么事情都不用考虑，退役以后的生活和原来有很大的转变，对许多运动员来说，当生活成为习惯后，要让他坐下来读书，他是坐不住的，他没有主动性，或者说没有紧迫感。"而邓亚萍之所以能够转型成功，除了她能够调整自己的心态，最关键的在于她始终抱持着"不放弃"的信念，她坚信只要自己不放弃追寻目标，那么就没有什么不可能。

心理学启示

在生活中，有许多身有残疾或者处于逆境中的人，他们之所以能取得旁人难以想象、难以达到的成就，正是因为他们有一股强大的精神动力——自信心。一个自信心很强的人，他会相信自己的力量，无论什么样的困难与挫折都不能阻挡他前进的步伐，从而赢得成功。相反，一个缺乏自信心的人，他看不到自己的力量，看不到自己的优点与长处，在追逐目标的过程中，他失去了克服困难的信心和勇气，最终，他们只能面对失败，而与成功失之交臂。人生需要有自信心，永远不放弃自己追寻的目标，那就没有什么不可能。

第10堂课　稳固信念的心理课

用希望的光，照亮前方的路

当生活没有了信念，人生就没有目标，即使每天活在这个世界上，也不过是没有灵魂的躯壳。心中没有了信念，生活就有了希望，一个人不怕卑微，不怕艰苦，就怕失去了生活的希望。坚定一个信念，点亮希望之光，照亮前方的路，我们就会从卑微、苦难中站起来，拥抱明天，拥抱阳光。人只要心怀梦想，不顾一切，竭尽全力地活着，生活就会有我们想要的幸福。也许，在现实生活中，我们都是微不足道的小人物，甚至生活已经到了山穷水尽的时候，但是，想想心中的信念，永不放弃，用信念点亮希望的光，朝着前方的路勇敢前进，有一天我们会发现成功几乎是触手可及。

在这个世界上，信念是任何人都可以免费获得的，那些大凡有成就的人，最初都是从坚守一个小小的信念开始的。只要心中有了信念，生活就有了希望，人生之旅就有了正确的方向，我们离成功就不远了。信念是人性中最坚强的东西，缺少它们，我们就失去了生活的全部希望，很难经得起任何打击。从一个小小的信念开始，一旦拥有了信念，我们就有了继续奋斗的动力，就有了继续生活的希望，就会产生无穷的力量。我们想拥有一个什么样的人生，在于我们持有一个怎样的信念，对于我们来说，最重要的就是心怀信念，努力向前行。

一位心理学教授在课堂上讲述了这样一个故事：

一个小男孩在大街上玩耍，不小心被迎面而来的汽车撞到了。由于及时送

往了医院，小男孩保住了性命，但却失去了双手。那时，小男孩才5岁，他并没有发觉自己与他人有什么不同，但是，到了读书的年龄，他发现自己无法像其他孩子一样用手翻书、穿鞋子，而且，他也因此被学校拒之门外。

当小男孩看着其他孩子兴高采烈地去上学的时候，他总是伤心地问妈妈："妈妈，我没有手，我不能上学，怎么办呢？"妈妈心里不是滋味，但她总是怜爱地摸着男孩的头安慰他："孩子，不要紧的，只要你坚持锻炼，你的手还会再长出来的。"听了妈妈的话，小男孩笑了。于是，他每天坚持练习，学会用脚吃饭、写字，他心里充满了生活的希望，因为他坚信只要自己努力练习，手还会再长出来的。

然而，几年过去了，小男孩虽然每天刻苦练习，但是，他的手还是没有长出来。他不解地问妈妈："妈妈，我的手怎么还没有长出来呀？是不是我练得不够刻苦？"妈妈认真地看着小男孩的眼睛，说道："傻孩子，你看着别人用手能做的事情，你什么都会做啊。"小男孩自信地说："是的，我的脚都会做，比其他孩子的手做得还要好呢。"妈妈欣慰地点点头："那你说你的手长出来了没有？记着，孩子，每个人都有一双有力的手，而这双手就在你的心里，只要你愿意，它就能帮助你战胜一切困难和不幸。"小男孩终于明白了，那经过了千锤百炼的手永远不会断，它长在人的心里。

故事讲完之后，教授这样告诉学生：这就是信念，也是生活的全部希望。当你对一种事物产生了一种强烈的欲望的时候，就会在心里产生一种信念，而正是这种信念，让你的心充满生活的希望。信念，点亮了心中的希望之火，让我们明白了人生的意义与方向，一个没有信念的人，就好像没有灯塔的航船，注定要沉没于汪洋。

在2011年，我们记住了这样几个人：西单女孩、旭日阳刚。在他们的身上，我们看不到绝望与沮丧，有的是充满希望的心。即使屡屡遭遇生活的挫败、辛酸，但是，他们一直怀着必胜的信念，追逐着梦想，心中的信念点亮了追梦的旅程，他们看到了前方的灯塔，沿着希望一路走来，虽然有过无奈与沮丧，但在成功的那一刻，什么都已经逝去，有的就是鲜花与掌声。

心理学启示

生活中，很多时候我们没有办法预见明天会发生什么，所以我们就不能够坚持不懈地走下去，因为前方的路不明，我们的目标不清楚，以至于茫然失措。但是，有了信念就有希望，当信念的灯塔照亮了前方的路，我们就找到了那条路，找到了目标，这样我们才有可能获得成功。无论做什么事情，只要心中有必胜的信念，清晰的目标，然后选择自己坚持的方式，就一定会完成自己的成功之旅。也许，我们可能会在路上不停地向前走，但只要不放弃心中的信念，就有了生活的希望。有信念就有希望，坚持不懈，成功就在前方。

意志力是取得成就的前提

从前，有一个盲人琴师，他的师傅告诉他："每弹断一根弦，你就在琴体上画一条线，画至100条线，就可以得到治盲的秘方了。"从此以后，盲人琴师就开始顽强地弹琴、生活，几十年后他终于划足了100条线，他打开师傅留下的秘方，原来只是一张白纸。不久之后，琴师就离开了人世。

由于心理目标作用让盲人琴师支撑了几十年，这就是心理学上著名的目标效应。目标效应是指个体为达到一定目标而产生出意志力量，为了盼望儿子回来，哪怕对于即将告别人世的人来说，与儿子见最后一面，这一个目标所造成的心理作用甚至可以推迟死亡，这就是目标效应在起作用。目标效应是一个积极的效应，一旦我们确立了明确的目标，就会朝着这个目标不断地前进，直至达到这个目标。在现实生活中，许多人缺乏主动性，讨厌生活，其实就是缺失了目标效应。所有的成功者最初都是由一个小小的目标开始的，一旦拥有了目标，你就会产生无穷的力量。你想拥有一个什么样的人生，全在于你持有一个怎样的目标，对于我们来说，最重要的就是要确立目标，怀揣着目标向前走。

一场突然而来的风暴，让一位独自穿行大漠的旅行者迷失了方向，更可怕的是装干粮和水的背包也不见了。他翻遍了所有的衣袋，只找到了一个泛青的苹果。他惊喜地喊道："哦，我还有一个苹果。"他擦着那个苹果，艰难地在大漠里寻找着出路，可是，整整一个昼夜过去了，他仍然没有走出茫茫的大漠。饥饿、干渴、疲惫，使得他好几次都觉得自己快支撑不住了，可是，看一眼手中的那个苹果，他抿了抿干裂的嘴唇，陡然又添了几分力量。他又开始继续跋涉，心中不停地默念着："我还有一个苹果，我还有一个苹果……"三天后，他终于走出了大漠，而那个始终未曾咬过一口的苹果，已经干枯得不成样子了。

在我们人生的旅途中，常常会遭遇到各种困难与挫折，但是，请不要轻易地放弃。其实，人生就如沙漠，而苹果就是我们的信念与目标，在追求目标的过程中，遇到了困难要努力坚持，因为目标与信念可以战胜一切的恐惧。在追寻目标的过程中，我们既需要有危机意识，更需要有坚定的目标，只有这样我们才能稳步前进，最后达到自己的人生目标。

哈佛大学有一个非常著名的关于目标对人生影响的跟踪调查，调查对象是一群智力、学历、环境等条件差不多的年轻人。通过调查发现：27%的人没有目标；60%的人目标模糊；10%的人有清晰但比较短期的目标；3%的人有清晰且长期的目标。

此项调查进行了长达25年的跟踪，发现那些调查对象的生活状况以及分布现象都十分有意思：那些占3%有清晰且长期目标的人，25年来几乎不曾更改过自己的人生目标，25年来他们一直朝着同一个方向努力。25年后，他们几乎都成为了社会各界的顶尖成功人士，在他们当中有白手起家的创业者、行业领袖、社会精英；那些占10%有清晰但比较短期目标的人，在25年后，他们大多生活在社会的中上层，在他们身上有着共同的特点：那些短期目标不断被达成，生活状态稳步上升，成了各行业不可缺少的专业人士，他们的职业大多是医生、律师、工程师，等等；其中占60%目标模糊的人，25年后他们大多生活在社会的中下层，他们能够安稳地生活与学习，但没有什么特别的成绩；剩下27%没有目标的人，25年来，他们几乎都生活在社会的最底层，而且，生活过得很不如意，常常失业，需要靠社会救济，喜欢怨天尤人。

也许你现在与别人差距不大，那是因为你们距离起跑线不远，而不是你比别人聪明，或者说上天眷顾你，你是属于那10%、60%还是剩下的部分，只有你自己最清楚，不过，希望你能努力成为那10%的目标清晰的人。有人曾这样说，一个人无论现在多大的年龄，其真正的人生之旅，是从设定目标那一天开始的，之前的日子，只不过是在绕圈子而已。要想获得成功，我们就必须拥有一个清晰而明确的目标，目标是催人奋进的动力。如果你缺失了目标，即使每天你不停地奔波劳碌，却还是无法获得成功，而成功者之所以能取得成功，那是因为他们的目标明确。

心理学启示

一个没有目标的人就像是一艘没有舵的船，永远过着漂泊不定的生活，只会到达失望和丧气的海滩。许多人即使付出了艰辛的努力，但还是无法成功？其实，这是因为他的目标总是模糊不清或者根本没有切实可行的目标。在生活中，一旦我们确立了清晰的目标，也就产生了前进的动力，所以，目标不仅仅是奋斗的方向，更是一种对自己的鞭策。有了目标，我们就有了生活的热情，有了积极性，有了使命感和成就感。有清晰目标的人，他们的心里感到特别踏实，生活也很充实，注意力也随之神奇地集中起来，不再被许多烦恼的事情所干扰，他懂得自己活着是为了什么，所以，他的所有努力都是围绕着一个比较长远而实际的目标进行，步步走向成功。

让信念成为人生的推动力

高尔基说：“只有满怀信念的人，才能在任何地方都把信念沉浸在生活中并实现自己的意志。”一个失去了信念的人，就像一根潮湿的火柴，永远不可能点燃成功的火焰。许多人的失败在于，不是因为他们不能成功，而是他们缺少了那份信念。信念是成功的基石，人们只有对他所做的事情充满了必胜的信念，他们才会采取积极的行动，在信念的召唤下，将底片变成美丽的图片。居里夫人对科学的坚定信念，促使她以强大的毅力完成了艰难的科学研究，她说："生活对于任何人都非易事，我们必须有坚韧不拔的精神，最要紧的，还是我们自己要有信念，我们必须相信，我们对每一件事情都有天赋的才能，而且，付出任何代价，都要把这件事情完成，当事情结束的时候，你就能问心无愧地说：'我已经尽我所能了。'"信念就如同航标灯射出的明亮光芒，在朦胧浩淼的人生海洋中，指引着我们走向辉煌，因为信念是我们力量的源泉。

成功大师拿破仑·希尔说："有方向感的信念，令我们每一个意念都充满力量。"信念，是我们力量的源泉，同时，它推动着我们走向成功。面对这个充满诱惑的世界，影响我们走向成功的有许多不确定的因素，但是，心中有信念的人，能坚守自己的目标不动摇，坚定信念，以自己的方式走向成功。

有一队人马在没有人烟的沙漠中艰难地跋涉，他们已经在沙漠里走了很久很久。太阳不客气地释放着光和热，他们随身带的水已经不多了，而随时都会有生命的危险。走了长长的一段路，最后，大家都走不动了。这时，领队的老人从自己背上解下一只水桶，对大家说："现在只剩下一桶水了，我们要等到最后一刻再喝，不然大家都会没命的。"

于是，他们继续无比艰难的旅程，而那桶水成为了他们心中唯一的希望，望着那沉甸甸的水桶，每个身体疲惫的人心中都有了对生命的一种信念：一定要坚持到旅程的最后一刻。但是，天气太炎热了，一个小伙子实在撑不下去了，他向老人乞求："老伯，让我喝口水吧。"老人生气地回答："不行，这水要等到最艰难的时候才能喝，你现在还可以坚持一会。"就这样，老人坚决地回绝了每一个想喝水的人。

眼看到了黄昏，大家发现领队的老人已经不见了，只有那个水桶孤零零地躺在前面的沙漠中，在沙地上写着一行字："我不行了，你们带上这桶水走吧，要记住，在走出沙漠之前，谁也不能喝这桶水，这是我最后的命令。"每个人抑制住内心那份悲痛，继续向前出发了，而那只沉甸甸的水桶在每个人手里依次传递着，谁也舍不得喝上一口，因为他们清楚这是老人用自己的生命换来的。终于，他们走出了沙漠，喜极而泣之余，他们想到老人留下的那桶水，然而，打开桶盖，从里面流出的却是沙子。

信念和希望是生命的力量。在许多时候，打败自己的并不是环境，而是自己。只要我们心中还残留着一丝希望，就要坚定自己的信念，努力追求，努力奋斗。在生活中，无论自己的处境是多么糟糕，我们也要在心底保持一份信念，因为信念能使我们释放出强大的力量。只要信念还在，那么希望就能够永存，命运也会对我们作出让步。

在2008年末，英国《人物》周刊居然让一条狗登上了它的封面，而《人物》周刊对这条狗作了以下的语言描述："它是降临在浮躁的英国的一种力量，它是笃定而欢快地照耀在任何一位迷失者前方的一盏路灯，它是早就藏好了眼泪和悲伤、只表露笑容与歌声的一种幸福，它的名字叫信念，它是一条狗，它是一条两条腿、像人类一样直立行走的狗。"信念，本身就蕴含着巨大的力量，它将帮助我们走上成功之旅。

心理学启示

马丁·路德·金曾说："在这个世界上，没有人能够使你倒下，如果你自己的信念还站立着的话。"有人曾问成功者："是一种什么力量驱使你坚持了这么多年？"他只回答了两个字："信念。"信念，当然是信念，心中怀着一份坚定的信念，执着地走下去，把实现人生目标作为一种人生的信念，这样才能产生巨大的力量。许多人失败了，并不是他们没有目标，而是没有信念，没有了信念，他们就失去了坚持下去的力量。信念，是一个人成功的根本，信念的力量是巨大的，它支持着我们生活，催促着我们奋斗，推动着我们不断地进步，正是信念，创造了世界上一个又一个的奇迹。信念是力量的源泉，在它的帮助下，人生路上还有什么能够与之抗衡呢？

梦想给心灵插上翅膀

美国著名作家杜鲁门·卡波特说：“梦是心灵的思想，是我们的秘密真情。”无论自己的梦想是多么模糊，不管自己的梦想是多么的不可思议，我们都要听从心中梦想的召唤，紧紧跟随着它，坚持不懈地走下去，那样，梦想就会变成现实。“永不放弃”是梦想成真的信念，只有不懈地坚持，自己的梦想才能成就辉煌。有人认为，梦想是一种虚无缥缈的东西，并没有什么作用。其实，这种想法是错误的，梦想能够使人产生一种力量，一种信念，更重要的是，梦想能够成为现实。马云最初梦想着创建阿里巴巴的时候，有人甚至讽刺他：“你要是能创建阿里巴巴，轮船都能开到喜马拉雅山上去。”然而，马云并没有放弃自己的梦想，他凭着顽强的精神，不但成功地创建了阿里巴巴，而且使阿里巴巴成为世界五大网站之一。

法学院教授里克·博克曾在课堂上讲述了这样一个故事，告诫学生不要出卖自己的梦想。

赛尼·史密斯6岁的时候，在威灵顿小学读一年级。一天，老师玛丽·安小姐给学生们布置作业，让大家说出自己未来的梦想，班上同学十分踊跃，纷纷说出自己的梦想。特别是赛尼，他一口气就说出两个梦想：拥有一头属于自己的小母牛，另一个就是去埃及旅行。但是，班里有一个叫杰米的男孩子一下子没想出自己未来的梦想，因为他能想到的，别人都已经说了。为了让杰米拥有一个自己的梦想，玛丽·安小姐建议杰米向同学购买一个，在老师的见证下，杰米花了3 美分向赛尼购买了一个梦想，就是“去埃及旅行”。

40年过去了，赛尼·史密斯已经到了中年，在过去的日子里，赛尼去过了许多国家，如丹麦、希腊、中国、日本，然而，他从来没有去过埃及。难道赛尼不想去埃及吗？赛尼说：“自从我卖掉去埃及的梦想之后，我就从来没有忘记过这个梦想。但是，作为一个虔诚的基督教徒来说，我不能去埃及，因为我已经把这个梦想卖掉了。”带着强烈的愿望，赛尼决定赎回自己的梦想，因为他觉得只有这样，自己才能心安理得地踏上那片土地。但是，赛尼·史密斯没能如愿以偿，因为联邦法院认定，那个梦想现在已经价值3000万美元了。

而作为购买赛尼梦想的杰米，在这40年来，他怀揣着梦想考上了华盛顿大学，鼓励儿子考入斯坦福大学。在梦想的感召下，杰米的人生获得了极大的成功，他在芝加哥拥有6家超市，总价值超过了2500万美元。杰米说："如果我没有那个去埃及旅行的梦想，我是绝对不会拥有这些财富的。"梦想对于杰米而言，已经成为生命里不可分割的一部分。

花3000万美元赎回一个以3美分卖出去的梦想，这在许多人看来都是不可思议的。但是，对于赛尼来说，即使倾家荡产，自己也要赎回那个梦想，因为他知道，人的一生中最珍贵的东西就是梦想。也许，在我们的内心也有着这样或那样的梦想，然而，在追逐梦想的过程中，挫折与困难无所不在，我们很容易就会放弃，最终与梦想失之交臂。其实，梦想是我们生命中最珍贵的一部分，永不放弃自己的梦想，用心飞到梦想之地，让生命绽放别样的光芒。

一位穷苦的牧羊人带着两个年幼的儿子，依靠为别人放羊来维持生活。有一天，父亲带着儿子赶着羊来到一个小山坡，他们看到了一群大雁，鸣叫着从天上飞过，并很快从视野中消失了。小儿子问父亲："大雁要往哪里飞？"牧羊人回答："为了度过寒冷的冬天，它们要去一个温暖的地方安家。"大儿子眨着眼睛羡慕地说："要是我们也能像大雁一样飞起来就好了，那我就要比大雁飞得还要高，去天堂看望妈妈。"小儿子也对父亲说："做一只会飞的大雁多好啊！可以飞到自己想去的地方，那样就不用放羊了。"牧羊人沉默了一下，然后对儿子们说："如果你们想，你们也会飞起来的。"两个儿子试了试，但并没有飞起来，他们疑惑地看着父亲。牧羊人说："看看我是怎么飞的吧。"可是，他也没能飞起来，但是，他却肯定地告诉两个儿子说："可能是因为我的年纪太大了，才飞不起来，你们还小，只要不断地努力，就一定能飞起来的，去你们想去的地方。"从此，在兄弟俩心中有了一个飞翔的梦想，长大后他们终于飞起来了，他们就是美国的莱特兄弟。

黎巴嫩著名诗人纪伯伦曾说："我宁可做人类中有梦想和完成梦想愿望

的、最渺小的人，而不愿做一个最伟大的无梦想、无愿望的人。”人类最可贵的本能就是对未来充满梦想，我们不仅要种下梦想的种子，而且应该让梦想的种子长成参天大树。所以，不要放弃自己的梦想，用心灌溉，总有一天，梦想会变成现实。

心理学启示

中国探险家余纯顺在前往罗布波之前曾说：“我也许真的会失败，但我不能放弃这个梦想，就是失败，我也要当失败的英雄。”梦想是我们未来的目标，是我们不懈奋斗的动力。在这个世界上，我们身在何处并不重要，重要的是我们应该朝着什么样的方向前进，一旦放弃了梦想，就意味着放弃了前进的方向。所以，怀揣着梦想前进吧，用心飞到自己的梦想之地！

修葺信念，让它与你更合拍

有人说：“人生不过是一个字，那就是——‘度’。”任何事情不能太满，不能太缺，凡事有度，方能进退自如。信念与欲望一样，都需要适时地修葺，这样才能与自己合拍，而我们才有可能达到自己的目标。若太满，终难如愿，只会身陷犹豫矛盾之中；若太缺，只会败在挫折与困难面前，很难坚定地走下去。信念，对于我们来说，与自己越合拍，我们会越容易获得成功。坚定的信念不是从来就有的，信念总是徘徊于动摇与坚持之中，总是彷徨于前进与退缩之中。信念的建立与失去，以及种种无力与无奈，主要在于自己，因为最终去完成这个信念的还是自己。任何人都不可能将自己的信念加在别人身上，它就像鞋子一样，需要最合适的那一双。在人的一生中，可能有唯一的信念，也有可能有两个信念，但是，只要坚持其中一个信念，人生就有可能获得成功。一旦自己的信念不适合自己，我们就需要做适当地修葺，让它与自己更加合拍。

在美国的一个小镇上，住着一位84岁的智者。一天，一位中年人来拜访这位智者，在智者狭窄的房间里，中年人倾诉了内心的困惑。智者说：“你应该抓紧现在和未来的日子。”中年人回答说：“是的，我在努力，但是，我已经浪费了几十年。”智者说：“达尔文说自己贪睡，把时间浪费了，却写出了《物竞天择论》；海明威说自己打猎、钓鱼，把时间浪费了，最终他却获得了诺贝尔奖；居里夫人说自己为孩子和家务，浪费了时间，但是，她却发现了镭，而且把孩子也培养成为了科学家。”中年人大喊：“这些人都是天才，我只是个平凡人，愚蠢的平凡人！”智者说：“你有权评定自己是愚蠢的平凡人，但是我说只要有一定的信念，在任何时候做任何事，都不会妨碍思考和研究，甚至有助于思考和研究，他们都以为自己浪费了时间，实际上并没有浪费。”

中年人说：“但是，我年纪大了。”智者说：“在我70岁的那年，我准备完成一个需要10年才能完成的研究计划，当时我向一位30多岁的朋友谈到这个计划，他笑了笑，我知道他为什么笑，因为在他看来，70岁的老人，已经时日不多了，还能做些什么呢？但是，10年过去了，我的工作已经完成了，现在我依然在实验室里忙碌着。”中年人好奇地问：“你那位年轻的朋友呢？”智者笑着说：“依旧平平淡淡，庸庸碌碌地生活，10年一眨眼就过去了。”

有的人总认为自己只是个平凡的、愚蠢的人，他们无法确定自己到底要坚持怎样的一种信念，于是，在犹豫与矛盾中浪费了许多时间，直到人生暮年，他们才意识到自己的信念太满。而有的人总是对信念不抱任何希望，在他们看来，短短10年不足以做出伟大的事业来。于是，他们宁愿庸庸碌碌地度过这10年。信念，使贫困的人变成富翁，使黑暗的人看见光明，使绝望的人看到希望，使梦想变成现实，若信念太满或太缺，就会注定一事无成。

心理学教授常常讲起金蒙特的故事：

在金蒙特18岁的时候，就成为了全美国最年轻、最受欢迎的滑雪选手，“金蒙特”这个名字出现在美国的大街小巷，照片也上了许多杂志的封面。美国人全部都看好金蒙特，认为她一定能为美国夺得奥运会的滑雪金牌。

然而，不幸总是降临在那些满怀希望的人身上。在奥运会预选赛最后一轮的比赛中，由于雪道太滑，金蒙特不小心从雪道摔了出去。当她从医院里醒

来，发现自己虽然捡回了性命，但是，自己肩膀以下的身体却永远失去了知觉。金蒙特明白：人活在世界上只有两种选择，奋发向上或者意志消沉。最后，金蒙特选择了奋发向上，因为她对自己的能力坚信不疑。

当然，金蒙特改变了成为滑雪冠军的信念，在艰难的日子里，她依然追求着有意义的生活。她学会了写字、打字、操纵轮椅和自己进食，同时，金蒙特确立了自己新的信念，那就是成为一名教师。由于行动不便，当金蒙特向教育学院提出教书的申请时，学校的领导都认为她不适合当教师。但是，金蒙特想成为教师的信念十分坚定，她继续接受康复治疗，同时，不放弃自己的学业，终于，金蒙特获得了华盛顿大学的教育学院的聘请，达成了自己的信念。

信念的力量是强大的，但是，当我们失去了达成信念的条件时，我们应该学会修葺自己的信念，将未能完成的目标埋在心里，重新建立新的信念，让它与自己更加合拍。金蒙特在失去了做一名滑雪运动员的机会以后，并没有放弃自己的人生信念，她确立了自己新的信念，那就是成为一名教师。也许，对于一个正常人来说，做一名教师很简单，但对金蒙特来说，成为一名教师却并不容易，她坚定自己人生的信念，坚持不懈地走了下去。当然，金蒙特的努力换来了丰厚的回报，她如愿成为了一名教师。

心理学启示

人生需要信念，有了信念，才可以拨开云雾，见到光明与希望；有了信念，才可以使自己乘风破浪，驶向成功的彼岸。但是，人生如歌，信念如调，只有最适合自己的旋律才能谱出真正的歌，不合拍的信念往往会迷失自我。所以，学会修葺信念，让它与自己更合拍。

怀揣希望，自己拯救自己

每个人在某个时刻都会面临绝境，但那往往并不是真正的生命绝境，而是一种精神和信念的绝境。只要你的精神不垮，在绝望中，也能找到希望之花！

在人生道路上，困难和挫折是难免的，人生起起落落也无法预料，但是有一点我们一定要牢牢记住：永不绝望。当我们遭遇逆境时，千万不要忧郁沮丧，无论发生什么事情，无论你有多么痛苦，都不要整天沉溺于其中无法自拔，不要让痛苦占据你的心灵。困难来临时，我们要有勇气直面困难、打倒困难，以顽强的意志战胜困难。

哲人告诉我们，只要信念还在，希望就在。许多人一陷入困境，就悲观失望，并给自己施加很大的压力，其实，应该告诉自己，困境是另一种希望的开始，它往往预示着明天的好运气。因此，你只要放松自己，告诉自己希望是无所不在的，再大的困难也会变得渺小。

“二战”期间，在德国纳粹集中营，德国士兵经常要求英国战俘跟他们踢球。贝鲁姆被俘前是名优秀的狙击手，也是个技术精湛的前锋。比赛在监狱满是沙砾的场地上进行。与其说是比赛，还不如说是德国纳粹折磨战俘的一种办法。

纳粹不给战俘队员足够的食物，让他们饿得眼冒金星去参加比赛。德国人借此大比分获胜，然后奚落英国人为猪。

但是，圣诞节前的一场比赛发生了意外，震惊了观看那场比赛的德国纳粹高级官员。贝鲁姆在比赛前吃了狱友积攒下来的黑面包，有了足够的体力去比赛。比赛只进行了三分钟，贝鲁姆就像野马一样顺利打乱德国人的防守，冲入禁区，一脚抽射，首破德国人的大门。最后，德国队仍是大比分获胜了，但是他们“战无不胜”的神话已被一个缺少食物的战俘打破。不久，贝鲁姆被秘密处死。事先，他已经知道会如此。一位英国作家曾经多次提到过这个叫贝鲁姆的人，他说，那场圣诞球赛后，贝鲁姆成为集中营中希望和信念的支柱。

五十多年后，英国的一家体育电台播出了这个故事，结果接到了上千个电话，其中有一位老人是贝鲁姆的战友，他说，自从贝鲁姆进了一球后，他就坚信英国必胜。

魏尔仑说：“希望犹如日光，两者皆以光明取胜。前者是荒芜之心的神圣

美梦，后者使泥水浮现耀眼的金光。”

希望给人以坚定的信念，心中没有希望就不会耐心地等待，最美好的希望往往产生于最无望的逆境中。

人一生不可能常处顺境，有时候你会被淘汰出局，只要你继续参加比赛，就有希望存在，总会获得让你满意的成绩。天才未必就能富有，最聪明的人也不一定幸福，想要摆脱人生的困境，就要记住让希望的阳光照进心田，要努力拯救自己摆脱困境。

古语云：“自助者，天助之。”把别人的帮助当做希望，往往只是一种被动的奢求，外界的帮助使人更加脆弱，自助却使人得到恒久的鼓励。

有一个穷人为农场主做事。有一次，穷人在擦桌子时不小心碰碎了农场主一只十分珍贵的花瓶。

农场主向穷人索赔，穷人哪里能赔得起。最后被逼无奈，只好去教堂向神父讨主意。神父说：“听说有一种能将破碎的花瓶粘起来的技术，你不如去学这种技术，只要将农场主的花瓶粘得完好如初，不就可以了？”

穷人听了直摇头，说：“哪里会有这样神奇的技术？将一个破花瓶粘得完好如初，这是不可能的。”神父说：“这样吧，教堂后面有个石壁，上帝就待在那里，只要你对着石壁大声说话，上帝就会答应你的。”

于是，穷人来到石壁前，对石壁说：“上帝请您帮助我，只要您帮助我，我相信我能将花瓶粘好。”话音刚落，上帝就回答了他：“能将花瓶粘好，能将花瓶粘好……”

穷人听后内心充满希望，信心百倍，于是辞别神父，去学粘花瓶的技术去了。

一年以后，这个穷人通过认真地学习和不懈地努力，终于掌握了将破花瓶粘得天衣无缝的本领。他真的将那只破花瓶粘得像没破碎时一般，还给了农场主。所以他要感谢上帝。神父将他领到了那座石壁前，笑着说：“你不用感谢上帝，你要感谢就感谢你自己。其实这里根本就没有上帝，这块石壁只不过是块回音壁，你所听到的上帝的声音，其实就是你自己的声音，你就是自己的上帝。”

心理学启示

年轻人在身处困境时，要记住，没有人能解救你，只有自己能拯救自己。其实每个人都有拯救自己的能力，许多人走不出人生或大或小的各种阴影，是因为他们没有耐心找准一个方向坚持走下去，直到眼前出现新的洞天。

走在艰辛的路上，要激励自己

1896年4月6日，现代奥运史上的第一个世界冠军诞生了，他就是来自美国哈佛大学的大学生詹姆斯·康纳利。

康纳利1895年被哈佛大学录取，学习古典文学。在学校时，他已经是当时全美三级跳远冠军了。听说奥运会即将在雅典举行，他便向学校请8周假前去参赛，但学校拒绝了他的要求。康纳利执意要到奥运会上一试身手，于是他离开了哈佛，自己争取到参加奥运会的资格，成为由11人组成的美国代表团的成员之一。

与他一同前去的其他美国同伴都是波士顿体育协会麾下的运动员，参赛是免费的。而康纳利太穷了，他享受不到这种待遇。他这次参赛是在一家很小的体育协会的赞助下才成行的。由于资金紧张，他花掉了自己仅有的700美元的积蓄，才登上了德国德福达号货船。

就在启航的前两天，他伤了后背，几乎毁了他的全部计划。幸运的是，在从纽约到那不勒斯的17天航行中，他的伤痊愈了。但是刚下船，他的钱包又被人偷走了。这还不算，更为糟糕的事接踵而来：因为希腊历制和西方历制不同，比赛在他们到达的第二天就开始了，而不是他们原以为的12天之后；而对他更为不利的是，他的三级跳远项目的起跳要求是单足跳、单足跳、起跳，而不是他从小练习的传统跳法单足跳、跨步、起跳。

1896年4月6日下午，三级跳远比赛开始了。在其他运动员跳完之后，康纳利最后一个出场。他走到沙坑前，把帽子扔到了一个别的运动员跳不到的位置上，大声呼喊自己要跳到帽子那里去。他在跑道上加速，按照新的规则，先两个单足跳，然后起跳，最后落在比他的帽子还远的地方，跳出了13.71米的好成绩，成为当之无愧的现代奥运史上的第一个冠军。

1949年，哈佛大学试图与他和解，并授予他博士学位。

并不是每个人都能在逆境中坚持自己的决定。面临着参加奥运会就要离开学校，且自己自费参赛的严峻考验，詹姆斯·康纳利坚持自己的想法，最终博得了胜利。正如一位哲人所言：成功者大都起始于不好的环境并经历许多令人心碎的挣扎和奋斗。他们生命的转折点通常都是在危急时刻才降临。经历了这些沧桑之后，他们才具有了更健全的人格和更强大的力量。

哈佛人从来都不会因为暂时的逆境而放弃拼搏，他们这样勉励自己："我要振作精神，跟命运搏斗，我要把痛苦化为力量，设法有所建树。"

人们驾驭生活的能力，是从困境生活中磨砺出来的。和世间任何事件一样，苦难也具有两重性。一方面它是障碍，要排除它必须花费更多的力量和时间；另一方面它又是一种肥料，在解决它的过程中能够使人更好地锻炼提高。

很久很久以前，有一个养蚌人，他想培育一颗世界上最大、最美的珍珠。

他去大海的沙滩上挑选沙粒，并且一颗一颗地问它们，愿不愿意变成珍珠。那些被问的沙粒，一颗一颗都摇头说不愿意。养蚌人从清晨问到黄昏，得到的都是同样的结果，他快要绝望了。

就在这时，有一粒沙子答应了。因为，它一直想成为一颗珍珠。

旁边的沙粒都嘲笑它，说它太傻，去蚌壳里住，远离亲人朋友，见不到阳光、雨露、明月、清风，甚至还缺少空气，只能与黑暗、潮湿、寒冷、孤寂为伍，多么不值得！

那颗沙子还是无怨无悔地随养蚌人去了。

斗转星移，几年过去了，那粒沙子已经成了一颗晶莹剔透、价值连城的珍珠，而曾经嘲笑它的那些伙伴们，有的依然是海滩上平凡的沙粒。

心理学启示

如果说这世上有“点石成金术”的话，那就是“艰辛”。你忍耐着，坚持着，当走完黑暗与苦难的隧道之后，就会惊讶地发现，平凡如沙子的你，不知不觉中已长成了一颗珍珠。

每一个年轻人都要记住：逆境总是吞噬意志薄弱的失败者，而常常造就毅力超群的事业成功者。逆境是魔鬼，它夺走了你的光明。逆境也是天使，它是一座深不可测的宝藏。要在逆境中赶走魔鬼、拥抱天使，最重要的美德就是坚韧。

信念是漆黑路上的航灯

信念是一座射出明亮光芒的灯塔，在漆黑的路上，为心灵指引着前进的方向。信念，将决定着一个人的成败，左右一个人的命运。在充满着诱惑的世界里，我们常常迷失了前进的方向；在挫折与困难面前，我们失去了重新站起来的勇气。然而，一旦心中有了信念，可以使我们找到心灵的方向，从逆境中奋起，从失败中走向成功，从失望中看到希望。一个人的心灵有了信念的护航，他就会为了理想而坚持到人生的最后一刻。印度圣雄甘地先后12次被捕、9次坐牢，但是，他一直以信念为心灵导航，直到生命的最后一刻，他依然在为印度人民争取自由和幸福。

上帝可以辜负生命，但绝不会辜负生命的信念，永存生命的信念，我们的生命就会开花结果。人生就是那奔腾不息的河流，而信念就是源头，一旦源头枯竭，河流就会干涸，信念消失，人生也将暗淡无光。信念，是强烈的探索之光，照亮了心灵之旅，即使凶险的环境在阴影中潜行，却能让我们毫不畏惧地走向成功。在漆黑的路上，就让信念来为心灵保驾护航吧！

一位教授对学生说：你们都知道哥伦布发现了新大陆，但是你们一定没有

听说过哥伦布在旅途中的故事。

在15世纪中叶的一个夏天，航海家哥伦布从海地岛海域向西班牙胜利返航。然而，航船刚刚离开海地岛，天气就突然变得十分恶劣，乌云布满了天空，还伴随着电闪雷鸣，一场巨大的风暴向海上船队扑来。哥伦布意识到这是自己航海以来遇到的最大的一次风暴，就在他思考之间，船队里已经有几艘船被海浪打翻了。船长沉重地告诉哥伦布："我们将永远不能踏上陆地了。"哥伦布感觉就要船毁人亡了，于是，他对船长说："我们可以消失，但资料一定要留给人类。"哥伦布当即钻进了船舱，迅速将最珍贵的资料缩写在几页纸上，并将纸卷好塞进一个玻璃瓶里加以密封，然后将玻璃瓶抛进了茫茫大海。对此，哥伦布自信而肯定地说："有一天，这些资料一定会漂到西班牙的海滩上。"船长却否定了哥伦布的想法，他说："绝不可能，它可能会葬身鱼腹，也可能被海浪击碎，或许会深埋海底。"哥伦布自信地说："或许一年两年，也许几个世纪，但它一定会漂到西班牙去，这是我的信念，上帝绝不会辜负生命坚持的信念。"

没过多久，哥伦布和他的大部分船只在这场巨大的风暴里死里逃生，回到西班牙，哥伦布派人去寻找那个漂流瓶，但是，直到哥伦布离开这个世界，那个漂流瓶也没有找到。然而，3个世纪过去了，大海终于将那个漂流瓶冲到了西班牙的比斯开湾，而正是哥伦布心中坚定的信念，为漂流瓶照亮了前进的路，这不能不说是一个奇迹。

信念是奇迹的萌发点，心中有了信念，心灵就有了方向，一切都是有可能的。那些大凡有成就的人，在他们的人生中总是出现一个又一个的奇迹，当然，他们并不是天生的成功者，而是坚定地走向了信念所指引的方向。所以，信念是心灵的护航者，是胜利的基石。信念，它是一缕永不暗淡的阳光，给心灵以丰富的给养，有了信念，我们就可以穿越阴霾，驱散迷茫，挣脱命运的束缚，自由地飞翔。

塞尔玛是一个单亲母亲，她在一个乡村工厂里工作，靠着微薄的收入来维持着自己与儿子的生活。然而，在塞尔玛心中隐藏着一个秘密：由于遗传因素，她的视力正在慢慢衰退，只有靠着高度近视眼镜才能维持微弱的视力，而且，令自己心痛的是她发现了儿子患有同样的疾病，她决定挣钱为儿子治好眼睛。于是，塞尔玛开始日夜不停地加班，将辛苦赚来的钱装在一个小铁皮盒里。尽管生活对于塞尔玛是残酷的，但她依然释放着全部的热情，塞尔玛特别钟爱音乐与舞蹈，她经常在工厂里歌唱，想象自己是音乐剧里的主角，以此给自己疲惫的心灵以抚慰。

塞尔玛的房东比尔是一位警察，他有个整日无所事事却又喜欢享乐的妻子，在妻子的过度挥霍之下，比尔破产了。但是，比尔却没有勇气将真相告诉妻子，比尔知道塞尔玛有一些积蓄，于是，比尔找到了塞尔玛，向她诉说自己的压力与内心的绝望。无意之中，比尔发现了塞尔玛装钱的铁皮盒子。由于视力的下降，塞尔玛失去了工作，这时，她发现自己辛苦攒下的钱被偷走了。想到曾向自己借过钱的比尔，塞尔玛决定去找比尔，比尔当即承认了自己偷走了钱，两人在争执中，比尔绝望地掏出了手枪，恳求塞尔玛帮助自己结束生命，塞尔玛扣动了扳机。

塞尔玛安排了儿子的手术，而她自己则来到了歌舞团，在那里，她精彩演绎了《音乐之声》。为了维护比尔的尊严，塞尔玛决定不说出实情，自己一个人承担所有的罪责。直到被警察逮捕的那一刻，塞尔玛依然歌唱着、舞蹈着。

虽然塞尔玛生活是那么的不幸，但是，她那份对生命执著的信念，促使她完成了自己的梦想，那就是攒钱为儿子做手术。在黑暗的世界里，塞尔玛成为舞蹈的精灵，她是真正的黑暗中的舞者，而这一切都源于她那坚定的信念，因为信念为塞尔玛的心灵指引了生命的方向。

心理学启示

人生需要信念，坚定的信念，即使道路荆棘满地，充满了无尽的坎坷，但是，只要我们心中怀着坚定的信念，就会看到希望，看到生命的曙光。信念对一个人来说至关重要，信念越坚定，成功就离你越近。信念是心灵的护航者，一旦心灵没有了舵手，就会在人生海洋中迷失方向，有可能在暗礁险滩中丧生，还有可能被惊涛骇浪所吞噬。一个人没有了信念，就很容易在前进的方向中迷失自我，生活不再有生气，生命变得不再有意义。

第11堂课　困境逆袭的心理课

直面恐惧，逃避无济于事

不管是身处校园，还是置身于社会之中，恐惧的感觉都会偶尔爬上你的心头。美国著名将领艾森豪威尔将军说：“软弱就会一事无成，我们必须拥有强大的实力。”不正面迎战恐惧，面对挑战，你就得一生一世躲着它。

一天下午，艾森豪威尔从学校回家，一个同他年龄相仿的粗壮结实的男孩在后面追他。艾森豪威尔不敢迎战，只想逃跑。

艾森豪威尔的父亲看见后，冲他大喊：“你干吗容忍那小子追得你满街跑？”

艾森豪威尔当即委屈地反驳说：“因为我不敢还手；而且不管输赢，结果都是挨你的鞭子。”“别为自己的懦弱寻找借口，去把那小子赶走！”

有了父亲这样的话，艾森豪威尔还怕什么？他猛地转回身，怒发冲冠。那个追赶他的男孩被艾森豪威尔的突然反击吓坏了，他慌忙地夺路而逃。艾森豪威尔穷追不舍，一把将他抓住。当即把他放翻在地，并且正颜厉色地警告他：“如果你再找麻烦，我就每天揍你一顿。”

通过这件事，艾森豪威尔悟出一个道理：面对看似强大的对手的时候，千万不要胆怯和逃跑。一个人如果没有足够的勇气和信心，干什么都缩手缩脚、患得患失，害怕失败和挫折，就不会成为一个杰出的人。

有时困难在想象中会被放大一百倍，事实上，走出了第一步，就会发现那些麻烦与困难有时只是自己吓自己。每个人的勇气都不是天生的，没有谁是一生下来就充满自信的，只有勇于尝试，才能锻炼出勇气。

“我们唯一值得恐惧的就是恐惧本身，那会让我们莫名其妙地胆怯，会让我们为前进所付出的努力付诸东流。”在广大学子的心中，美国总统罗斯福的这句名言一直鼓舞着他们面对一切压力与挑战。

在课程上，美国伟大的总统罗斯福的事例经常被教授们引用来激励学生。

富兰克林·D.罗斯福一直被视为美国历史上最伟大的总统之一，是20世纪美国最受民众期望和爱戴的总统，也是美国历史上唯一连任4届总统的人。

但罗斯福在第一次竞选总统时就惨遭失败，随后他暂时退出政坛。不久，又因一场意外的遭遇而半身瘫痪。他瘫痪后相信自己还能成功，再次竞选时，当了总统，入主白宫，每天坐着轮椅，昂着头，挺着胸，信心百倍地去上班。他在首次就职演说中提出的那个“无所畏惧”的战斗口号，鼓舞了千千万万的听众，他说：“我们唯一值得恐惧的就是恐惧的本身。”他凭着永远不承认失败、永远不甘放弃的精神，把美国引上了一条新的发展道路。他连任四届，成为美国最杰出的总统。

当时美国弥漫着对经济危机的恐惧情绪。就在3月3日晚，美国32个州宣布无限期关闭银行。如果银行体系崩溃，几千万美国人毕生的积蓄将毁于一旦。愤怒的民众会选择什么样的方式发泄，谁也不能保证。

事实上，罗斯福已经遭遇到发泄的危险。2月15日，罗斯福在户外演讲时遭到刺杀。刺客是一个穷困潦倒的人，因此对社会充满仇恨。他原来想刺杀在任总统胡佛，恰巧遇到罗斯福演讲，于是便向他开了枪。罗斯福幸免于难，而芝加哥市长却受了重伤不治身亡。也许上帝需要罗斯福来成就一番伟业，于是让死亡降临到其他人身上。

当然罗斯福并不是只靠一句话就能使美国人民重树信心，关键是随之而来的果敢而紧急的行动。包括《紧急银行法》、《重建美国政府信用法案》、《紧急救济法案》等法案的实施。两周以后，整个美国变了样，摆脱了冷漠和

沮丧，开始充满活力。在纽约市小学生中进行的一项民意调查中显示，罗斯福受欢迎的程度已经远远超过了上帝。一个坐在轮椅上的人，竟能够使美国迅速恢复活力，不能不说是一个奇迹。这也说明美国选民做出了正确的选择，他们没有被罗斯福的轮椅遮住视线。

假如你选择了天空，就不要渴望风和日丽。年轻人爱冒险，而冒险的首要前提就是必须克服内心的恐惧。

不断进取，敢于面对一切困难，努力克服它，战胜它，这是生存的法则。相反，逃避是懦夫的作为，最终只能带来更多的危机。

一个人绝对不可在面对恐惧的威胁时，背过身去试图逃避。若是这样做，只会使危险加倍。但是如果立刻面对它毫不退缩，危险便会减半。任何人只要去做他所恐惧的事，并持续地做下去，直到有获得成功的纪录做后盾，他便能克服恐惧。

心理学启示

恐惧是获得胜利的最大障碍。你若失去了勇敢，就失去了一切。

去做你所恐惧的事，这是克服恐惧的一大良方。大多数人在碰到棘手的问题时，只会考虑事物本身的困难程度，自然也就产生了恐惧感。但是一旦实际着手时，就会发现事情其实比想象中要容易且顺利得多。

现实中的恐怖，远没有想象中的恐怖那么可怕。很多时候，成功就像攀爬铁索，失败的原因不是智商的低下，也不是力量的单薄，而是威慑于自己的无形障碍。如果我们敢于做自己害怕的事，害怕就必然会消失。

把握方向，拥有自己的主见

从前，有一位学子酷爱文学，他苦心撰写了一篇小说，请一位著名作家指教。因为作家正患眼疾，学生便将作品读给作家听。读到最后一个字，学生停顿下来。作家问道：“结束了吗？”听语气似乎意犹未尽，渴望下文。这一追问，煽起学生的激情，立刻灵感喷发，马上接续到：“没有啊！下部分更精彩！”他以自己都难以置信的构思叙述下去。

到达一个段落，作家又似乎难以割舍地问：“结束了吗？”

我的小说一定是精彩绝伦，叫人欲罢不能！他这样想着，心里更加兴奋，更加激昂，更富于创作激情。他不停地往下接续……最后，电话的铃声骤然响起，打断了学生的思路。

这时有客人到作家家里做客，他们的交谈被迫中断了。作家说，“其实你的小说早该收笔，在我第一次询问你是否结束的时候，就应该结束。何必画蛇添足、狗尾续貂？该停则止，看来，你还没把握住情节脉络，尤其是缺少决断。决断是当作家的根本，否则，拖泥带水，如何打动读者？”

学生追悔莫及，想想作家的意见，觉得自己的性格和情绪易受外界左右，不能沉下心来，把握作品的主旨，恐怕不是当作家的材料。

没过多久，这个学子遇到另一位作家，羞愧地谈及往事，谁知这位作家惊呼：你的反应如此迅捷、思维如此敏锐、编造故事的能力如此强盛，这些正是成为作家的天赋啊！

不同的两位作家，从不同的方面给予了截然相反的两种评价。学生听后，不禁茫然。

每个人对一个事物都有一个主观的看法和评价，一味在意别人的看法，你将找不到属于自己的路。

美国职业足球教练文斯·伦巴迪当年曾被批评“对足球只懂皮毛，缺乏斗志”。贝多芬学拉小提琴时，技术并不高明，他宁可拉他自己作的曲子，也不肯做技巧上的改善，他的老师说他绝不是个当作曲家的材料。但他们都勇于走自己的路，不被别人的意见和评论所左右，最后取得了举世瞩目的成绩。

蒙提·罗伯茨在圣司多罗有个牧马场，他在一次活动的致辞里提到这个故事：初中时，有一次老师叫全班同学写作文。那一晚，一个小男孩费了很大的

心血把作文写成了，他描述他的宏伟志向，那就是拥有一个属于自己的牧场。他仔细地画了一张200亩牧场的设计图，上面标有马厩和跑道的位置，在这一大片农场中央还要建一栋占地400平方米的豪宅。

两天后他拿回了作文，看到第一页上打了个又红又大的“F”，小男孩下课后带着作文去找老师：“为什么给我不及格？”老师回答说：“你小小年纪，不要老做白日梦。你没有钱，没有家庭背景，什么都没有，你别太好高骛远了。”他接着说：“如果你肯重写一个不怎么离谱的志愿，我会重新给你打分。”小男孩回家反复思考了很久，然后征询父亲的意见。父亲对他说：“儿子，这是非常重要的决定，你必须自己拿主意。”经过再三考虑，这个男孩决定原样交回。他告诉老师：“即使拿个大红字，我也不愿意放弃梦想。”

“我讲这个故事，是因为各位现在就在这200亩农场及占地400平方米的豪宅，那份初中时写的作文我至今还保留着。”罗伯茨对大家说：“有意思的是，两年前的夏天那位老师带了30个学生来到我的农场露营一星期，离开之前，他对我说：‘蒙提，说来有些惭愧，你读初中时我曾泼你冷水，幸亏你有这样的毅力坚持自己的梦想。”

每个人都有自己的特点和优势，别人对你的简单评价，不足以反映你的真实情况。做人要有自己的主见，还要有充分的自信，相信自己的判断力，不要轻易地听从他人的意见，而改变自己的主张。每个人的使命终究还要靠自己来完成，你人生的目标，是独一无二的，专属于你自己的。它神秘而又绚烂，值得你用一生去追求。

人要从没路的地方走出一条路来，不要泯灭了自己的个性，一味地模仿别人。那样只会迷失自我，连自己的命运自己都把握不了。“走自己的路，让人们去说吧！”我们对但丁的这句名言并不陌生。可是，我们在生活中是否信奉它，实践它呢?

要知道，在这个世界上，生活着60亿各自具有不同特质的人，在他们各自的生活轨迹中，至少也存有上亿种成功模式。当我们每一个人特定的优势与劣势、需要与理想是如此的与众不同时，怎么可能存在有一种放之四海而皆准的成功模式呢？

心理学启示

人生只属于自己，一味遵循他人的思想，不敢面对真理是懦弱的表现，这样的人生是悲哀的。我们应该成为主宰自己命运的人，走自己的路，走出自己的风格，走出自己的个性，我们的人生才会是独特的，才会是精彩的。

如同我们每一个人有不同的生活轨迹一样，每一个人对成功的定义也是截然不同的。成功的定义并不取决于你渴望的目标，而是取决于你达到目标后的满意程度。也就是说，每一个人都应该有自己的人生，有自己的成功之路，在这条成功之路上，都应该有属于自己的成功底牌，打拼出自己不一样的人生。

过度自怜催化失败

自怜是让人上瘾的麻醉剂。在现实生活中，大多数人都喜欢自怜，尤其喜欢抱怨，而抱怨的对象总是脱离了自己，要么是怨天，要么就是怨他人。当“我是该有多么可怜啊”这个意识弥漫于全身，宣泄出内心的烦闷，每个人都会感到奇妙的感觉。有时候，我们总是患得患失，所以常常会滋生自怜的心态，从心理学上学，这是一种病态心理。如果在日常生活中遭遇了挫折与困难，自己越是痛苦，他就越是自怜。或者，在某种程度上说，自怜是一种自我保护，但是，过度的自怜会令我们迷失自我，在极力想包裹自己的同时，我们也被苦难所吞噬了。

女儿总是向父亲抱怨自己的生活，抱怨每件事都是那么艰难，自己快活不下去了。父亲没有言语，只是把女儿带进了厨房，他先烧开三锅水，然后往一只锅里放胡萝卜，在第二只锅里放鸡蛋，在最后一只锅里放咖啡豆。然后，父亲将食物浸入开水煮，大约20分钟之后，父亲把火关了，分别将胡萝卜、鸡蛋、咖啡豆

舀出来。这时，他才转过身问女儿："孩子，你看见什么了？"女儿回答："胡萝卜、鸡蛋、咖啡。"父亲让女儿打破了鸡蛋，将蛋壳剥掉，最后，让女儿喝了咖啡，女儿笑了，她小声问道："父亲，这意味着什么？"父亲解释说："这三样东西面临同样的逆境——煮沸的开水，但它们反应却各不相同。胡萝卜入锅之前是强壮的，毫不示弱；但进入开水之后，它变软了，变弱了；鸡蛋原来是易碎的，但是经开水一煮，它的内脏变硬了；而咖啡豆是粉状的，进入沸水之后，它们改变了水。"父亲停顿了一下，问女儿："哪个是你呢？当逆境找上门来时，你该如何反应？你是胡萝卜，是鸡蛋，还是咖啡豆？"

在挫折面前，不同的人，他们的反应也是各不相同的。自怜的人总是害怕自己受到伤害，不敢直面挫折，他们就像那煮烂的胡萝卜一样，即使外表坚强，但内心却因为太自怜而最终走向了自灭之路。自怜是我们克服挫折或逆境过程中的绊脚石，它使我们的心理承受能力变得很差，还没有正面迎接挑战，它就已经宣告了"自己是个弱者"。因此，三毛曾说："我是个自爱但不自怜的人。"大多数自怜的人，最后会作茧自缚。

在人生道路上，不可能总是一帆风顺，挫折与困难是在所难免的。可是，我们绝不能承认自己是个自怜者而选择退缩，而应该理智地面对它，冷静地找到战胜它的办法。自怜者面对突如其来的挫折会选择后退，或者是消极抵抗，只有那些勇于挑战的人，才能够采取积极的态度来面对挫折，最后战胜挫折。

当一个人没有足够的勇气和信心，总是自怜自艾，做什么事情都畏首畏尾，患得患失，害怕自己在挫折与困难中受到伤害，那么他就永远不会成功。罗斯福曾这样说："我们唯一值得恐惧的就是恐惧本身，那会让我们莫名其妙地胆怯，会让我们为前进所付出的努力付诸东流。"

心理学启示

著名心理学家阿尔弗雷德·阿德勒这样告诉学子："所有人生的失败者、罪犯、吸毒者、自杀者、堕落者等，他们之所以失败，都是他们缺乏归属感和社会生活兴趣，从而对生活产生强烈的沮丧情绪。"而自怜，对修复破碎的自我毫无益处，一味的沮丧往往会带来更残酷的现实，自怜往往会使现实向不利的方向发展。有时候，大多数的病痛源于自怜，正所谓"病由心生"，自怜成为了病痛的催化剂，愈发严重的病痛愈发加剧自怜，自怜的加剧再诱发更深层次的病痛，这就好像麻醉剂止痛一样，最后只能深陷其中而无法自拔。

在困难中发掘机遇

爱默生曾说："困难，是动摇者和懦夫掉队回头的便桥，但也是勇敢者前进的踏脚石。"当困难来临，事实已经无法改变，这时候最重要的是以积极的心态面对，忍耐困难，学会在困难中发掘机遇。罗斯福在参选总统之前被诊断出患了"腿部麻痹症"，医生对他说："你可能会丧失行走的能力。"罗斯福并没有被吓倒，反而微笑着说："我还要走路，而且我还要走进白宫。"机遇永远留给那些有准备的人，他不但走进了白宫，而且成为了美国历史上唯一一位连任四届的总统。有时候，我们总是羡慕那些机遇好的人，但是，别人的机遇难道全部是运气带来的吗？恐怕并不是这样，有多少困难，有多大的忍耐力，就会收获多少丰硕的果实。

有一天，一头驴不小心掉进了一口枯井里，农夫绞尽脑汁想办法要救出它，但是，几个小时过去了，那头驴还在枯井里痛苦地哀嚎着。最后，农夫决定放弃，心想，这头驴反正年纪也大了，不值得大费周章去把它救出来，但是，无论如何，要将这口枯井填起来，以免其他动物掉进去。于是，农夫请来了左邻右舍，大家一起帮忙将枯井填满，同时，也好免去驴的痛苦。农夫和邻

居们手拿铲子，开始将泥土铲进枯井中，当那头驴了解到自己的处境时，眼里满是绝望，忍不住流下眼泪，并不断在枯井里发出痛苦的嘶叫声。但是，出乎意料的是，没过多久，这头驴就安静了下来，农夫好奇地探头往井底一看，出现在他眼前的景象令他大吃一惊：当铲进枯井里的泥土落在驴身上的时候，它将泥土抖落在一旁，然后站到铲进的泥土堆上面。那头驴将大家铲进倒在身上的泥土全部抖落在井底，然后再站上去，很快，那头驴便出现在人们的眼前，大家都惊讶地捂住自己的嘴巴。

扭转困难局面的关键点往往隐藏在我们没有注意的地方，假如我们能发现它、抓住它、利用它，那么，我们将有机会摆脱困境，获得成功。面对困难，智者眼里往往看到的是一个潜在的机遇，而愚者却对此无动于衷。成功的人士从来不怕困难，面对困难，他们就像猎豹一般默默潜伏、时刻准备着，伺机等待机遇，重拾成功。人生就是这样，越是在困难的时候，才越是要抓住促进发展的绝佳时机，因为困难与机遇本是同在的。

格哈德·施罗德出生在一个工人家庭，小时候，父亲在远征苏联的战争中牺牲，施罗德兄妹五人与母亲相依为命。有一段时间里，他们住在一个临时搭建的收容所里，尽管母亲每天工作长达14个小时，但仍然不能满足家里的开支。年仅6岁的施罗德总是安慰母亲：“别着急，妈妈，总有一天我会开着奔驰来接你的。”

逐渐长大的施罗德进了一家瓷器店当学徒，后来又在一家零售店当学徒，在1963年施罗德加入了民主党。在之后的10年里，他读完了夜校和中学，后来到格丁根上夜大攻读法律。大学毕业后，他获得了律师资格，成为了一名律师，不久之后，他当选为社民党格丁根地区青年社会主义者联合会主席。在以后的日子里，施罗德一直活跃于德国政坛，46岁那年，施罗德再次竞选成功，成为萨克森州州长，就是在这一年，施罗德实现了儿时的愿望，开着银灰色奔驰轿车将母亲接走了。也许，是儿时的苦难记忆使施罗德在人生的道路上丝毫不敢懈怠，8年之后，施罗德一举击败连续执政16年之久的科尔，当选为德国新总理。

童年时期的施罗德曾在杂货铺里当学徒，那时他常说的一句话是："我一定要从这里走出去！"他成功了，而且，比自己想象中走得更远。即使，在成功的路上伴随着困难，但是，施罗德从来没有把困难当成一回事，儿时的记忆让他明白：自己必须牢牢抓住隐藏在困难中的机遇，不断地向前行。

有人曾说："要么你去驾驭生命，要么是生命驾驭你，你的心态决定谁是坐骑，谁是骑师。"有一位农夫，由于勤劳发奋，善于经营，没过几年就成了远近闻名的养牛专业户，但是，突如其来的一场大火导致整个牛棚葬身火海，农夫一下子陷入了困境，但悲痛之余他并没有放弃，他到处筹集资金买了两头奶牛，不断地繁衍，仅仅用了几年的时间，他的奶业公司又发展了起来。孟子说："天将降大任于斯人也，必先苦其心志，劳其筋骨，饿其体肤，空乏其身，行拂乱其所为，所以动心忍性，曾益其所不能。"风雨之后，必是一道美丽的彩虹。

心理学启示

席勒曾说："任何一个苦难与问题的背后，都有一个更大的祝福。"其实，伴随着困难的除了祝福，还隐藏着无限的机遇。在我们的人生道路上，会遇到许多困难，如果缺乏自信，会使畏惧之心蔓延开来，不仅抓不住机遇，反而会被困难吞噬。生活是一道选择题，当你选择了忍耐，机遇就有可能会降临；但是，当你选择了放弃，机遇将永远放弃你。没有经过困难的磨练，就不会有未来的璀璨与辉煌。在通往成功的路上，有荆棘，有鲜花，荆棘代表着困难，鲜花预示着机遇，只要你踏过了荆棘地，就会到达美丽的玫瑰园。

警惕自己的下坡行为

在物理学上，上坡需要消耗一定的能量，上升到一定的高度，蓄积一定的势能，但是，势能一旦释放就会转变成动能，成为下坡的动力，这就是我们常说的“下坡容易上坡难”。其实，人生也有上坡与下坡，上坡可以比喻成为“学好的过程”，下坡则比喻为“学坏的过程”，而最终形成的规律就是“学坏容易学好难”。俗话说：“学好千日不足，学坏一日有余。”坏习惯、自由散漫一学就会，而严守纪律、严格约束自己则要困难得多，这个规律就被称为“下坡容易定律”。对此，通过这个定律，我们知道：如果要想成为一个有用的人，要想有所作为，就一定要严格要求自己，付出艰辛的努力；假如我们习惯于贪图享乐，就很容易使自己变得懒散堕落，最终一事无成，甚至有可能会步入歧途。

贝利在小时候参加了一次激烈的足球赛，比赛结束之后，贝利累得喘不过气来。休息的时候，贝利向小伙伴要了一支烟，他得意地从嘴里吐出一缕缕淡淡的烟雾，贝利有点陶醉，似乎刚才的疲劳也随之消失了。然而，这一切被父亲全看见了，父亲的眉头皱得很紧，晚上，父亲问贝利：“你今天抽烟了？”贝利意识到自己做错了事情，低声回答：“抽了。”不过，父亲并没有发火，他在屋里走了好半天，才平静地对贝利说：“孩子，你踢球有几分天资，也许将来会有出息，可惜，你现在要抽烟，会损坏身体，使你在比赛时发挥不出应有的水平。”小贝利涨红了脸，头更低了，父亲接着说：“作为父亲，我有责任教育你向好的方面努力，也有责任制止你的不良行为，但是，是向好的方向努力，还是向坏的方向滑去，你自己才能做决定，我只想问问你，你是愿意抽烟呢？还是愿意做个有出息的运动员呢？孩子，你该懂事了，自己选择吧！”说着，父亲掏出一沓钞票，递给贝利，说道：“如果你不愿意做个有出息的运动员，执意要抽烟的话，这点钱作为你抽烟的钱吧！”说完，父亲就走了出去。贝利望着父亲远去的背影，回味着父亲恳切的话语，他难过地哭了，突然，贝利拿起桌上的钱还给了父亲，坚决地说："爸爸，我再也不抽烟了，我一定要做个有出息的运动员。"

贝利开始走向上坡路，通过刻苦训练，贝利的球艺突飞猛进，15岁参加桑托斯职业足球队，16岁进入巴西国家队，被人们称为"黑珍珠"。

在生活中，我们要经常检查自己，督促自己，克服自己的不良习惯，严格要求自己，不断地完善自我，最终成就自我。在人生的道路上，我们会面对各种不同的挑战，但是，我们最大的敌人并不是别人，而是自己，我们更要勇于挑战自我。一旦察觉自己有了走下坡路的趋势，就要及时刹车，努力克服坏习惯，这样我们才有足够的能量踏上"上坡路"。

对于约翰尼·卡特来说，自己的梦想实现了，但是，人生的挑战还没有结束，在几年的巡回演出过程中，卡特的身体被拖垮了。每天晚上，卡特都需要借助安眠药才能入睡，而且，还需要服用"兴奋剂"来维持第二天的精神状态。逐渐地，卡特沾染上了坏习惯，酗酒、服用催眠镇静药和刺激兴奋药物，坏习惯越来越严重，导致他对自己失去了控制能力，在以后的日子里，他不是在舞台上就是在监狱里。有一次，卡特从一所监狱刑满出狱的时候，一位行政司法长官对他说："约翰尼·卡特，今天我要把你的钱和麻醉药还给你，因为你比别人更明白你能充分自由地选择自己想干的事，这就是你的钱和麻醉药，你可以把这些药片扔掉，否则，你就去麻醉自己，毁灭自己，你自己做出选择吧！"卡特一瞬间醒悟了，他选择了生活，他找到了私人医生，痛下决心戒掉坏习惯，医生不太相信他："戒毒瘾比找上帝还难。"卡特相信"一定能找到上帝"，他开始了漫长的戒毒之路，卡特将自己锁在卧室闭门不出，忍受着巨大的痛苦。当时，在卡特面前的有麻醉药的引诱，有奋斗目标的呼唤，卡特选择了奋斗，漫长的9个星期过去了，卡特回归了久违的生活。重返舞台，成为了一名著名的灵魂歌手。

一个人要想征服世界，首先要战胜自己。在日常生活中，我们很容易就会陷入自我的泥潭而无法自拔，沾染上一些坏习惯，整个人变得颓废不堪。学坏总是非常容易，而要想学好却是困难重重，为了避免自己一不小心走

“下坡路”，我们应该时刻警醒自己的行为，努力走向上坡，然后才能欣赏别样的风景。

心理学启示

下坡容易定律告诉我们：当自己没有了约束，那么你就会不断地放纵自己，直到毁灭的那一天。生活对于我们而言，每天都充斥着未知的诱惑，可能是金钱与地位，可能是享乐与欲望，但是，当你开始深陷其中的时候，是否察觉到人生已经开始走下坡路了呢？哲人说：“贪图享乐是厄运的源头，克制好自己的欲望，做好自己的事情，才能平平安安地度过自己的人生之旅。”随时警惕自己的行为，不要让自己踏上贪图享乐之路，无论是欲成大事者，还是一个普通的人，我们都应该学会自制。

逆境中坚定地走下去

所罗门把一个小女孩带到稻田，跟她说：“你不是想要一件贵重的礼物吗？我可以赏给你，但你要替我做一件事情：把这片稻田里最大的稻穗选出来，拿给我。”小女孩高兴地答应了，所罗门接着说：“但是，我有一个条件，你在经过稻田时，要一直向前走，不允许停下来，也不能退回来，更不能左右转弯，你要记住，我给你的礼物，是与你选择的稻穗大小成正比的。”结果，这个小女孩从稻田里走出来时，什么礼物也没有得到，因为她在一路上总是嫌所看见的稻穗都太小了。

当我们总是眼高手低的时候，最后的结果将是一无所获。蘑菇生长在阴暗角落，由于得不到阳光又没有肥料，常常面临着自生自灭的状况，只有当它们长到足够高、足够壮的时候，才被人们所关注，事实上，这时它们已经能够独自接受阳光雨露了。这就是心理学上著名的“蘑菇定律”。最初蘑菇定律是由一批年轻电脑程序员总结出来的，通过蘑菇的生长历程，他们联想到了人所必须经历的历程。我们刚开始进入社会的时候，像蘑菇一样不受重视，只能替人打杂跑腿，接受无端的批评、指责，得不到提携，处于自生自灭的过程中。蘑菇生长必须经历这样的一个过程，而同样的道理，我们每一个人的成长也需要这样一个过程。

卡莉·费奥瑞娜从斯坦福大学法学院毕业以后，她所做的第一份工作是一家地产公司的电话接线员。费奥瑞娜每天的工作就是打字、复印、收发文件、整理文件等杂活，父母与亲戚对费奥瑞娜的工作感到很不满意，认为一个斯坦福大学的毕业生不应该做这些杂活。但是，费奥瑞娜却没有任何怨言，她继续努力一边工作，一边学习。有一天，公司的经纪人向费奥瑞娜问道："你能否帮忙写点文稿？"卡莉·费奥瑞娜点了点头，凭着这次撰写文稿的机会，她展露了自己卓越的才华。在以后的日子里，卡莉·费奥瑞娜不断向前发展，后来成为了惠普公司的CEO。

卡莉·费奥瑞娜的成功案例成为学子的案头必备，我们任何一个人在成长的过程中，都将注定经历不同的苦难、荆棘，那些被困难、挫折击倒的人，他们必须忍受生活的平庸；而那些战胜苦难、挫折的人，他们能够突出重围，赢得成功。亚伯拉罕·林肯在一次竞选参议员失败后这样说道："此路艰辛而泥泞，我一只脚滑了一下，另一只脚也因而站不稳；但我缓口气，告诉自己'这不过是滑一跤，并不是死去而爬不起来'。"一个人克服一点儿困难也许并不困难，难得的是能够持之以恒地做下去，直到最后的成功，在人生的逆境中坚定地走下去。

1832年，亚伯拉罕·林肯失业了，这令他感到很难过，他下定决心要成为政治家，去当一名州议员。但是，糟糕的是，他在竞选中失败了，在短短的一年里，林肯遭受了两次打击，对他而言无疑是痛苦的。接着，林肯开始自己创业，当即开办了一家企业，可是还不到一年，这家企业就倒闭了，在这之后的17年里，林肯都在为偿还企业欠下的债务而奔波劳累。不久之后，林肯又一次参加竞选州议员，这次他成功了，在林肯内心深处有了一线希望，他认为自己的生活有了转机，心想："可能我就可以成功了。"

然而，人生的逆境好像永远没有结束的那一天。1835年，亚伯拉罕·林肯与漂亮的未婚妻订婚了，但离结婚的日子还差几个月的时候，未婚妻却不幸去世，林肯心力交瘁，几个月卧床不起，没过多久，他就患上了精神衰弱症。1838年，林肯觉得自己身体好了些，他决定竞选州议会议长，但是，在这次竞选中他又失败了。再接再厉的精神鼓舞着林肯，1843年，林肯参加竞选美国国会议员，这次他所面临的依旧是失败。但是，林肯却一直没有放弃，他并没有说："要是失败会怎样？"1846年，林肯参加竞选国会议员，这次他终于当选了，可是两年任期过去，林肯面临着又一次落选。不过，林肯并没有服输，1854年，他竞选参议员，失败了。两年之后他竞选美国副总统提名，却被对手打败，两年之后他再一次参加竞选，还是失败了。多次的失败并没有让林肯放弃自己的追求，1860年，亚伯拉罕·林肯当选为美国总统。

当我们不幸被看成"蘑菇"的时候，如果只是一味地强调自己是"灵芝"并没有任何作用，对于我们而言，利用环境尽快成长才是最重要的。当自己真的从"蘑菇堆"里脱颖而出的时候，我们的价值就会被人们所认可。虽然，蘑菇的成长经历给我们带来了压力和痛苦，但是，这些难忘的经历却有可能让我们赢得成功。哈佛大学的荣誉博士J.K. 罗琳就是最典型的例子，她是一位中年女性，在事业最黯淡的时候，她开始拿笔写作，结果，她写出了享誉世界的《哈里·波特》。

心理学启示

在人生中总会有种种的不如意，但是，一个意志坚强的人能够将逆境变为顺境，在挫折中寻找转机，他们在逆境中坚定地走了下去，最后获得了成功。相反，有的人缺少生活的历练，一旦遭遇挫折或身陷逆境，就会丧失信心，最终输给了自己。每个人都渴望生活如鱼得水，都希望事业获得成功，但是，上帝不会把这些白白赠予你，只有不畏惧蘑菇的经历，那么成功才会是属于你的。蘑菇的经历是成功必须经历的一步，只有那些能够忍受一切的人才能得到阳光普照的机会。

让失败成为财富

爱默生曾说："每一种挫折或不利的突变，都是带着同样或较大的有利的种子。"在失败的背后，往往隐藏着宝贵的经验与信念，事实上，失败是一笔不可缺少的财富。我们在遭遇挫折、面临失败的时候，都会产生一定程度的负面情绪，如果自己长期深陷其中而不能自拔，失败就会成为你的代名词。美国著名心理学家贝弗利·波特认为，当一个人在工作中的失败感大于他所取得的成就感时，就很有可能对自己的工作失去热情，而当这种失败感以一定的频率固定出现的时候，他就很容易对自己的工作产生倦怠。面对失败，我们需要做的并不是自甘堕落，自暴自弃，而是不断积累失败的经验，让失败成为一笔财富。

莎士比亚曾说："逆境使人奋进，苦尽才能甘来。"在人生道路上，成功没有巅峰，追求没有止境，短暂的荣誉往往会束缚着人们前进的手脚，一时的辉煌往往会消减人们的斗志。而失败，让人痛心更催人奋进，既让人难堪更让人坚定，让人们在放弃时能鼓足勇气，想逃避时拾起自尊。失败是成功的前奏，失败是一笔财富，失败能够使人不断地反省自己，在逆境中奋进，在低谷中抓住机遇，不断冒险与尝试，最后采摘成功的果实。

和田一夫21岁那年，自己经营的位于日本静冈县热海家的蔬菜水果店被一场大火烧毁，他几乎失去了所有，但是，失败并没有让他放弃希望，他将烧成平地的100平方米土地拿去做抵押，借钱买了块300平方米的土地盖了一个超级市场，开创了日本八百伴。超级市场在和田一夫的经营下，发展越来越好，这时，和田一夫想带着自己的超级市场进军亚洲，而新加坡成为了进入亚洲的起点。

1972年，和田一夫和日本野村证券公司第一次考察新加坡市场，然而，在新加坡，他碰到了两件令自己苦恼的事情：一是新加坡租金太贵，完全超出了自己的预算；二是在新加坡期间，和田一夫无意中听到一位的士司机告诉他一段日本残害新加坡的国仇家史。对此，和田一夫说：“对日本百货公司来说，70年代是一个必须面对历史的时代。”回到日本后，和田一夫告诉了董事们这两件事，结果董事们纷纷表示反对投资新加坡。但是，和田一夫明白“零售业成功的因素是要消费者口袋里装着钞票”，于是，在70年代初期，和田一夫在新加坡开辟了第一个亚洲市场。1976年，受世界石油危机的冲击，巴西八百伴被迫关门。通过这次教训，和田一夫领悟到：“不该死守一个地方，要大胆调动资金，分散资产。”紧接着，八百伴从东南亚“流通”到了台湾、香港、中国。80年代末期至90年代初期，整个亚洲经济处于全盛时期，和田一夫的八百伴集团在16个国家拥有了400多间百货公司，八百伴集团坐上了世界零售业第一把交椅。

1997年，和田一夫在日本负责掌管日本八百伴公司的弟弟，因被指控欺骗日本财政部而被法庭判定有罪，当时也判定和田一夫结束所有海外企业，回日本受审。当时，日本媒体称和田一夫将资金调动到中国，拖累了日本八百伴。顿时，一夜之间，和田一夫变成了一个连累八百伴股东和员工的罪人。这时，和田一夫做出了决定，宣布“自我破产”，交出所有财物，向企业界告别，搬到一个租来的房子去住。

如今，和田一夫成立了“和田一夫企业咨询公司”，他的日常工作就是用电脑给许多企业家回答问题，为企业团体做演讲。同时，他以探讨自己的失败撰写了《从零开始的经营学》，这本书已成为了日本经典著作之一。对此，和田一夫这样说：“失败是我的财富，我想将这个企业咨询网络像当年八百伴一样伸展到亚洲，甚至全世界。”

杰出的音乐家贝多芬在与外界声音隔绝之后，坚持音乐创作并获得了巨大的成功；只受过三年正规教育，被老师认定是一个智力迟钝的学生——爱迪生，在经过不懈的努力之后，成为了最伟大的发明家之一。失败并不可怕，只要你在失败中不断地积累经验，终究能将失败变成财富。其实，遭受失败并不可怕，关键是用积极的心态来面对。只要我们能改变心态，把每一次的失败都当作考验自己的机会，把它当作超越自己的一次机遇，那么，我们就不会沉浸在痛苦里，甚至感谢失败让我们看清了真相，获得了经验。失败会让人变得成熟，它是人生的一笔宝贵财富。

心理学启示

日本著名实业家原安三朗曾说：“年轻时赚一百万的经验，并不能成为将来赚十亿元的经验，但损失一百万的经验，倒可以培养赚十亿元的经验，逆境是锻炼人才最好的机会。”一个不能认识和接受失败的人，也无法看清楚成功的本质，从失败的教训中学到的东西，往往比在成功中学到的还要深刻。成功，总是在经历多次失败之后才姗姗来迟，正确面对失败，才是走向成功的重要素质和能力。

内心的畏惧让容易克服的挫折加大

《哈里·波特》的作者J·K·罗琳在接受哈佛大学荣誉博士学位的演讲时说：“人们有一个共识，那就是人可以从挫折中变得聪明强大，这句话意味着人从此对自己的生存能力有了更好的把握。如果没有苦难来考验你，那么你从来都不会真正懂得自己，懂得你处理各种关系的力量有多大。”面对挫折，不同的人有不同的感受：意志坚强的人越是遭受挫折的打击，表现得越坚强；而内心总是充满畏惧的人，在遭受挫折的打击后，表现得越来越怯懦，似乎挫折变得越来越强大。有时候，挫折并没有加大，而是我们的心态变得畏惧了，那些内心畏惧者让那些容易克服的挫折变得强大起来。所以，为了战胜挫折，我们需要克服内心的畏惧，这样我们才能获得战胜挫折的力量。

有人说：“挫折是一条欺软怕硬的走狗，你越是畏惧它，它就越威吓你；你越不把它放在眼里，它越对你表示恭顺。”因此，面对挫折，强者容易变得坚强，而弱者容易变得更软弱。

从前，有两位商人，他们经过多年的经商获得成功，生活过得十分惬意舒适，但是，令人奇怪的是，他们从来不知道狗是长什么样子的。有一位商人胆子很小，有一天，他看到街上有人在卖狗，就跑去问："这小家伙挺可爱的，叫什么呀？"卖狗的人回答说："它就叫做'挫折'，你要买吗？"胆小的商人迫不及待地回答："要，要，要。"他当即付了钱，要求卖狗的人将"挫折"送到自己家里去。到了家里，卖狗的人就离开了，胆小的商人上前抚摸"挫折"，"挫折"马上凶狠狠地叫了一声："汪！"当即吓得胆小商人浑身发抖，商人以为是自己站得太高，令"挫折"感到不满意，于是，他伏下了身子爬到"挫折"面前，伸出手要抚摸它，没想到"挫折"一张嘴就咬断了商人的两根手指头，商人跑出了家门，漫山遍野地奔跑，而"挫折"就在后面紧紧地追赶着。突然，胆小商人一不小心摔进了河沟，"挫折"见状依然不依不饶地叫了几声才罢休，商人被救上来的时候，差点没了小命。

另一位商人在路上碰到了"挫折"，商人不知道这是什么动物，便小心翼翼地向前想抚摸"挫折"，可"挫折"凶狠地叫了一声："汪！"还要上前来撕咬他，勇敢的商人拿起自己的马鞭狠狠地抽了"挫折"几下，它就变得老实了，对商人服服帖帖。一天，两位商人同去庙里进香，告辞的时候，他们问老和尚："老师傅，拴在树边的那个小动物叫'挫折'，它到底是什么动物啊？"老和尚笑着回答："人的一生有很多的挫折，其实，挫折是一条狗！你要怕它，它就凶狠；你要不怕它，它就驯服！"

原来，挫折不过是一条狗，它欺软怕硬，你内心越是畏惧它，它就越发强大；相反，你越不把它放在眼里，它就越对你表示恭顺。在生活中，挫折只会对那些内心畏惧的人耀武扬威，因为面对内心畏惧的人，挫折会越来越强大，最终，内心畏惧者在挫折面前只有失败。

瑟曼是一名普通的学生，她从小就怕水，因此十分畏惧游泳课。每次，瑟曼看着在水中游泳的朋友们，心里就会涌上一种不舒服的感觉，面对朋友的邀请，瑟曼只能说："我怕水，所以不想下水。"朋友们笑着怂恿："不要因为怕水，你就永远不去游泳……"看着朋友们像海豚一样在水中自由地嬉戏，瑟曼很是羡慕，但是，她觉得自己还是不够勇敢。

一个月后，朋友邀请瑟曼去温泉度假中心，瑟曼终于鼓起了勇气下了水，但是，她还是不敢游到水深的地方。朋友鼓励她："试试看，让水汲过头顶，看会不会沉下去。"瑟曼大吃一惊："你说什么？"内心畏惧的瑟曼摇了摇头，朋友亲自做了一次示范，在朋友的坚持下，瑟曼小试了一下，她发现朋友说得没错，这真是一种奇妙的体验。朋友笑着说："看，你根本淹不死，为什么要害怕呢？"

尼采说："当我们勇敢的时候，我们并不如此想，我们一点也不认为自己是勇敢的。"有时候，内心畏惧是源于我们总是不断地逃避问题，那些怯弱而畏惧的人通常都是这样。其实，当我们试着去改变自己的内心，让自己内心变得强大起来的时候，我们会惊讶地发现，克服挫折不过如此，它容易得就像是跨过一道门槛。但是，如果总是任由内心畏惧而不去改变，那么，我们将失去许多成功的机会，因为幸运总是降临在那些有着强大内心、坚韧精神的人身上。

心理学启示

内心畏惧的人常常表现为害怕困难，意志薄弱，惧怕挫折，内心异常脆弱。遇到了挫折，总是习惯性退缩或者消极抵抗，不愿意冒险，惊慌失措而不知怎么办才好。其实，内心越是畏惧，挫折就会变得越是强大；而内心越是强大，挫折就会变得越不堪一击。我们要想成功地战胜挫折，就应该战胜自己内心的畏惧，让自己变得强大起来，挫折与困难也就会迎刃而解。

丢掉不切实际的坚持

爱默生说："宇宙万物中，没有一样东西像思想那样顽固。"假如我们总是以既定的思维做事，即使闯入了死胡同也要撞得头破血流，那么，最后我们将作茧自缚。一个人是否能够成功，关键在于自己的心态，认识自我，超越

自我，但是不能脱离实际，必须合情合理地来确定自己的人生目标。而一个人在面对困难时所坚持的信念，远比任何事情都重要，因为信念将决定命运。身处逆境，我们要懂得适时变通，既有坚持，也需要适时放弃，因为做事灵活、懂得变通的人，总是能够赢得最后的成功。在逆境中，不切实际的坚持是愚蠢的，这样只会使自己在逆境中僵持得更久。所以，面对逆境，我们要懂得适时的变通，丢掉不切实际的坚持。

美国威克教授曾经做过一个有趣的实验：他把一些蜜蜂和苍蝇同时放进了一只平放的玻璃瓶里，瓶底对着有光的地方，瓶口则对着暗处。结果，那些蜜蜂拼命地朝着有光亮的地方飞扑，最终因力气衰竭而死，而那些到处乱窜的苍蝇竟然溜出了瓶口。对此，威克教授告诉我们："在充满不确定的环境中，有时我们需要的不是朝着既定的方向执着努力，而是在随机应变中寻求生存的路，不是对规则的遵循，而是对规则的突破。我们不能否认执著对人生的推动作用，但我们也应该看到，在一个经常变化的世界里，变通的行为比有序的衰亡要好得多。"

只知道不切实际坚持的蜜蜂最终走向了死亡，而懂得变通的苍蝇却生存了下来。执著与变通是两种人生态度，我们不能简单地说谁比谁更适合自己，但是，单纯的执著与变通都是不完美的，只有将两者结合起来才能达到成功。执著的精神令人敬佩，它可以使我们永远地坚持下去，如果这条路是正确的，那自然是最完美的结局；但是，如果这条路根本就是一条死路，无谓的坚持只会断送自己的美好前程，不妨灵活变通，丢掉不切实际的坚持，变通将使我们受益匪浅。

莎士比亚曾说："别让你的思想变成你的囚徒。"当一个人的思想已经禁锢的时候，他已经无法为自己寻找一条生路了。要想获得成功，我们就必须懂得变通，故步自封或一成不变只会将我们推进无法回头的境地。好像一艘在大海里航行的船只，如果它想要行驶到自己的目的地，那么就应该懂得见风使舵。纵观世界万物，它们因为变通而赖以生存：为了适应大漠的风沙，仙人掌将叶子退化为刺；为了适应西北的狂风，胡杨扎根百米宽；为了适应海水的动荡，海带褪去了根须。

战国时期，有个秦国人名叫孙阳，他精通相马，无论什么样的马，孙阳都能一眼分出优劣，人们都称他为“伯乐”。在经过多年的相马以后，孙阳将自己积累的经验和知识整理成书，写成了《相马经》。孙阳的儿子看了父亲的《相马经》，就拿着这本书到处去寻找好马，按着书里记载的特征，他在野外发现了一只癞蛤蟆，儿子觉得这与父亲所描写的千里马的特征十分相似。于是，他兴奋地将癞蛤蟆带回家，对父亲说：“我找到了一匹千里马，只是马蹄短了些。”孙阳一看，没想到儿子如此愚蠢，悲伤地叹息：“所谓按图索骥也。”

“按图索骥”这个词语后来用以讽刺那些拘泥现状不懂得变通的人。大作家池田曾说：“权宜变通是成功的秘诀，一成不变是失败的伙伴。”在战胜逆境的过程中，最重要的事情就是要注意转弯。成功路上，需要我们坚持到底，但若是遇到了挫折与困难，懂得转弯和变通也同样重要，千万不能食古不化、固执己见，否则只会让自己离成功的目标越来越远。

威廉、约克和李维相约去美国淘金，当他们到达目的地以后，却发现比金子更多的是淘金者。面对这样的情况，威廉决定还是去淘金，始终过着劳苦而贫困的生活；约克发现了废弃在沙土中的银，开始了自己冶银的事业，很快就成为了当地的富翁；李维决定卖耐磨的帆布裤，加以改造，做成了牛仔裤，创立了世界名牌levi's。灵活的变通，让约克和李维都获得了成功，只有威廉坚持不切实际的想法，最后只能成为一事无成的人。

心理学启示

萧伯纳说：“明智的人使自己适应世界，而不明智的人只会坚持要世界适应自己。”懂得变通，实际上就是以变化自己为途径，虽然我们改变不了处境，但我们却可以改变自己；虽然改变不了过去，但我们却可以改变现在。在通往成功的路上，我们没有必要那么的执著，既然前面的路行不通，那就走路边的小径吧。变通并不是背叛“执著”，而是审时度势之后做出的正确选择。在前途茫然的时候，能够变通是一种理智；在误入歧途时，能够变通是一种智慧；在逆境中懂得变通，这是一种远离苦难的策略。

心理学与幸福人生

第12堂课　心理暗示的心理课

以情动人，更能打动他人

在日常交际的沟通过程中，情感是最能打动人心的，正所谓“欲晓之以理，必先动之以情”。通常情况下，人与人之间的交往都存在着一定的心理距离，这是由于每个人在内心深处建立了防范机制，这是一种潜意识里的自卫心理。在交际过程中，消除对方防范心理的最有效的方法就是以情动人，我们可以通过一些富有情感的话语传递给对方一定的心理暗示，让对方感到你是朋友而不是敌人，用情瓦解对方筑起来的“心理防线”，从而有效地影响对方心理。所以，在日常交际中，我们应该以情动人，让对方为自己“心动”，有效地影响对方心理。

罗斯福是美国第26任总统，生活中的他十分善于“以情动人”。有一次，仆人的太太问他：“鹌鹑长什么样子？”仆人太太从没有见过鹌鹑，于是，罗斯福总统详细地描述了一番。过了很长一段时间，罗斯福亲自打电话给仆人的太太说：“在你窗口外面恰巧有一只鹌鹑，你现在往外看，可能还看得到。”每一次，他经过仆人的小屋，就算是看不到人，也会轻声地叫出：“呜，呜，呜，安妮！”或“咆，咆，詹姆斯！”这是他路过时一种友善的招呼。

心理学家指出：“情感如同肥沃的土地，道理好比种子。没有情感的沃土，道理的种子再好，也发不了芽”。实际上，罗斯福总统之所以能成为美国最伟大的领导人之一，就在于他能够“动之以情”，无论是讲话还是作报告，

尽量使用朴实的语言，亲切入耳，用情感打动了美国民众的心。其实，在美国历史上，还有一位擅长“以情动人”的总统，他就是亚伯拉罕·林肯。

1858年，林肯在竞选美国上议院议员的时候，在伊利诺斯州南部进行演说。那时蓄养黑奴的恶霸们平时对废奴主义者就非常仇恨，但在演讲中，林肯说：“南伊里诺州的同乡们，肯特基的同乡们，听说在场的人群中有些人要和我作对，我实在不明白为什么要这样做，因为我也是一个和你们一样爽直的平民，那我为什么不能和你们一样有发表意见的权利呢？好朋友，我并不是来干涉你们的人，我也是你们中间的一人，我生于肯特基州，长于伊里诺州，和你们一样是从艰苦的环境中挣扎出来的，我认识南伊里诺州的人和肯特基州的人，也想认识密苏里的人，因为我是他们中的一个……”

动之以情，林肯的此次演讲获得了巨大的成功。即使听众里有着许多仇视自己、与自己作对的人，但林肯为语言注入了丰富的情感，不断地提到“我”与“你们”之间的关系，打动了听众，让那些曾经的敌对怒视都变成了喝彩。在需要说服他人的时候，更需要以情动人，否则，即使你说再多的道理，对方还是会不为所动。

在繁华的巴黎大街旁边，一位衣衫褴褛、头发斑白、双目失明的老人正在乞讨，在他旁边竖着一块牌子，上面写着“我什么也看不见”。虽然，来往巴黎大街的人很多，但是，看到这样的情景都无动于衷，人们在淡淡微笑之后就姗姗而去了。法国著名诗人让·彼浩勒看见了，拿起笔在牌子前面添上了几个字“春天到了，可是我什么也看不见”，换了牌子之后，给老人钱的人越来越多，老人脸上露出了笑容。为什么小小的几个字就产生如此大的作用呢？其实，这主要在于它有非常浓厚的感情色彩，春天美丽的景色对于双目失明的人来说只是一片漆黑，当人们想到这一点，怎么会不对他产生同情之心呢？足以见得，感情才是敲开人们心灵之门的金钥匙。

心理学启示

每个人都是有感情的，如果我们的言行能够做到“动之以情，晓之以理”，那就是最完美的沟通。在交际过程中，我们要注意观察他人的反应，学会从对方的反应中修正自己的言行，尽可能做到以情动人，这样才能真正地打动对方。假如我们总是想着自己，是无法打动对方的。所以，要想自己的言行能够打动对方，就需要往其中注入真诚，虚情假意或者花言巧语反而令对方厌恶。同时，处处为他人着想，站在对方的立场思考，这样的言行才具有情感，才能让对方为你心动。

利用比较心理，让对方感到满足

有一次，美国前总统罗斯福家中被盗，丢失了许多东西。一位朋友闻讯，忙写信安慰他，劝他不必太在意。罗斯福给朋友写了一封回信，信中写道：“亲爱的朋友，谢谢你来安慰我，我现在很平静，感谢生活。因为，第一，贼偷去的是我的东西，而没有伤害我的生命；第二，贼只偷去了我的部分东西，而不是全部；第三，最值得庆幸的是，做贼的是他，而不是我。”

当你置身于最糟糕的处境，需要想一想是否有比自己更糟糕的人。罗斯福以自己的故事向我们证明：任何事情都还不是最糟糕的。这是人们的一种比较心理，假如一个人在伤心时听说了一件更悲惨的事情，那么，他所有的悲伤都将消失，取而代之的将是比较满足的心态：看来我还不是最糟糕的那一位。比较心理是每个人都存在的一种心理，人们总是习惯于与他人比较，并从中寻求一种心理安慰。在日常交际中，当我们需要安慰对方或者鼓舞对方的时候，可以运用适当的比较心理，影响对方心理，暗示对方“你并不是最糟糕的”，从而让对方感到满足。

从前，有一个穷人与妻子，他们有六个孩子，孩子们各自都结婚了。一大家人共同生活在一间小木屋里，局促的居住条件让穷人感到活不下去了，他便找智者求救说：“我们全家这么多人，却只有一间小木屋，整天争吵不休，我的精神都快崩溃了，我的家简直就是地狱，再这样下去，我就要死了。”智者微笑着说：“你按我的话去做，情况就会变得好一些了。”穷人听了，喜不自胜，智者接着说：“我有让你解除困境的办法，你回家去，把你们家的一头奶牛、一只山羊和一群鸡带到屋里，与人一起生活。”听了智者的话，穷人大为震惊，但是，自己已经答应按照智者的话去做，只好依法而行。

可是，过了一天，穷人就满脸痛苦地找到智者说：“智者，你给我出的什么主意啊？事情比以前更糟糕，现在我家成了十足的地狱，我真的活不下去了，你得帮帮我。”智者平静地说：“好吧，你回去把那些鸡赶出房间就好了。”过了一天，穷人又来了，他仍然痛不欲生，他向智者哭诉说：“那只山羊撕碎了我房间里的一切东西，它让我的生活如同噩梦一般。”智者温和地说：“那你回去把山羊牵出屋就好了。”过了好几天，穷人又来了，他看上去还是很痛苦，他说：“那头奶牛把屋子当成了牛棚，请你想想，人怎么可以与牲畜同住在一起呢？”智者说：“完全正确，你赶快回家，把奶牛牵出屋去。”

过了半年，穷人找到了智者，他一路跑来，红光满面，难以抑制心中的兴奋，他拉住智者的手说：“谢谢你，智者，你把甜蜜的生活给了我，现在所有的动物都出去了，屋子显得那么安静、那么干净，你不知道，我是多么开心啊！”

一个人生活的幸福与否，从来没有一个恒定的标准。智者将甜蜜的生活还给了穷人，其高明在于通过让穷人体会前后的比较，影响穷人心理，从而让穷人感到满足。最后，让穷人明白：自己的处境虽然很糟糕，但还不是最糟糕的时候，还没有到绝望的时候，自己需要做的就是调整心态，鼓起生活的信心。其实，智者并没有改变穷人的生活处境，不过是巧妙地利用比较心理，让穷人重新调整了心态，懂得了知足常乐。

20世纪60年代，美国通用电气公司有一位年轻的工程师，他接手了一项新塑料的研究工作。有一天，实验的研究设备突然爆炸了，三千多万美元的设备与厂房一下子化为乌有，年轻工程师沮丧地接受公司高层的调查，然而，他没有想到，高层问的第一个问题就是："我们从中得到了什么？"年轻工程师回答："我们的这个试验行不通。"高层笑着回答："这就好，实验室废掉了虽然可惜，但是，比起我们获得的经验，这样的损失是值得的。"听了高层的话，年轻工程师不再沮丧，他开始尝试另外一种方法，后来，在他所在的领域里获得了巨大的成就，他就是被誉为世界第一CEO的杰克·韦尔奇。

我们常说"塞翁失马，焉知非福"，这与比较心理有异曲同工之妙。当对方处于糟糕的处境或者遭遇了失败与挫折的时候，我们应该暗示对方以另外一种方式去思考，那么，他就会得出不一样的结论。当对方觉得目前的处境是最糟糕的，那么，我们可以说出更糟糕的处境，并与之形成对比，在对方心理上形成比较，自然他就受到鼓舞，并满足于现在的生活。

心理学启示

在心理学上有一种"言语暗示"，心理学家认为：如果一个人被别人当作病人，在这一看法的"暗示"下，他真的有可能会生病。那么，同样的道理，当我们在安慰或鼓励他人的时候，如果能给予对方心灵补偿，就有可能促使对方向好的方向转化。有人对生病的朋友这样说道："你的危险期已经过去了，以后，你就多了一种免疫功能，比起我们，你增加了一重屏障，你应该为此而感到幸运。"通过言语，在健康人与病人的相比中形成了比较心理，让对方获得心理上的满足感，从此再也不为自己的病情而忧虑。

展现彼此相似点，换得关系友好

罗斯福总统拥有广博的知识，在他身上有个额外的特点，那就是和谁都关系友好，无论是初次见面的纽约政客还是能说会道的外交家，罗斯福好似与他们都有着共同的话题。对此，有人好奇地问道："你是如何做到这一点的？"罗斯福回答："我每次接见一位来访者，都会在之前的一个晚上阅读有关这位客人特别感兴趣的东西，以便找到令人感兴趣的话题。”罗斯福认为，当你利用与双方的相似点展开话题，这将给予对方一个积极的心理暗示：我与你的关系是友好的。其实，每个人都有一样的特点，他们对于与自己有着相似特点的人有种特殊的好感。所以，在交谈中，当我们利用相似点，暗示与对方的关系时，这一积极心理暗示将达到一定的效果，令对方倍感亲切，从而对你产生好感，而我们也达到了影响他人心理的目的。

在日常交际中，沟通成为了最主要的交际方式。那么，如何通过沟通来影响他人心理呢？巴甫洛夫认为：暗示是人类最简化、最典型的条件反射。假如我们在沟通中向对方传递友好的信息，就会激起对方说话的欲望，而彼此之间的相似点则可以成为最好的话题。由相似点而引起的话题将使对方产生浓厚的兴趣，从而在对方心里产生积极的影响：原来我们都是同样的人。这样一来，亲切感倍增，使沟通得以顺利进行下去。

为了获得价值9万美元的生意，“优美座位公司”的经理亚当森希望能够与伊斯曼交谈一次。但是，在这之前许多找伊斯曼谈生意的商人都败兴而归，这令亚当森感到有些沮丧。而且，秘书事先也发出了声明：“我知道您急于想得到这批订货，但我现在可以告诉您，如果您占用了伊斯曼先生5分钟以上的时间，您就完了。他是一个很严厉的大忙人，所以您进去后要快快地讲。”亚当森微笑着点头称是。

亚当森走进办公室，看见伊斯曼正埋头工作，于是静静地站在那里仔细地打量起这间办公室来。一会儿，伊斯曼抬起头来，问道：“先生有何见教？”刚开始亚当森没有谈生意，而是说：“伊斯曼先生，刚才我仔细地观察了您这间办公室。我本人长期从事室内的木工装修，但从来没见过装修得这么精致的办公室。” 伊期曼回答说：“哎呀！您提醒了我差不多忘记了的事情。这间办公室是我亲自设计的，当初刚建好的时候，我喜欢极了。但是后来一忙，一连几个星期我都没有机会仔细欣赏一下这个房间。”亚当森走到墙边，用手在木板上一擦，说：“我想这是英国橡木，是不是？意大利的橡木质地不是这样的。”“是的”，伊斯曼高兴地站起身来回答说：“那是从英国进口的橡木，是我的一位专门研究室内橡木的朋友专程去英国为我订的货。”伊斯曼心情极好，便带着亚当森仔细地参观起办公室来了，一边参观一边做详细的介绍。此时，亚当森微笑着聆听，他看到伊斯曼谈兴正浓，便好奇地询问起他的经历。伊斯曼便向他讲述了自己苦难的青少年时代的生活……亚当森由衷地赞扬他的功德心。结果，亚当森和伊斯曼谈了一个小时又一个小时，一直谈到中午。

刚进入伊斯曼的办公室，亚当森并没有急于谈论生意的事情，而是仔细观察伊斯曼的办公室，希望从中能够获得一些信息。果然，从观察中知道伊斯曼本身比较热衷于木工装修，或许伊斯曼本人对于自己办公室的木工装修颇为得意。在获得这样一些信息之后，亚当森率先提问，从伊斯曼的回答中证实了自己的猜测。于是，在那个愉快的上午，两个热衷于木工装修的人畅谈了起来，亚当森利用“相似点”向对方传递了友好信息，我们当然猜想得到最后的结果，亚当森获得了那笔价值9万美元的生意。

在沟通过程中，适当的提问会帮助我们找到共同的“相似点”。因为双方在交谈之前并没有太多的了解，我们所能获知的信息只不过是细枝末节，因此，提问可以帮助我们确认这些信息的真实性，判断对方是否与自己有着同样的兴趣与爱好。当然，提问也是需要讲究技巧的，为了避免尴尬情境的发生，我们应该把问题尽量掌握在自己比较擅长的范围之内，所问的问题尽量详细，然后再围绕“相似点”展开话题，暗示出自己与对方友好的关系。

心理学启示

大部分人对与自己有着相似特点的人都怀有一种好感，产生这种心理是必然的。如果我们想要获得某种帮助，或者希望与他人建立融洽的人际关系，这样一种心理暗示是必然的沟通手段。日常交际中，每个人对于他人总有一种戒备心理，彼此之间存在着一定的心理距离，在这样的情况下，将会为双方的沟通产生一定的阻碍。这时，如果我们能知道对方的兴趣爱好是书法，那么我们能够适时地附和“听说您是一位大书法家，跟你比起来，我只能算是个学生了”，如此一来就能有效缩短双方之间的心理距离，从而有效地影响他人心理。

多讲礼数，表达与对方的距离

美国心理学家莱欧·博格说：“保持良好关系的重要方法，乃是保持一个‘既能感受到对方的体温又不挨扎’的最佳距离。”莱欧·博格认为，人与人之间的交往需要坚持“豪猪法则”。在日常生活中，我们总是说“距离产生美”，不过，有人却说“亲密无间最美”，那么，我们该如何处理与他人之间的距离问题呢？德国哲学家叔本华曾讲述了这样一则寓言：“冬天来临的时候，山中一群豪猪开始感觉到寒冷，于是，为了取暖，它们互相靠拢，挤在一起，可是因为挤得太近，各自身上的刺互相刺扎，不得不离得更远。然而，离得太远，它们又开始感到寒冷，经过不断地试探，它们终于找到了一个不远不近的最佳距离。”人与人之间，是否也存在着这样的最佳距离呢？当我们需要与对方保持距离的时候，彬彬有礼的语言则成为了最好的“隔离墙”，它不断地向他人暗示“我们之间是有距离的”。

莱欧·博格做了这样一个实验：在一个刚刚开门的大阅览室里，当里面只有一位学生的时候，他就进去拿椅子坐在他或她的旁边。整个试验进行了一百多人次，结果证明，在一个只有两位学生的空旷的阅览室里，是没有一个人能够忍受一个陌生人紧挨着自己坐下的。当心理学家博格坐在他们身后，那些学生并不知道这是在做实验，大多数人很快就会默默地站起来走到较远的地方坐下，有人则干脆不礼貌地质问：“你想干什么？”

实验结束后，莱欧·博格表示，任何一个人都需要在自己的周围有自我的空间，当自我空间被他人触犯之后，常常会引起消极情绪的产生，所以，为了表示对他人人格和权利的尊重，不要亲密无间，而是留给他人一定的距离。

莱欧·博格借用了叔本华的这个寓言，提出了一个“豪猪法则”，事实上，人与人之间，所有的距离都源于心理距离，物理距离只不过是心理距离的外在表现而已。但是，在现实生活中，人们常常会忽略这个最佳距离，有的人总是想法设法以那样或这样的手段来拉近距离，肆无忌惮地将空间距离视为自己的掌控物。然而，过度的热情会给我们心理造成很大的压力，当自己无法喘息的时候，就会导致心灵窒息，使得彼此之间的交往变得疲惫不堪。而中国自古就是礼仪之邦，体面话、客气话一下子就会拉开彼此的距离，因此，当我们遇到太过热情的“朋友”，不妨以彬彬有礼相待，暗示与对方存在着一定的距离，使对方主动退却。

吉姆是一位十分帅气的男孩，他在一家美发店工作。由于长相出众，许多女孩子都慕名而来，成了他最忠实的顾客。可是，吉姆自己却吃了不少苦头，他是有女朋友的，但许多女顾客却屡屡“求爱”，甚至在深夜还会收到很多内容暧昧的短信，女朋友为了这件事已经与他冷战了很长一段时间了。为了与那些女顾客疏远距离，吉姆开始频繁地使用客气话“好的，非常谢谢您的惠顾，您慢走！”就连经常上门的老顾客也不会少讲一句客气话，这样的称呼让许多女顾客感觉不到亲切，甚至觉得吉姆的态度有些冷淡。于是，在每次做完头发之后，那些之前“示爱”的女顾客都很有礼貌地告别。过了一段时间，吉姆就再也没有收到过内容暧昧的短信，他和女朋友也和好如初了。

在交际中以彬彬有礼的姿态，可以为自己“赶走”一些不想交往的人。因为彬彬有礼的姿态会让对方感到生疏，从而感受到一种心理压力，最后，他会选择主动离开。如果你实在不想与对方继续交谈下去，那就以彬彬有礼相待，通过言行暗示对方“我不愿意与你继续谈下去”。

在某些时候，我们可以通过彬彬有礼来拒绝与别人的交往，故意拉开彼此的距离，影响对方心理，令对方主动退却。假如有朋友到家中做客，虽然自己与这位朋友关系一般，但这位朋友的过分热情着实让自己受不了。那么，不妨大方展现自己的彬彬有礼好了，不断地使用礼貌用语“你好，请问你想喝点什么”、“没关系，你自己忙自己的”、“你真客气”，唯恐对方不高兴，这样一来，朋友定会觉得如芒刺在背，坐立不安，甚至想逃离这个地方。其实，这就是彬彬有礼的效果，当我们不想与某人继续交谈下去，不妨以“彬彬有礼”的姿态来令对方自退。

心理学启示

彬彬有礼的言行实际上会给他人一种心理暗示：我与你是有一定的距离的，请不要靠近我，或者我不愿意与你继续交谈下去。我们都有着这样的经历，只有在面对陌生人的时候才会表现出彬彬有礼的姿态，而对于那些熟悉的朋友，我们会显得比较随意。沟通的目的在于增加彼此之间的兴趣，当我们想要减少这种热忱度，则需要在彼此之间建立一堵“墙”，拉开一段距离，而彬彬有礼恰好可以收到这样的效果。当对方明白你只是在简单敷衍的时候，他就会选择主动离开。

登门槛效应：稳步推进，更易达成共识

心理学家D.H.查尔迪尼代替某慈善机构做一次募捐活动，他对一些人说了一句话“哪怕一分钱也好”，对另外一些人却什么也没有说，结果前面那些人的募捐要远远高于另外一些人。心理学讲授认为，在通常情况下，人们都不愿意接受较高较难的要求，这主要是因为这很费时费力却又难以成功。相反，人们乐意接受一些微不足道的要求，因为很容易就完成了，在实现了较小的要求之后，人们才慢慢地接受较高较难的要求。这就是登门槛效应对人们心理的影响。登门槛效应，也称得寸进尺效应，是指一个人一旦接受了他人的一个微不足道的要求，为了避免认知上的不协调，或想给他人以前后一致的印象，就有可能接受更大的要求。这种现象就好像登门槛时需要一个台阶一个台阶地登，最后很容易就登到了高处。其实，每一个人都希望自己在他人面前保持形象一致，这是基于内心的心理需求，反之，他们不希望自己成为那种反复无常的人。由于这样的一种心理，我们巧妙地运用登门槛效应，稳步推进，最后与他人达成共识。

1966年，美国哈佛大学心理学教授弗里德曼与助手弗雷瑟做了这样一个现

场实验：实验者让助手到两个居民区劝人们在房前竖一块写有“小心驾驶”的大标语牌。在第一个居民区向人们直接提出这个要求，结果遭到很多居民的拒绝，接受的仅为被要求者的17%。在第二个居民区，先请求各居民在一份赞成安全行驶的请愿书上签字，这是很容易做到的小小要求，几乎所有的被要求者都照办了。几周后再向他们提出竖牌的要求，结果接受者竟占被要求者的55%。

同样都是竖牌的要求，却产生了截然不同的结果，为什么呢?

哈佛心理学教授弗里德曼说：“人们难以拒绝做到的或违反意愿的请求是很自然的，但是他一旦对某种小请求找不到拒绝的理由，就会增加同意这种要求的倾向。”当我们向对方提出一个较小的请求时，对方没有办法开口拒绝，否则，这就显得太不近人情了。于是，对方答应了这个请求，这就好像跨越了一道心理上的门槛，当我们又一次提出较高的请求时，由于这个要求与前面一个请求存在着继承的关系，对方就很容易地接受了。

1984年，东京国际马拉松邀请赛中，日本选手山田本一夺得了世界冠军，有记者问他是如何取胜的，他只说了一句：“我是用智慧战胜对手的。”当时，许多人都认为山田本一是故弄玄虚，因为智慧对马拉松来说并不会有什么帮助，大家觉得他的说法实在是有些勉强。

两年之后，意大利国际马拉松邀请赛在米兰举行，山田本一代表日本参加了此次比赛，并再次获得了世界冠军。比赛结束后，记者们又一次问到了如何获胜，山田本一依旧回答：“用智慧战胜对手。”这次，记者们并没有挖苦他，只是仍旧不明白他所谓的智慧是什么。直到十年之后，山田本一在自传中详细地回答了这个问题：“每次比赛前，我都会先把比赛的路线仔细地看一遍，并且把沿途比较醒目的标志记下来，比如第一个标志是银行，第二个标志是一棵大树，第三个标志是一座红房子……就这样一直记到赛程的终点。等到真正比赛时，我会奋力地向第一个目标冲刺，等到达第一个目标后，再用同样的速度跑向第二个目标。这样一来，不管多远的赛程，只要分解成几个小目标，就可以轻松地跑完全程了。”

山田本一用极其简单的道理解释了“登门槛效应”，任何目标的实现都是一个循序渐进的过程，不可能一蹴而就，它需要人们一步一个脚印，一步步实现每一个小目标，这是获得成功的关键。当我们想要说服对方的时候，不要指望一步就能成功，而是一步一步，稳步推进，这样更容易与对方达成共识。对一个推销员来说，当他可以令顾客打开门，跟顾客展开交谈，他已经取得了一个小小的进步，在这样的情况下，说服顾客看一看自己的产品，这又将是一次进步，最后，他再向顾客提出“购买产品”的要求，这会令顾客比较容易接受。

心理学启示

当我们要向对方提出一个比较大的要求时，可以先不直接提出，因为这个要求很容易被对方拒绝。在这时，我们可以先提出一个较小的要求，一旦被答应，再提出那个较大的要求，这时候才会有更大要求被接受的可能性。无论是求人办事还是说服对方，我们应该降低要求的门槛，令其产生登门槛效应，使对方欣然接受我们的请求，达成一定的共识。

权威效应：暗示对方认可你的想法

权威效应，有时候也被称为权威暗示效应，指如果一个人地位高、有威信，就会受人敬重，而他所说的话以及所做的事情就很容易引起别人重视，并让他们相信其正确性。正所谓“人微言轻，人贵言重”，通过权威效应，我们暗示给对方这样的信息：这可是权威人士的话语，绝对是不容置疑的。给予对方心理一定的压力，迫使其相信这是正确的，从而达到影响他人心理的目的。其实，权威效应之所以普遍存在，是基于两方面的原因：一方面在于满足了人们的崇拜心理，通常情况下，威信、权势对于人们来说是一种强大的吸引力，普遍存在的崇拜心理使得人们对那些权威人士所说的话深信不疑；另一方面，由于人们都有“安全心理”，他们认为权威人物才是正确的楷模，听从他们的言论会使自己更具有安全感，增加不会出错的“保险系数”。所以，在日常交际中，我们要善于利用权威效应，暗示对方认可自己的想法。

心理学教授向同学们介绍了一位特别来宾——“比尔博士”，教授告诉学生：“比尔博士是世界闻名的化学家，今天来这里是要做一个实验。”然后，比尔博士从皮包里拿出一个装有液体的玻璃瓶，告诉同学说：“这是我正在研究的一种物质，它的挥发性很强，当我拔出瓶塞，它马上就会挥发出来，但是，它完全无害，气味很小，当你们闻到气味时，请立即举手示意。”

说完之后，比尔博士就拿出了一个秒表，并拔出瓶塞。一会儿工夫，只见学生们从第一排到最后一排都依次举起了手。心理学教授告诉学生们：“好，同学们，实验到这里就结束了，但是，我不得不告诉你们的是，比尔博士只是我们学校的一位老师化装的，而那个瓶子里装的物质只不过是蒸馏水。”听了教授的话，学子们一个个面面相觑，刚才做实验的时候，自己明明是闻到了一种气味呀，这是怎么回事呢？看到学生一个个满脸疑惑的样子，教授告诉他们：“这是因为你们刚才受到了‘比尔博士’的暗示，他是世界闻名的化学家，所以你们相信他的言论，他暗示瓶子里装的是一种他正在研究的物质，气味很小，所以，你们就相信了，并且似乎相信自己闻到了那种特殊物质气味。”

本来只是没有任何气味的蒸馏水，但是，“权威”比尔博士的语言暗示让许多学生都相信它有气味。通过这个实验，体现了人们所具有的“安全心理”，同时，也体现了“认可心理”，他们总认为自己的言行要与权威人士保持一致性，他们觉得：自己只有相信权威人士的言论，自己才能得到各方面的认可。于是，在这两种心理的促使下就诞生了权威效应。

吉姆找了一份兼职，他需要照顾独居的威尔森太太，并帮她做一些家务。吉姆十分热情，做事情也很认真负责，深得威尔森太太的信任。一天晚上，威尔森太太敲响了吉姆的门，说道：“吉姆，很抱歉这么晚来打扰你，我的安眠药吃完了，怎么也睡不着觉，不知道你身边有没有？”吉姆睡眠很好，从来不吃安眠药，突然他灵机一动，对威尔森太太说："上星期我朋友从法国回来，刚好送我一盒新出的特效安眠药，我这就找出来，您先回去，我一会儿给您送过去。"听到了吉姆说"特效安眠药"，威尔森太太点点头。

等到老太太走后，吉姆找出了维生素片，然后送到了威尔森太太的房间，告诉她："这就是那种新出的特效药，您吃了之后一定能睡个好觉。"老太太高兴地服下了那粒"特效安眠药"，第二天，老太太对吉姆说："你的安眠药效果好极了，昨晚我吃完后很快就睡着了，而且睡得很好，好长时间没有这么舒服地睡觉了，那种特效安眠药你能不能再给我一些？"吉姆只好继续让老太太服用维生素片，一年之后，威尔森太太还经常念叨吉姆的"特效安眠药"。

吉姆不过是用了一粒维生素片，就让威尔森太太进入了梦乡，这就是心理暗示的作用。由于老太太平时对吉姆十分信赖，而且，听说是"法国带回来的特效安眠药"，在权威效应的强烈心理暗示作用下，使得威尔森太太相应产生了服用了"特效安眠药"应该有的效果。

心理学启示

日本有位心理学家这样说："当我们的大脑处于半意识状态时，是潜意识最愿意接受意愿的时刻，这时进行潜意识的接收工作是再理想不过的了。"相传，南朝的刘勰写出《文心雕龙》后由于无人重视，他想请当时的大文学家沈约审阅，但沈约却不予理睬。后来他装扮成卖书人，将作品送给沈约。没想到沈约阅后评价极高，于是《文心雕龙》成为中国文学评论的经典名著。在现实生活中，利用权威效应能够引导对方或改变对方态度和行为，暗示对方认可自己的想法，从而达到影响他人心理目的。

邻里效应：暗示互相熟悉办事容易

《南史》里记载了这样一个故事：一个叫宋季雅的人，为了自己能有个好邻居，不惜以昂贵的价格买了一幢房子，有人说这样太贵，宋季雅却说：“不贵，这一百万元是买屋，另外一千万元是买邻居的。”俗话说：“远亲不如近邻。”宋季雅之所以愿意花高价买房子，是希望自己有个好邻居，而有了好邻居，就相当于为自己增添了左膀右臂。在现实生活中，我们大部分的朋友不是同学就是同事，要么就是邻居了，心理学家认为：人们总是能够比较容易在同学同事或邻居中找到意中人。对此，美国社会学家巴萨德曾在20年代做了一份研究，在美国费城，他研究了5000份结婚申请书，通过研究发现：至少有三分之一的夫妻，婚前都曾住在5个街区之内的范围中。这就是心理学上著名的“邻里效应”，事实上，每个人对自己的邻居或多或少都有一份亲切感，我们可以利用邻里效应向对方传递心理暗示，暗示互相熟悉，那么办事自然就容易了。

邻里效应就是指地方环境的特点可以影响人们的思想和行为的方式，它经常用来解释某些地理类型。产生邻里效应来源于两方面的原因：一是由于人们普遍存在着一种建立和谐的人际关系的期望，他们渴望与邻居建立友好的关系，这一期望促使他们尽量避免与邻居发生不愉快的事情。同时，当人们在看待他人的时候，多倾向于看到对方积极的一面，而忽视其消极的一面，这为邻里效应的产生创造了良好的开始；二是由于人们在交际过程中，总是试图以最小的代价换取最大的报酬，而和邻居交往比和那些距离较远的人交往所付出的代价要小得多。由于邻里效应，生活里经常会出现一些“近水楼台先得月”的事情，为此，来自于哈佛大学的心理学家曾做过这样一个实验。

20世纪50年代，来自于哈佛大学的美国心理学家对麻省理工学院17栋住宅进行了一次调查。被调查的住宅区大多是二层楼房，在每一层都有5个单元住房，每个单元的住户都是偶然性居住，通常每一天都会发生“哪个单元的老住户搬走了，新住户搬进去了”的事情，因此，此次调查具有随机性。调查开始，心理学家向所有住户问了同样一个问题：在这个居住区中，和你经常打交道的最亲近的邻居是谁？通过调查数据显示，那些居住距离越近的人，他们的交往次数越多，自然关系就越亲密。心理学家以精确的数字统计说明了这一结

果：在同一层楼里，与隔壁邻居交往的几率是41%，与中间相隔一家的邻居交往的几率为22%，与中间相隔了三户的邻居交往的几率却只有10%。当住户之间相隔的距离越远，他们的亲密程度就越低，虽然实际距离并没有增加多少，但是，其亲密程度却有很大的不同。

无论是心理距离还是实际距离，与他们交往越多，彼此之间的关系就越亲密。因此，有位心理学家曾这样告诫学子：“如果你想追一个女孩子，千万不要每天都给她写信，因为她有可能因此而爱上邮差。”由此可见，要想与人建立亲密关系，我们就要善于利用“邻里效应”，向对方暗示彼此有着极为熟悉的关系，以此影响对方心理。如此一来，对方对你定会增加亲密度，他对你的印象就会深一些，这一效应常常被我们用于求人办事中。

李连长接到命令与东北某化工厂经理协商，希望能得到对方的援助。李连长接到任务后，连夜赶到化工厂供销科，可是还没有开口就被拒绝了：“眼下没货！”李连长连忙找到了厂长，希望获得帮助，可厂长始终不为所动，硬邦邦地对他说：“眼下没货，我也无能为力。”

这时，厂长劝李连长不要再磨了，并给他倒了一杯茶水，李连长并不死心，他喝了一口茶，突然，他开口说道：“这水真甜啊！天津人可是苦啊，喝的是从海河槽里、各洼淀中集的苦水，不用放茶叶水就是黄的。”这时，他又看到了厂长戴的正是天津产的手表，于是又说道：“您戴的也是天津表？听说现在全国每10块表中就有1块是天津的，每4个人里就有1个用的是天津的碱，您是办工业的行家，最懂得水与工业的关系，造一辆自行车要用一吨水，造一吨碱要160吨水，造一吨纸要200吨水……没有炸药，工程就得延期……”厂长惊问道：“你是天津人？我也是天津人哪。”李连长笑着回答：“不，我是河南人，但咱们是邻居啊，也许通水时，我也能喝上那滦河水！”经过这一番对话，厂长被打动了，他抓住电话立即下达命令：“全厂加班3天！”3天后，李连长拉着一车炸药胜利返程了。

一句“咱们是邻居啊”一下子拉近了两人之间的心理距离，话语中暗示着彼此之间的熟悉关系，那么，办事自然就没有问题了。邻里效应的产生是非强迫性的，是他人在心理暗示作用下做出的主动行为，通过彼此的交谈，不知不觉中发生的情感和行为变化，因此，邻里效应还会产生出“社会感染”这样一种社会心理机制。

心理学启示

任何一个人都不能完全摆脱“情不自禁”受感染的现象，于是，在现实生活中的许多场合，邻里效应都会在人们心中不知不觉地起着重要的作用。在与他人的交际过程中，我们要善于利用“邻里效应”，增加你与他人的亲密度，通过语言或行为向对方暗示互相亲密的关系，与之建立和谐的人际关系。当你主动跟别人打招呼，主动与他建立联系，在心中少一点心理设防，邻里效应自然会发挥出理想的效果。

轰动效应：给他人一个深刻的印象

芭芭拉·瓦尔特斯曾说：“在你的一生当中，总有一些时候可以毫不夸张地说命运取决于给人留下什么样的印象——其中包括寻求配偶的阶段和谋职期间。在这种时候，你是不甘屈居第二位的。”在日常生活中，我们常常会遇到一些交际障碍，与初次见面的陌生人交往时，即使自己已经作过自我介绍了，但对方似乎忘记了，毫不理睬自己。为什么会出现这样的情形呢？其实，之所以出现交际障碍是源于你给对方留下的印象不够深刻，在对方心里没有达到轰动的效果，因此，他很有可能会忘记你的一些信息。那么，如何给对方留下一个深刻的印象，以此来影响他人心理呢？有的人故意做出一些轰动的事情，来衬托自己的“出场秀”，这就是心理学上的“轰动效应”。

轰动效应，也就是一个通过引人注目的事件，达成轰动的社会效应。比如，一个俊秀的年轻人，偏要找个最丑的女子，让别人吃惊，或者有人故意做出荒唐事情，以造成社会轰动。轰动效应的形成，主要来自两方面：一是依靠媒

体传播，二是依靠口头传播。通过传播形成了轰动效应，从而提高了自己的知名度。轰动效应又有主动与被动之分：为了达到自己的某种目的，而形成的轰动效应称为“主动”；无意之间被媒体或口头传播而形成的称为“被动”。在日常交际中，我们可以运用主动的轰动效应，以达到给他人留下深刻印象的目的。

在巴黎，有一位才华横溢的年轻画家，但是，一直以来，他默默无闻、一贫如洗，连一张画都卖不出去。而在巴黎画店的老板都只寄卖名人的作品，年轻的画家根本没有机会让自己的画进入画店出售。虽然，这位年轻的画家多次恳求画店老板寄卖自己的作品，但是，每次老板都以“你不是名家”为理由而拒绝他。

有一天，画店来了一位顾客，向老板热切地询问有没有那位年轻画家的画。画店老板支支吾吾，拿不出画来，只好据实相告，最后只能遗憾地看着顾客满脸失望地离去。在之后的一个多月里，画店里不断有顾客来询问年轻画家的事情，画店老板开始为自己的过失感到后悔，他多么渴望再次见到那位原来如此“有名气”的画家。就在老板非常焦急的时候，那位年轻的画家出现在了画店老板的面前，年轻画家成功地拍卖了自己的作品，并因此而一夜成名。

原来，当那位年轻画家兜里只剩下十几枚银币时，他想出了一个聪明的方法：他用钱雇佣了几个大学生，让他们每天去巴黎的大小画店四处转悠，每人在临走的时候都要询问画店的老板：有没有这位画家的画？哪里可以买到他的画？而那位充满智慧的年轻画家就是毕加索。

毕加索用钱雇佣了几个人为自己传播“名气”，在画店老板面前刻意营造出“名家”的印象，如此一来，给画店老板留下了深刻的印象，使毕加索的画得以成功地拍卖出去，并因此而一夜成名，这就是一个典型的“轰动效应”。其实，有时候一些名人的事件经过了媒体传播，往往也会形成轰动效应。张国荣因抑郁而跳楼自杀，引起了轰动；英国王妃戴安娜因车祸死亡，在世界引起了轰动。另外，有的轰动效应却是由于出奇的事件而引起的。

舟舟在出生后一个月，父亲就被医生告知儿子是医学上被称为不可逆转的中、重先天愚型患者，这一消息给家庭带来了巨大的悲痛。但是，父亲并没有放弃舟舟，在他两三岁的时候，父亲就带着他泡在排练厅里，舟舟的逻辑思维很差，但形象思维能力却很强。长年待在排练厅里，使他对指挥家先生观察得相当细微。舟舟大约六岁的时候，一次排练休息，乐手们在休息时与舟舟开起了玩笑："舟舟，想不想当指挥？""想！"舟舟爬上了指挥台，举起了指挥棒，惟妙惟肖地学起了指挥家的动作，下面的乐手们随着指挥棒演奏了起来。

1997年，湖北电视台在对舟舟进行长达十个月的跟踪采访拍摄之后，诞生出一部长达六十分钟的纪录片《舟舟的世界》。顿时，舟舟在武汉成为了知名人士，然而，戏剧化的变化还在后面。1998年底，中国残联的刘理事长打电话给舟舟，邀请他参加1999年1月在北京举行的残联新春晚会。在残联新春晚会上，舟舟与赫赫有名的中央芭蕾舞剧院交响乐团合作，完美地演绎了这一次指挥。之后，舟舟除了在全国巡回演出外，还去美国指挥了世界顶级乐团——美国国家交响乐团、辛辛那提交响乐团，震撼了全美国。

舟舟出奇的指挥家天赋，使得他造成了影响整个世界的轰动效应，他留给人们的印象是无比深刻的。他曾与施瓦辛格手牵手进入人民大会堂，舟舟的传奇般的音乐人生让首次来中国的施瓦辛格十分感动，这位慈善大使当场捐款15万美元，而香港影帝刘德华搂着他深情地唱了一曲《你是我的一片希望》。同时，舟舟给无数个了解他事迹的人带来了久违的感动。

心理学启示

轰动效应的心理基础，是人们对新奇事物兴趣冲动和对名人事件的关注冲动。弗洛伊德曾说："传播轰动事件可以宣泄心理能量，达到心理平衡。"在日常交际中，每个人都需要刺激，需要激情，需要宣泄心理的渠道，而传播轰动事件则成为了人们普遍存在的心理共性。所以，我们可以为自身营造出适当的"轰动效应"，给他人留下深刻的印象。当然，我们在运用轰动效应的同时，应该利用其积极的一面，这样才能达到理想的效果，从而影响他人心理。

热忱感染他人，使其受到鼓舞

爱默生曾这样说：“有史以来，没有任何一件伟大的事业不是因为热忱而成功的。”爱默生所说的热忱是什么呢？美国著名人际学大师卡耐基曾在自己办公桌上挂了一块牌子，在镜子上也挂了同样的一块牌子，而麦克阿瑟将军在南太平洋指挥盟军时，其办公室墙上也挂了这样一块牌子，这三块牌子上写着相同的座右铭：“你有信仰就年轻，疑惑就年老；有自信就年轻，畏惧就年老；有希望就年轻，绝望就年老；岁月使你皮肤起皱，但是失去了热忱，就损伤了灵魂。”这几乎是对“热忱”最好的赞美词，事实上，这并不是一段单纯而美丽的话语，而是迈向成功的必要途径。热忱，为我们所做的每件事情都添加了火花与趣味，无论事情有多困难，我们都会以不急不躁的态度去完成。只要怀着热忱的态度，任何人都会成功。而且，我们还可以将热忱通过心理暗示去感染他人，使对方受到鼓舞。

拿破仑·希尔说：“热忱是一种意识状态，能够鼓舞及激励一个人对手中的工作采取行动。”其实，不仅如此，热忱还具有极强的感染力，不仅仅对怀着热忱的本人产生重大影响，还会感染所有和他接触的人。热忱是行动的主要推动力，有的人清楚地知道怎么样鼓舞追随者发挥出热忱，那么他们在最后就成为了人类最伟大的领袖，拿破仑就是崇尚热忱的一位卓越领导者。他每次在评估一个人的时候，不仅仅考虑到他的才干和能力，而且还将考虑他的热忱，因为拿破仑·希尔认为，如果你有热忱，几乎就所向无敌了。

有一次，一位推销员来拜访拿破仑·希尔，希望他订阅一份《周六晚邮》，推销员满脸沮丧，拿着那份杂志向拿破仑提问：“你不会为了帮助我而订阅《周六晚邮》吧，是不是？”拿破仑一口就拒绝了推销员的要求，那位推销员阴沉着脸走了出去。

几个星期之后，另一位推销员来拜访拿破仑，她推销六种杂志，其中有一种就是《周六晚邮》。推销员看了看拿破仑的书桌，发现书桌上已经摆了几本杂志，突然，她忍不住热心地惊呼了起来：“哦！我看得出来，你十分喜爱阅读书籍和各种杂志。”拿破仑放下了手中的稿子，点点头。推销员走到书架前，从书架上取出了一本爱默生的论文集，她开口谈论起了爱默生那篇“论稿酬”的文章，不一会儿，拿破仑也加入到其中讨论。然后，推销员开始将话题回到了订阅杂志的问题上，她问拿破仑·希尔：“你定期收到的杂志有哪几种？”拿破仑·希尔回答了自己订阅的杂志名称，推销员脸上露出了笑容，随即摊开了自己的杂志，她开始分析：“我觉得这里的每一种杂志你都需要订阅一份，《周六晚邮》可以让你欣赏到最干净的小说，《美国杂志》可以给你介绍工商界领袖的最新生活动态……像你这种地位的人物，一定要消息灵通，知识渊博，如果不是这样子的话，一定会在自己的工作上表现出来。”拿破仑笑了，问道：“订阅这六种杂志一共需要多少钱？”推销员笑着回答：“多少钱？呀，整个数目还比不上你手中所拿的那一张稿纸的稿费呢。”最后，她离开的时候，带走了拿破仑·希尔订阅六种杂志的订单。

两个推销员同样是向拿破仑推销杂志，但为什么那位女推销员最后获得了成功呢？事实上，拿破仑自己在回忆这件事情的时候，曾这样说：“第一位推销员话中没有以热忱作为后盾，在他脸上充满阴沉而沮丧的神情，他并没有说出任何足以打动我的理由；那位女推销员开始说话，我就从她身上感受到了那股热忱，她通过热忱感染了我，促使我不得不订阅那六种杂志。”女推销员通过语言以及行为所传递出来的“热忱”深深感染了拿破仑，即使拿破仑在之前早已经打定主意不理睬她，但是，最终在热忱的感染与鼓舞下，他心甘情愿地掏钱订阅了杂志。

热忱是人类意识的主流，能够促使一个人把思想付诸于行动。对于我们来说，热忱是不可缺少的，所有成功者都了解热忱的心理，所以，他们以各种方式来应用这种心理，以协助其手下的人达到更多的目的。许多领导者以热忱的态度投入到工作中去，目的在于鼓舞所有员工的士气，把对工作的热忱传递给那些员工，鼓舞他们努力工作。

心理学启示

查尔斯·史考伯曾说："对任何事都热忱的人，做任何事都会成功。"在日常生活中，即使自己失意了，我们也应该避免有失败者的态度，不要认为自己失败了就再也没有办法重新获得成功。相反，我们应该给自己找一个进取的理由，怀着热忱的态度，鼓舞自己和家人，只有充满了热忱和希望才能面对未来，最后才会赢得成功。在日常交际中，任何时候我们都要怀着热忱的态度感染他人、鼓舞他人，从而影响他人心理，达到自己的目的。

玩笑的话暗令对方主动改正错误

罗斯福在就任美国总统之前，曾在海军部就职。有一天，一位朋友问及海军在大西洋的一个小岛筹建基地的秘密计划。罗斯福特意向四周望了望，然后压低声音问道："你能保守这个秘密吗？"朋友回答说："当然能。"罗斯福微笑着说："那么，我也能。"罗斯福的玩笑话让朋友意识到自己的错误，再也不开口询问这些军事机密了。

由此可见，这种心理暗示法非常有效，罗斯福就曾多次使用这种方法来化解自己的困境。指出对方的不足之处最高明的方法就是尽量避免伤害对方，而一句玩笑话是最恰当不过的。在日常生活中，我们经常会遭遇到这样的场面，当我们身边的同事或朋友出现了错误时，我们该怎么办呢？若是直接指出对方的错误之处，显得有失礼仪，而且很容易伤害对方；若不理不睬，对方的错误有可能会无限制地蔓延下去。在这时，我们可以利用心理暗示，以玩笑话向对方暗示出不足之处，令对方主动改正错误。

在一次新闻界的餐会之中，美国前总统艾森豪威尔应大家的要求站起来说话。他说："大家都知道，我不是善于言辞的人。小时候我曾经去拜访过一个农夫，我问这个农夫：'你的母牛是不是纯种的？'他说不知道，我又问：

‘这头牛每个星期可以挤出多少牛奶呢？’他也说不知道。最后，他被问烦了，就说：‘你问我的我都不知道，反正这头牛很老实，只要有奶，它都会给你。’”艾森豪威尔笑了笑，对所有在场的新闻界人士说：“我也像那头牛一样老实，反正有新闻，一定都会给大家。”这几句话让大家哄堂大笑。

艾森豪威尔在这里就使用了迂回的说话方式，他并没有正面回答新闻记者的问题，而是通过几句玩笑话暗示记者：你们没事就别紧追着我问，反正我有新闻一定会给你们的嘛！话语中礼貌地表达了自己对新闻媒体总是紧紧追问的反感，而且，玩笑话的表达方式令在场的人忍俊不禁，营造出愉快的氛围。

玩笑话风趣诙谐，幽默而富于智慧，是一种很高的艺术表达方式。在日常交际中，若是运用到这种艺术将会取得很好的效果。与对方初次见面，玩笑话可以赢得对方的好感；发现了他人的错误之处，玩笑话会令对方主动改正错误，而且，风趣的玩笑话即使带着批评，也让对方乐意接受。在著名剧作家萧伯纳的墓志铭上写着这样一句话：“我早就知道无论我活多久，这种事情迟早总会发生的。”

萧伯纳的名剧《武器与人》首演时，获得了极大的成功，他应观众的要求来到台前谢幕。这时候，有一个人在首座高喊“糟透了”。对于这种无礼的语言，萧伯纳没有怒气冲冲，他微笑着对那人鞠了一躬，彬彬有礼地说道：“我的朋友，我同意你的意见。”他耸了耸肩，又指着正在热烈喝彩的观众说道：“但是，我们俩反对这么多观众又有什么用呢？”观众中顿时爆发出更为热烈的掌声。

面对一些观众的言语攻击，萧伯纳并没有做出正面回应，而是巧妙回答，通过语言暗示对方“即使你这样无理取闹，但还是阻拦不住大多数的喝彩声”。在整个对话过程中，萧伯纳以温文尔雅的举动、玩笑话的语言，显示出博大的胸襟，令口出恶言的观众意识到自己的错误，只能缄口不语。

19世纪，在奥地利的维也纳，妇女们喜欢戴一种高高耸起的帽子。她们进剧场看戏也不愿将帽子脱下，以致后排的观众被挡住视线。这些后排的观众纷纷去找剧场经理提意见，于是，经理就上台请在座的女观众脱帽，然而说了半

天妇女们也不予理睬。最后经理又补充了一句话："那么，这样吧，年纪大一点的女士可以照顾，不必脱帽。"这句话一出，全剧场的女士竟齐刷刷地把帽子脱了下来。

妇女们戴着高高耸起的帽子是为了使自己变得年轻美丽，剧场经理洞悉了她们的心理需求。为了令对方主动改正错误，剧场经理故意说着玩笑话"年纪大一点的女士可以照顾，不必脱帽"，向妇女们心理暗示"如果你觉得自己年纪比较大，那就别脱帽吧"，一句话说到了妇女们的心坎儿上，她们纷纷脱下了自己的帽子，因为谁也不想承认自己年纪大，而这一行为正好达到了剧场经理的目的。

心理学启示

每个人都有这样的心理，即使自己真的错了，也不能接受他人当面指出自己的错误，强烈的自尊心促使他们在犯错时总是为自己寻找借口，企图保留自己的面子。但是，一旦对方的言语给予了他这样的心理暗示"你的言行好像不太妥当"，他则会主动改正自己的错误，因为对方保留了他的面子。因此，我们在日常交际中，要善于使用心理暗示，以玩笑话暗示出对方的错误，为其保留面子，从而有效影响他人心理，令其主动改正错误，达到我们的最终目的。

第13堂课　排解压力的心理课

适当的压力不一定是坏事

生活中的压力是无处不在的，可是，有压力并不意味着是坏事，我们肩上的压力越大，说明我们人生的收获就越大，因为我们从这个世界不断捡起我们想要的东西，所以我们肩上的压力才会越来越大，如果你明白了这个道理，你还会抱怨压力吗？

有位年轻人感觉生活太沉重了，自己已经无力承受，于是他便去请教智者，让他帮助自己寻找解脱的办法。智者什么话也没说，只是让他把一个背篓背在肩上，然后指着一条沙砾路说："你每往前走一步，就捡一块石头扔进背篓，看看是什么感觉。"

过了一会儿，年轻人走到了尽头，智者问他有什么感觉。年轻人说感觉肩上的背篓越来越重。

智者说："我们每个人来到这个世上，肩上都背着一个空篓子，在人生的路上，我们每走一步，就要从这个世界上捡一样东西放进背篓，所以我们才会感到生活越来越累。"

这时，年轻人就问智者："有什么方法可以让这种负担减轻吗？"

智者问："你愿意把工作、家庭、爱情、友谊和生活中的哪一样取出来扔掉呢？"

年轻人沉默不语，因为，他觉得他哪一个都不愿意扔掉。

这时，智者微笑着说："如果你觉得生活沉重，那说明你已经拥有了全面的生活，你应该感到庆幸。假如你失去其中的任何一种，你的生活都会变得不完整，这样你愿意吗？你应该为自己不是总统而庆幸，因为他肩上的背篓比你的更大更重，但是，他可以把其中的任何一样拿出来吗？"

年轻人终于明白了生活的道理，他认真地点了点头，并且露出了开心的笑容，好像突然明白了很多道理，心里感到非常轻松。

生活中的压力是无法消除的，你越感到压力的沉重，说明你的生活越丰富，你所拥有的生命越厚重，你的人生就越有意义。背负压力，负重而行，虽然是一件很痛苦的事情，可是，没有负重而行就难以体会到无负重的轻松愉快，同时，没有负重而行，就不会有什么责任，也就无所谓什么克服困难，取得成功，自然更不可能体会到上坡之后那种如释重负的快感。没有负重的生命不是完整的生命，没有负重的人生不是圆满的人生。

著名影星刘嘉玲刚出道时曾经受人歧视，被人拒之千里，就因为"以前我的广东话说得不好，被人说是'大陆妹'。"在香港娱乐圈里，"大陆妹"的称号会让人失去很多，所以，她的事业失败过，感情上受到打击，生活上经历了不幸。刘嘉玲自己说听到的嘘声多过掌声，挑剔多过赞赏。导演不看好她，同期出道的女星拿了无数影后称号后，她才以《阿飞正传》在法国拿了个影后。如果没有王家卫，刘嘉玲也许还在默默无闻地演些"俗片"；和梁朝伟的爱情马拉松，更是别人指指点点的对象，分分合合很多次。在习惯了人们的说三道四后，她选择了低调，没想到十几年前的"裸照"竟然被公开。

做个简单的换位思考，如果你是她会怎样？我想一定会哭都哭不出来，然后手足无措……可是刘嘉玲却没有，她勇敢地承认了照片上的女星正是自己。这样的勇气让圈里圈外的人，都对她由衷地佩服和欣赏。"当一个人的生命受到威胁濒临死亡的时候，每个人都会本能地面对及解决它，我并不是特别坚强，我只是幸运，我就好像是一朵向日葵，阴影永远在背后，我的脸向着阳光，我会用最简单的方法去解决复杂的问题，不过我的智慧仍然有限，仍需要吸收知识。”以前的骂声、绯闻在此刻灰飞烟灭。刘嘉玲的坚强赢得了大家的掌声，面对困难，她不是躲避退缩，而是勇敢地面对。她的形象不但没有受损反而得到了更多人的欣赏。

没有压力，我们就无从得到成长和突破，以积极的心态去面对压力，我们就会从压力中找到它的正面意义。当你从一场变故中走出来的时候，会发现自己的内心又充实了许多，再看什么问题时，就达到了一种新的高度。

心理学启示

工作或生活上的失误，往往会给人造成心理负担，这时候我们需要一种“心理卸妆法”。

这种“心理卸妆法”就像女性每晚睡前卸妆一样，把当天心绪整理一遍。对于负面的记忆，要不过夜地尽数清洗掉。然后低吟三句话：

1.“我愿意……”（比如自己最期望的心境）。

2.“我有……能力”（比如能够胜任的心境）。

3.“……能使我快乐”（比如对待使命的精神准备）。

说完，尽快入睡。

抵消压力的阿Q精神

世界上的每一个人的生活都不可能处处是鲜花，成功之路也不可能一帆风顺，我们也不可能事事都比别人强。

那么，在我们的人生不是一帆风顺的时候，在我们的人生出现一些挫折的时候，在我们的面前不都是鲜花的时候，我们该怎么办？

有很大一部分人，对世事、对自身都抱有很高的期望，因为一心向前的冲力太大，碰到挫折阻力时，心理的适应性跟不上，由此产生的悲伤和恼怒就会被放大，在很长时间内都不能解脱。

这对我们身心健康的危害是非常严重的。美国生理学家爱尔马有这样一个实验：把一支支玻璃管插在正好是0℃的冰水混合容器里，然后收集人们在不同情绪状态下的“气水”，描绘出了人生气的“心理地图”。结果发现，当一个人心平气和时，呼出的气溶于水后是澄清透明的；悲痛时水中有白色沉淀；生气时有紫色沉淀。他把人在生气时呼出的“生气水”注射在大白鼠身上，几分钟后大白鼠就死了。由此他得出结论：生气十分钟会耗费人体大量能量，其程度不亚于参加一次300米赛跑。生气所引起的生理反应十分强烈，产生的分泌物比其他情绪所产生的都复杂，并且更具有毒性。因此，动不动生气的人很难健康。所以他告诫人们：尽量不要生气，母亲千万不要在生气时或刚生完气时给孩子喂奶，因为这时母体分泌的乳液是具有毒性的。

人生于世，想不遭受失败和挫折几乎是不可能的，但是调整好自己的心情，使自己不在烦恼的海洋里陷得更深却完全可行。这时候，只要我们后退一步，就会发现海阔天空，人生照样美好，天空依然晴朗，世界仍是那么美丽，你会得到很多东西，而不是失去。

（1）做生意，原本想肯定能赚一百万，由于种种原因，最后只有十万到手。这样的时候，你后退一步想想：毕竟没有赔钱。当然了，退不是逃，你得总结一下，那九十万是怎么没赚到的。

（2）公司里人事调整，原想这次你肯定升职，可宣布各部门人选的时候，你侧着耳朵听也没听到老板念你的名字。这时，你先别生气，后退一步：毕竟没有被炒鱿鱼。然后想自己为什么没有被提拔，如果的确不是你的错，那就是老板没长慧眼，没发现你这颗珍珠，那损失的是老板而不是你。让他遗憾去吧！

（3）单位里职称评定，你差一点就评上了。可惜的确可惜，但再可惜也没用了。这样的时候，你后退一步：这次差一点，下次就一点不差了。那么，回去再努力一年。这一年，你的成绩可能会大大令人惊讶。

（4）被公司老板给炒了。这肯定不如你炒他心里那么痛快，老板炒你肯定有他的理由，但你别去问，一问显得你没劲。你后退一步：毕竟只是被老板炒了，而不是被坏人杀了，只要大脑在，双手在，天下的老板多的是，老天爷还饿不死瞎眼的家雀儿呢。没有工作了，还有许多路等着你呢。

（5）做股票，这只股票本来可以赚5万元，由于贪心，只赚了5000元。你别光骂自己蠢，后退一步：毕竟还赚了5000元，而不是赔了5000元。下次不要太贪心就是了。要是这次赔了5000元，也后退一步：毕竟只赔了5000元，而不是全赔了进去，下次不犯类似的错误，再赚回5万元不就行了。

（6）生病。已经生病了，心情肯定不会很好，但心情不好对你身体的恢复只有坏处没有好处，因而尽量使自己不要沉迷在生病不好中不能自拔，后退一步：毕竟只是生病，那就趁这个机会好好休息一阵，平时难得有这样的机会。

人生不如意的事儿十有八九，因为世界毕竟不是你一个人的世界，造物主尽量要公平一些，不可能把所有的好事都摊到你的头上，也要适当考验考验你，看看你在不顺的时候会是一种什么样子。如果你反应过激，他还会继续考验你，直到你能以一种平和的心态去看待、对待一时的不顺或者挫折。

退一步去看待人生的不顺和挫折，并非是一种消极的心态。在这时候，你后退一步，寻找到一种海阔天空的人生境界，这也是一种积极的心态，也是做人的一种境界。

心理学启示

恐惧、焦虑、抑郁、嫉妒、敌意、冲动等负面情绪，是一种破坏性的情感，长期被这种情绪困扰笼罩，就会导致身心疾病的发生。

古语早有云：喜伤心，怒伤肝，思伤脾，忧伤肺，恐伤肾。也就是说，喜、怒、哀、乐、思、忧、恐是人类最基本的情绪情感体验，但如果太过于强烈，都会伤及身体。

三思而行，避免冲动的烦恼

多一点思考，就可以避免冲动的烦恼。高僧寒山与拾得这样说：“如果有人诽谤我、侮辱我、耻笑我，我们应该忍着他、避开他、不去理他，等上几年，一切便是过眼云烟了。”当然，时间可以解决很多问题，把那些深重的戾气化为无形，把那些怨恨化作思念。不过对于大多数人来说，都无法达到那样的境界，他们习惯于当下解决问题，而且，倾向于“闻过则怒”。实际上，何必这样盲目地去决定一件事呢？懂得多给自己一些机会，懂得多给自己一些不后悔的理由，这样我们就会避免一些冲动带来的烦恼。尤其是勃然大怒即将到来之前，我们需要一些思考，寻找怒火本源，也许，就是这样思考的一点时间，隐藏在心中的怒火就会消散。

在大不列颠战争中，英国故意轰炸了柏林，这一行为激起了希特勒的怒火，冲动之下，他开始把攻击对象从天空转移到陆地，对各大城市进行大规模的轰炸。由于英国人训练有素，希特勒的轰炸并没有对英国造成重大的损失。相反，英国利用这一契机重新更新了雷达系统，这样一来，德国人的冲动恰好减轻了英国机场的压力，如果当时希特勒能够远离冲动，那么，他有可能会打赢这场战争。足以可见，冲动就是魔鬼，在冲动的召唤下，我们很有可能会做出一些后悔的举动。所以，在生气的时候，请多一点思考，这样才能够避免冲动带来的烦恼。

哈佛大学国际政治学教授丹尼罗德里克常常向学生们讲述这样一个故事：

有一个脾气非常暴躁的男孩，几乎每天都会和别人大喊大叫，没有安静的时候，在家里，没有人喜欢他。有一次，他在家里发了很大的脾气，爸爸叹息道：“孩子，你这样是不行的，你要控制一下自己的脾气。”男孩回答说：“我也很想控制自己，可是我就是管不住自己。”爸爸思索了一会儿，对他说：“我给你想了一个办法，你只要照着我的方法去做，你就会控制住自己了。”说完，爸爸就将小男孩逮到了后院的栅栏边，对男孩说道：“从今天开始，你每天要发脾气的时候，就在栅栏上钉一个钉子，直到有一天，这栅栏上一个钉子都没有的时候，你再来找我。”

小男孩开始了改脾气的艰难过程，刚开始的时候，他的脾气还是十分暴躁，但一想发脾气时就想到了爸爸的话，于是，他就将钉子钉在了栅栏上，这样过了一个月，男孩觉得自己能够稍微控制自己了，他发脾气的次数越来越少，栅栏上的钉子越来越少。终于有一天，男孩一次脾气也没发，他高兴地带着爸爸来到了后院，对爸爸说：“爸爸，我今天一次脾气也没有发，你看栅栏上一个钉子都没有！”爸爸微笑着说：“真不错，那么，从今天开始，如果你能控制一天不发脾气，就从栅栏上拔下一颗钉子，直到栅栏上没有了钉子，你再来找我。”

于是，男孩开始按照爸爸的话去做，他努力克制自己一天不发脾气，然后就从栅栏上拔下一颗钉子。时间长了，男孩习惯了平和的生活，他的脾气变得温和，不再像以前那么暴躁和冲动了。栅栏上的钉子一颗一颗地被拔了下来，终于有一天，栅栏上一颗钉子都没有了，男孩十分兴奋，喊来了爸爸。爸爸看到栅栏上的钉子都没有了，感到很欣慰，不过，他说道：“虽然，你现在已经控制住了自己的脾气，但是，孩子，你看看栅栏上留下的疤痕，它再也恢复不到以前了，其实，你冲动之下说出的话，也会在别人心里留下疤痕，就像栅栏上的疤痕一样。”男孩听了，低下了头。从此以后，他再也没有发过脾气。

列夫·托尔斯泰说：“愤怒使别人遭殃，但受害最大的却是自己。”每一次发脾气的时候，我们都会因冲动而说出一些伤害别人的话来，这时，其实已经伤了对方的心，而这样的创伤是无法弥补的。所以，为了避免这样的伤害，我们需要控制自己冲动的情绪，努力使自己变得平和。

十多年前，美国著名的石油公司的一位高级主管做出了一个错误的决策，而这个决策使整个公司损失了200多万美元。当时，这家著名石油公司的老总就是洛克菲勒，公司遭到巨大的经济损失后，主管一直避开洛克菲勒，以免洛克菲勒的怒气发泄到自己身上。

当时，爱德华·贝德福是石油公司的合伙人，有一天，爱德华·贝德福走进了公司办公室，看到洛克菲勒正在一张纸上写着什么。听到脚步声，洛克菲勒抬起头，打招呼：“哦，是你？贝德福先生，我想你已经知道我们公司的损失了，我思考了很久，但是，在叫那个高级主管来讨论这件事情之前，我做了一些笔记。”贝德福点点头，走过去看了那张纸，只见在那张纸上写着那位高级主管的一系列优点，其中，主管曾三次为公司做出正确的决定，他为公司赢得的利润远远超过了这次损失。

贝德福先生感到不解：“难道你打算原谅那个让公司损失200万美元的家伙？”洛克菲勒笑着说道：“难道你觉得这样不合适吗？听到公司损失的坏消息之后，我比你生气，当时就决定解雇这位主管，但是，当我平静下来以后，发现事情并没有如此糟糕，经济的损失可以通过下次再赚回来，而优秀员工的失去则是不可挽回的。”最后那位高级主管并没有受到责骂，而是获得了洛克菲勒的原谅。

后来，爱德华·贝德福在回忆这件事情的时候，他发出了这样的感慨：“我永远忘不了洛克菲勒处理这件事情的态度，它影响了我以后的生活。后来，每当我克制不住自己冲动的情绪，想要对某人发火的时候，就强迫自己坐下来，拿出纸和笔，写出某人的好处。每当我完成这个清单时，内心冲动的情绪也就消失了，就能够正确看待这些问题了。这样的做法成为了我工作的习惯，在很多次，它都有效地制止了心中的怒火，逐渐地，我意识到，如果当初不顾后果地去发火，那会使我付出更加惨重的代价。

心理学启示

通常情况下，人们是由于自己的尊严或利益受到伤害而产生冲动的情绪，并且这样的状态很难一下子就冷静下来。所以，当我们察觉到自己的情绪十分激动，快要控制不住的时候，我们应该及时转移注意力，自我放松，努力克制冲动的情绪。心理学家认为，冲动是人的弱点，所谓的大胆和勇敢，并不是动辄发怒，而是保持沉默。当然，在克制冲动情绪的时候，我们需要思考，打开心结，反问自己：为什么会有冲动的情绪？反复思考，这样我们才能从源头遏制冲动的情绪。

理智看待事物，感性释放情感

理智看待事物，感性释放情感。余秋雨说：“用诚实、理性的方法来面对各种文化课题。如历史上的反面人物，我们应该重新给予一个逻辑的梳理，使他们有一个申辩的空间，完成自己的逻辑推演过程。有没有可能在一个硬性的历史事件中，寻找到属于个体的软性理由，我认为这种寻找是符合理性精神的。”面对历史上臭名昭著的奸臣秦桧，余秋雨也给了一个申辩的空间：“有时，人品低下、节操不济的文士也能写出一笔矫健温良的好字来，据我所知，秦桧和蔡京的书法实在不差！”

有人说，无论何时何事，都不要轻易否定，存在即有其合理性。在生活中，许多人习惯于感性用事，遇到生气或愤怒的时候，常常是脸红耳赤，恨不得把心里所有的消极情绪都发泄出来；若是遇到消沉的时候，就一蹶不振，自暴自弃，随意贬低自己。其实，若凡事都以感性对待，很有可能会模糊事情的真相，甚至做出一些后悔的举动。所以，面对事物需理智对待，像余秋雨先生一样，任何事任何人都要给予一个申辩的空间，而面对情感，则需要感性释放，因为，情感压抑得太久，有可能会导致心理疾病。

我的朋友芬妮是一位脾气暴躁、情绪容易激动的女孩子。由于她的坏脾气，交往多年的男朋友也离开了她，我们都为她感到惋惜，而芬妮自己似乎也感到了自己脾气的坏处。有一天，芬妮特地找到我，说：“如何才能改掉我的坏脾气呢？”

我想了想，拿出了两个透明的刻度瓶，然后分别装上了一半刻度的清水，随后又拿出了两个塑料袋。芬妮帮我打开了，发现里面是白色和蓝色的玻璃球，我对芬妮说：“当你生气的时候，就把一颗蓝色的玻璃球放到左边的刻度瓶里；当你克制住自己的时候，就把一颗白色的玻璃球放在右边的刻度瓶里。最为关键的是，现在，你应该学会理性控制自己的情绪。”

芬妮一直照着我的建议去做，过一段时间，我和芬妮一起把两个瓶中的

玻璃球都捞了起来，我们发现，那个放蓝色玻璃球的水变成了蓝色，这时，芬妮才知道那些蓝色玻璃球是我把水性蓝色涂料染到白色玻璃球上做成的，这些玻璃球放到水中以后，蓝色染料溶解到水中，水就变成了蓝色。我趁机对芬妮说：“你看，原来的清水投入到‘坏脾气’中，也被污染了，同样的道理，你的言行举止也会感染人，就像这个玻璃球一样，所以，一定要理智控制好自己的言行。”

当我再一次拜访芬妮的时候，我惊喜地发现，那个放白色玻璃球的刻度瓶竟然溢出了水。其实，我教会芬妮的方法就是“把自己当成一个思想的旁观者”，这样有助于我们理智地面对事物。渐渐地，芬妮学会了把自己当成一个思想的旁观者，生活开始步入正轨。听说，最近她刚交了一个新男朋友，生活对于她来说，似乎变得越来越美好了。

在生活中，总是有一些不如意的事情，对此，教授告诉我们：当你要发脾气的时候，应该做的第一件事是尽量让自己安静和放松下来，先以理智的眼光来审视问题，想一想目前出现了什么情况，而不是顺其自然地乱发脾气，被情绪牵着走。如何理性地对待事物？那就是学会换位思考，或者直接置身事外。

有一位禅师十分喜爱兰花，在平日弘法讲经的时候，他花费了许多时间来栽种兰花，所有的弟子都知道禅师把兰花当成了自己生命的一部分。有一次，禅师要外出云游一段时间，在临行前，禅师特意交代弟子：“要好好照顾寺里的兰花。”在禅师云游的这一段时间里，弟子们都很细心地照料着兰花，但是，有一天在浇水时不小心将兰花架碰倒了，所有的兰花盆都跌碎了，兰花也洒了满地。弟子们感到十分恐慌，并决定等禅师回来后，向禅师赔罪。

过了一段时间，禅师云游归来，闻知了这件事，便立即召集了所有的弟子们，非但没有责怪，反而说道：“我种兰花，一是希望用来供佛，二是为了美化寺庙环境，不是为了生气的。”

禅师喜欢兰花，是情感的感性释放；面对被弟子不小心弄坏的兰花，禅师非但没有生气，反而安慰弟子们，这是理智对待事情。禅师之所以能看开了，是因为他虽然喜欢兰花，但心中却没有兰花这个障碍，所以，兰花的得失并不会影响他的情绪，他是以理性的思维来看待这件事情。而且，禅师明白，自己生气了又有什么用呢？生气反而乱了自己的心情，坏了情绪，凡事需理性看待。

心理学启示

理性面对事物，我们应该学会反思，我们在面对许多事情的时候，往往是感性反应先于理性反应，所导致的结果是常常看不到事情的本质，而模糊了事情的真相。所以，每次感性冲动的时候，我们都应该认真反思自己的行为与观点，时间长了，就会逐渐改变自己的思维习惯，把自己置身于事情之外，使自己更加理性地看待事物。当然，任何时候，我们都需要感性释放情感，因为这是人之常情。

让焦虑与恐惧在阳光下消失

让心中的焦虑和恐惧都在阳光下消失吧！有个人可以称之为焦虑和恐惧的典型人物，据说，他已经囤积了数吨粮食，以防天灾。有人好奇地问：“如果是发生旱灾，水比粮食更重要。”他却微笑着说：“没事，家里已经挖了好几口井了。”旁人大惊，后来，听说他不囤积粮食了，可是，理由却是十分牵强的，他这样告诉所有的人：“我听见许多人都在说，如果发生天灾了，大家就会来抢我的粮食，我想告诉大家的是，现在我已经不囤积粮食了。”看到这里，每个人都会忍不住微笑，这个人的焦虑心理和恐惧心理简直达到了极致。虽然，我们常说“防患于未然”，但是，对未来过分地焦虑与恐惧，则成为了一种心理负担，这样导致的结果就是，以后的每一天我们都将在担惊害怕中度过。

现代人越来越焦虑，在内心里隐藏着一种恐惧，既担心自己的生存状况，又惧怕生老病死。长此以往，原本健康的身体被心理折磨得奄奄一息，医学院的教授们认为：心理不健康是导致身体不健康的主要因素。比如，有的人身体感到不舒服的时候，就老是怀疑自己生了病，整天陷入恐慌之中。其实，在很多时候，这些只是小病或者根本就没有疾病，而是源于内心的焦虑和恐惧。当然，心病还得心药医，不要猜疑自己的健康，保持健康的心理，心病自然就会消除了，让那些焦虑和恐惧在阳光下消失吧！

吉姆是一位年轻的汽车销售经理，他的前途充满了无限希望。但是，吉姆的情绪却非常绝望，意志消沉，他觉得自己要死了。甚至，他开始为自己挑选墓地，为自己的葬礼做好了一切准备工作。其实，吉姆的身体只是出了一点儿小问题，有时候会呼吸急促，心跳加快，喉咙梗塞，医生规劝："你只需要坦然处理生活，退出自己热爱的汽车销售行业就行了。"

吉姆在家里休息了一阵子，但是，他还是满是焦虑和恐惧，于是，他的呼吸变得更加急促，心也跳得更快，喉咙依然梗塞。这时，医生劝他到外面去透透气，吉姆照做了，但依然无法阻止内心的焦虑和恐惧。一周过去了，吉姆回到家里，他感觉死神快要降临了。朋友告诉吉姆："赶快打消你的猜疑！如果你到明尼苏达州罗切斯特市的梅欧兄弟诊所，你就可以彻底地弄清病情，而不会失去什么，赶快，立即行动。"吉姆听从了朋友的建议，他来到了罗切斯特，实际上，吉姆担心自己会在路途中突然死亡。

在梅欧诊所，医生给吉姆做了全面检查，医生告诉吉姆："你的症结是吸进了过多的氧气。"吉姆先是一愣，然后大笑了起来："那真是太愚蠢了，我怎样对付这种情况呢？"医生说："当你感觉呼吸困难、心跳加速的时候，你可以向一个袋子呼气，或者暂时屏住气息。"医生递给吉姆一个纸袋，吉姆照办了，结果，他发现自己的心跳和呼吸都变得很正常，喉咙也不再梗塞了。当他离开诊所的时候，他已经变得容光焕发，原来这一切的症结都是因为内心的焦虑和恐惧。

长期的焦虑和恐惧会让我们相信，某个想象中的事情变成现实，然而，就是在这样的消极心理中，那些预感中会发生的事情还是发生了，到最后，我们的焦虑和恐惧越来越严重，以至于身体真的出现了问题。心理不健康，诸如焦虑或恐惧，会导致我们的身体不健康。所以，远离焦虑与恐惧，保持身心健康。

康尼·麦克是美国棒球名将，他曾遭受焦虑的困扰，后来，康尼摆脱了焦虑症，停止了没有理由的恐惧，他变得既长寿又健康。康尼这样回忆道："刚开始打棒球的时候，根本没有钱可挣，而且，常常被空罐子或马具绊倒，等到球赛结束了，我们就用空帽子向观众收点小费，以供奉母亲，养育幼小的弟弟妹妹，那点钱是绝对不够的，有的球队就只靠草莓充饥。我有足够的理由焦虑，我是唯一连续7年陪末座的棒球队经理，也是8年里唯一输过800场棒球队的经理。以前一连串的挫败令我焦虑到不吃不喝，但是，后来，我决定不再焦虑了，如果不是当时就停止忧虑，我早就躺在棺材里了。"

在受焦虑困扰的日子里，康尼发现焦虑对自己毫无益处，只会危害自己的事业，而且，还会危害自己的健康。原来，康尼以前总是叫球员来训话，后来，他逐渐发现，如果已经输了球，责备和争论都没有意义了，只会增加自己的焦虑和恐惧。于是，康尼决定输球之后，绝不马上去看球员，要到第二天才跟大家讨论失败的原因，这样到了第二天，康尼已经很平静了，这样看来那些失误好像没有那么严重，他可以冷静地讨论。这样过了一段时间，他发现内心的焦虑和恐惧已经慢慢消减了。甚至，康尼认为，自己长寿的秘诀就是"停止焦虑和恐惧"。

焦虑和恐惧给我们生活所造成的影响是不容忽视的，焦虑对我们毫无益处，只会危害自己的生活和事业，而且，还会危害自己的健康。与其花费大量的精力和心思去焦虑和恐惧，不如好好经营自己的生活，把精力和心思转移到生活上来，这样，自然而然就摆脱了焦虑和恐惧，从而获得一种轻松而美好的生活。

心理学启示

焦虑和恐惧是现代社会普遍存在的心理疾病，它源于工作压力、人际关系、经济问题、孤独以及交通堵塞。每天，我们都饱受着生活压力的困扰，可能或多或少都有焦虑恐惧的经历，然而，可能许多人都没有意识到，长期的焦虑会引起抑郁症，这是一种病态的心理，必会给我们的健康带来损害，而且，还会感染到身边的人。所以，以积极乐观的心态面对生活，让焦虑和恐惧都消失在阳光下吧！

不要莫名地怀疑自己

面对任何问题都要持怀疑、好奇的态度进行思考。当然，对问题的怀疑将意味着我们需要证明自己的想法是正确的，这时候我们怀疑的是问题本身，而不应该是自己。意识到问题的存在是思维的起点，没有问题的思维是肤浅，敢于质疑，常常是成功的导火线。然而，对于大多数人来说，面对一些既成的事实，即使他们发现了一些问题，他们所能怀疑的也是自己，而不是问题本身。不是要怀疑自己，而是要大胆证明自己。要善于并敢于否定前人，而不是一味地盲目地迷信权威。在某些问题上，如果自己真的发现了端倪，我们所需要做的并不是怀疑自己，而是努力证明自己，当然，这需要绝对的自信与勇气。

伽利略是意大利伟大的科学家，当时，研究科学的人都信奉亚里士多德的见解，如果有人怀疑亚里士多德，人们就会对他进行责备："你是什么意思？难道要违背人类的真理吗？"亚里士多德曾说："两个铁球，一个10磅重，一个1磅重，它们同时从高处落下来，10磅重的一定先着地，速度是1磅重的10倍。"而伽利略对这句话却表示怀疑，他心想：如果这句话是正确的，那么将这两个铁球拴在一起，那么落得慢的就会拖住落得快的，那么落下的速度就应该比较慢，如果把两个铁球看成一个整体，那落下的速度应该比原来10磅重的铁球快。伽利略相信自己的判断，他开始做实验，希望通过实验来证明自己。果然，实验的结果证明了亚里士多德的结论是错误的，而自己的判断是正确的。如果伽利略怀疑自己，不敢相信自己，那么也许科学的脚步会慢了许多。

克里斯托莱伊恩是英国一位年轻的建筑设计师，幸运的他被邀请参加了温泽市政府大厅的设计，克里斯托莱伊恩没有运用工程力学，而是根据自己的经验，巧妙地设计了只用一根柱子就支撑了大厅天顶的预案。一年过去了，当市政府请权威人士来验收工程的时候，却对克里斯托莱伊恩设计的一根支柱提出了异议，他们认为用一根柱子支撑天花板太危险了，要求克里斯托莱伊恩再多增加几根柱子。克里斯托莱伊恩十分自信地说："只要用一根柱子便足以保证大厅的稳固。"他完全相信自己的计算和经验，拒绝了工程验收专家的建议。不过，克里斯托莱伊恩的固执惹恼了市政府官员，他差点因此而被送上法庭。在这样的情况下，克里斯托莱伊恩只好在大厅周围增加了4根柱子，不过，这4根柱子全部没有挨着天花板，之间相隔了两毫米。

300年过去了，温泽市的市政官员换了一批又一批，但是，市政府大厅依然坚固如初，一直到20世纪后期，当市政府准备修缮大厅的时候，才发现了这个秘密。当时，消息一传出，轰动了世界，各国著名的建筑师都慕名而来，欣赏这几根神奇的柱子，他们看到了在大厅中央圆柱顶端写着的一行字："自信和真理只需要一根支柱。"而克里斯托莱伊恩这位伟大的设计师，他只留下了这样一句话："我很自信，至少100年后，当你们面对这根柱子的时候，只能哑口无言，甚至瞠目结舌，我要说明的是，你们看到的不是什么奇迹，而是我对自信的一点儿坚持。"

即使自己的设计遭到了质疑，克里斯托莱伊恩依然坚信自己的判断是正确的，他从来不怀疑自己设计的正确性，而且，努力、大胆地证明了自己。时间是不会偏颇一个人的，而正是时间证明了克里斯托莱伊恩的自信与真理。有的人其实已经触碰到了真理，但是，他却因为怀疑自己，最终，错过了成功的机会。

1900年，著名教授普朗克和儿子在花园里散步，他看起来神情沮丧，遗憾地对儿子说："孩子，十分遗憾，今天有个发现，它和牛顿的发现同样重要。"原来，他提出了量子力学假设以及普朗克公式，但是，由于他一直很崇拜并虔诚地奉为权威的牛顿理论，而自己的发现将打破这一完美理论，他有些怀疑自己的判断，最终他宣布取消自己的假设。不久之后，25岁的爱因斯坦大胆假设，他赞赏普朗克假设并向纵深处引申，提出了光量子理论，奠定了量子力学的基础。随后，爱因斯坦又突破了牛顿绝对时空理论，创立了震惊世界的相对论，并一举成名。

对自己的怀疑，常常会让我们失去成功的机会，或是让我们放慢前进的脚步。普朗克对自己的怀疑，使整个物理理论停滞了几十年。所以，任何时候，都切莫怀疑自己，而要努力、勇敢地证明自己，这样我们才有可能站在成功的顶峰之上。

心理学启示

一个人如果总是不断地怀疑自己，这是缺乏自信的人所表现出来的特点。缺乏自信的人，他们不敢，甚至畏惧相信自己的想法和判断；缺乏自信的人，他们想办法证明自己是错误的，而不会证明自己是正确的，因为他们内心畏惧出错。怀疑自己，只会成为我们成功路上的障碍，只会使我们放慢前进的步伐，所以，对自己多一份自信，相信自己，千万不要怀疑自己，我们应该鼓起勇气去证明自己。

第14堂课　人际交往的心理课

舍得定理：心里不舍怎会有得

舍得，既是一种做人做事的艺术，也是一种处世的哲学。舍与得之间，既对立又统一，它们是相辅相成的一对。在这个世界上，因为万事万物均有舍得，所以，世界才达到了和谐统一。若把握了舍与得的机理与尺度，我们就等于把握了人生的钥匙和成功的机遇，这就是舍得定律，当我们舍得给他人甜头的时候，我们自己也能感受到生活的甜蜜。对于交际中的一些冲突或矛盾，如果我们能敞开心扉，舍得把利益让给他人，那么，定会赢得他人的钦佩之情，而我们自己也会从中感受到那份甜蜜。

一个小男孩从小生活在一个贫穷的家庭里，为了维持生活，他不得不上街乞讨。在大街上，有人给小男孩1美元和10美元，让他选择拿哪一个，小男孩不语，默默地接过1美元，看也不看那10美元。人们都觉得小男孩心地善良，不好意思多拿人家更多的钱，后来，有人故意拿1美元和10美元，让小男孩选择，但是，小男孩还是做出了一样的选择，只拿1美元，不拿10美元。

渐渐地，这个只要1美元而不要10美元的傻男孩的名声传了出去，于是，人们纷纷拿出1美元和10美元来让小男孩选择，但是，小男孩始终只拿1美元，不拿10美元。越来越多的人拿着1美元和10美元放在小男孩面前，大多数人的目的在于取笑这位只选择1美元的小傻瓜。后来，有个人一口气10次拿着1美元和10美元让小男孩选择，每一次小男孩都选择1美元，这个人好奇地问小男孩：“你为什么分10次拿我的1美元，而不一次拿我的10美元呢？”小男孩只是静默不语，不做任何回答，但是，如果还有人拿着1美元和10美元让他选择，他依然会毫不犹豫地选择1美元。

后来，家里人问小男孩：“你到底为什么只要人家1美元，而不要人家10美元呢？”小男孩回答：“我要是拿人家10美元的话，我就跟其他乞丐一样了，这样，人家也就不会故意拿钱给我选择了。”

聪明的小男孩舍得了暂时的甜头，而获得了长期源源不断的1美元利益。或许，从表面上看，人们都会认为这个小男孩很傻，其实，这才是一种明智的选择。后来，这个小男孩成为了美国总统，因为，他懂得舍得，所以取得了人生的成功。

乔治·艾略特说：“如果我们想要得到更多的玫瑰花，就必须种植更多的玫瑰树。”生活的本质在于你如何看待它、如何对待它。智者永远不会对他人期望太多，因为他懂得：自己如何对别人，别人就会如何对待你，如果想与他人维持良好而长久的人际关系，就应该学会舍得，敞开自己的胸怀，走进别人的心灵，把甜头给别人，我们也同样会获得一种甜蜜。哲人这样阐释“舍得”：人就是一个有趣的平衡系统，当自己的付出超过所得到的回报时，内心就会取得某种心理优势；相反，当所得到的回报超过了自己付出的劳动，就会陷入某种心理劣势。

心理学启示

对于每个人来说，在这个世界上，既没有无缘无故的获得，也没有无缘无故的失去。大多数人习惯以物质上的不合算来换取精神上的超额快乐，这时候，看似占了很大的便宜，实际上却在不知不觉中透支了精神的快乐。俗话说：“赠人玫瑰，手有余香。”把甜头给别人，自己也会感受到其中的智慧。

微笑效应：影响人心，亲近他人

一个微笑，就是一个和善的信号，可以缩短心灵之间的距离，消除误解、疑虑和不安，使他人有一种被尊重的感觉，满足他人最大的心理需求。一个售货员的心情很好，于是，她给了顾客一个亲切的微笑，顾客的心情也变好了，回到家，给儿子一个微笑，儿子的心情也变好了，回到学校给所有的同学一个微笑，微笑就这样一直传下去了。这就是心理学中著名的微笑效应，心理学家通过研究得出了这样一个结论：如果你决定提高自己的社交技巧，决定结婚或者至少跟一个人住在一起，决定追求有意义的目标并且在过程中、在小事上享受快乐，那么，你的幸福感就能提升10%～15%；如果你能不吝惜自己的微笑，亲和地对待他人，那么，你的幸福感就能提升20%～25%。微笑，能够撩动人心，让人亲近。

有一天，忧虑者向智者请教："尊敬的人间智慧者，告诉我吧，如何才能让我跳出忧郁的深渊，享受欢乐呢？"智者微笑着说："那你就学会微笑吧，向你每天所见的一切。"忧虑者感到很奇怪："可是，我为什么要微笑呢？我没有任何微笑的理由呀。"智者回答道："当你第一次向人微笑时，不需要任何理由。"忧虑者问道："那么，第二次微笑呢？以后我都不需要任何理由就微笑吗？"智者笑着说："以后，微笑的理由会按它自己的理由来找你。"于是，忧虑者走了，他按照智者的指引，去寻找微笑。

半年过后，一个满脸微笑的人来到智者面前，他告诉智者："我就是半年前那个忧虑者。"现在，这个过去的忧虑者满脸阳光，嘴角总是挂着真诚的微笑。智者问道："现在，你有了微笑的理由了吗？"曾经的忧虑者说道："太多了，当我第一次试着把微笑送给那位我曾见过无数次面的送报者，他居然还我同样真诚的微笑，我发现天是那么蓝，树是那么绿。"说完，他又开始讲述自己的经历："当我第二次把微笑送给那位不小心把菜汤洒在我身上的侍者的时候，我感觉到了他发自内心的感激，感受到了那份温

情，而这份温情驱散了积聚在我内心的阴云。后来，我不再吝惜我的微笑，我把微笑送给了那些孤独的老人，送给天真的孩子，甚至，把这份美好送给那些曾经辱骂过我的人，我发现，我收获了多于我所付出几倍的东西，这里面有赞美、感激、信任、尊重，还包含着一些人的自责和歉意，而这些都是人间最美好的感情，这让我变得更加自信，更加愉快，我更愿意付出微笑。”智者微笑着说：“你终于找到了微笑的理由，假如你是一粒微笑的种子，那么，他人就是土地。”

美国前总统华盛顿曾说：“一切的和谐与平衡，健康与健美，成功与幸福，都是由乐观与希望的向上心理产生与造成的。”原一平是日本的一位保险推销员，他只有1.53米的个子，刚开始从事保险员这项工作的时候，原一平几乎连一分钱的保险都没有拉到。然而，他每天依然精神抖擞，一路上，不断地用微笑和那些擦肩而过的行人打招呼。由于原一平的微笑总能感染到别人，后来，他成为了日本历史上最出色的保险推销员，而他的微笑被评为“价值百万美元的微笑”。

心理学启示

原一平的微笑如此神奇，不仅给顾客带来了欢乐与温暖，同时，也给自己带来了巨额财富和一世英名。其实，对于我们来说，在这个世界上，每一个发自内心的微笑，往往都具有神奇的力量。威尔科克斯说：“当生活像一首歌那样轻快流畅时，笑颜常开乃易事，而在一切事都不妙时仍能微笑的人，才活得有价值。”微笑是种子，谁播种微笑，谁就能收获美丽。

赞美法则：表达你对他人的欣赏

卡耐基学校训练专家黑幼龙这样说道：“曾有一位母亲将一大把稻草丢在了晚餐桌上，全家人都愕然，她说：‘我为全家人做了几十年的饭菜，老老小小从来都没有给过一句肯定的话，这跟给你们吃稻草有什么区别？’” 黑幼龙还强调说：“别以为家人之间不需要赞美，连妈妈这种付出爱心不求回报的人，都渴望有被肯定的一天。”

马克·吐温曾说：“听到一句得体的赞美，能使我陶醉两个月。”虽然，马克·吐温夸大了赞美的效用，但是，在现实生活中，每个人都渴望得到他人的赞美，因为每个人内心都希望自己所付出的努力可以被别人看见，自己所获得的成绩获得别人的肯定。而且，那些习惯于赞美他人的人，他们总能够成为社交场上的主角，因为，大家都乐于听他说话。在日常交际中，赞美的语言犹如魔术师的魔棒，它让越来越多的人喜欢听自己说话，毕竟谁都喜欢听赞美的话。不仅如此，在日常生活中，赞美还能够激发一个人内在的自尊。

布朗夫人最近雇佣了一个女佣，那个被雇佣的女佣从下个星期一开始正式上班。为了更好地了解这个女佣的情况，布朗夫人给女佣的前雇主打了一个电话，询问道：“这个女佣怎么样？”没想到，从前雇主那里得到的对女佣的评价，居然是贬比褒多。

不过，布朗夫人心里有了主意，很快就到了星期一，女佣来了，布朗夫人对她说：“贝丝，几天以前，我打电话请教了你的前任雇主，她告诉我说，你为人很老实可靠，而且，还煮得一手好菜，带孩子也十分细心，唯一的缺点就是理家有点外行，总是将屋子弄得脏兮兮的。听完了这样的评价，我想这位雇主的话似乎并不可信，今天，我看见了你的穿着，发现你是一个十分爱干净的人，我相信这是你的习惯，你肯定会将家里打扫得干干净净，而且，我们会相处得很愉快的。”听了布朗夫人的话，贝丝的脸涨红了，她在心里暗暗发誓：以后一定听布朗夫人的，在这里好好干。

后来，贝丝与布朗夫人相处得果然愉快，贝丝将家里整理得井井有条，一尘不染，而且，工作十分勤奋，宁愿自己加班，也不会耽误家务工作。

赞美能令一个人将自己所有的优点都展现得淋漓尽致，布朗夫人的赞美令贝丝感到愉悦，而这样一份美好的心情很快就投入到了工作中。对此，人际关系专家卡耐基说：“喜欢被人认可，感觉自己很重要，是人不同于其他低级动

物的主要特性。”世界上最美好的声音就是赞美，最好的礼物也是赞美，成功的赞美能给人带来愉悦，能使人受到鼓舞。一个成功的推销员，他向客户说的第一句话一定不是关于产品，而是一句真诚的赞美。因为，他们深知，只有赞美才能令更多的人来听自己说话，这样，产品推销就更容易获得成功。

从前，有一个北京的官员要去外地当官任职，在离京之前，他去和自己的老师告别。老师嘱咐他说：“外面的官不容易做，你应当谨慎些。”那人却说；“我准备了一百顶高帽，逢人就送他一顶，应当不至于有关系不融洽的人吧。”老师听了，十分生气：“我们应该以正直的方式对待他人，给别人做事，为什么要这样呢？”那人回答说：“可是，天下像老师您这样不喜欢戴高帽的人，还能有几个呢？”老师点了点头，说道：“你的话也不是没有道理。”那个人离开了老师以后，告诉别人说：“我有一百顶高帽子，现在只剩下九十九顶了。”

心理学启示

林肯说：“人人都喜欢受人称赞。”赞美是我们乐观面对生活所不可缺少的，是我们自信、自我肯定的力量源泉，它更是人际关系的润滑剂。对于每个人来说，赞美不仅是一种美德，更是一门学问，当我们需要寻求帮助的时候，赞美可以令他人欣然答应我们的请求；当我们需要表达意见的时候，赞美会让他人更愿意倾听我们的看法和建议。学会赞美他人，以欣赏的目光去看待他人，这会让我们心胸开阔，从而与他人建立更和谐的人际关系。

海格力斯效应：化解彼此的敌意

生活中经常出现这样的现象：由于误解或嫉妒，两个人有了矛盾，这时候，如果你想报复对方，就会加深对方对你的仇恨，有可能导致的结果就是他会挖空心思加害于你；如果你继续不罢休，他就会更加恶毒地报复你，在这样一个过程中，你心中的敌意越深，那么，对方对你的报复可能就会越狠毒，最终，直到两败俱伤。这样的现象延伸出来就是“海格力斯效应”，用最简单的话说，“海格力斯效应”就是“以牙还牙，以眼还眼”，或者是“以其人之道还治其人之身”，如果你总是跟我过不去，那么，我就会让你不痛快。

海格力斯效应是一种人际互动，它是一种人际之间或群体之间存在的冤冤相报、致使仇恨越来越深的社会心理效应。在日常交际中，如果我们深陷海格力斯效应，那么，无疑会陷入无休无止的烦恼之中，这样，我们会错过路边许多美丽的风景，失去真正的快乐，人际关系也无法取得较好的效果。

海格力斯效应源于希腊神话的一个故事：

海格力斯是一位英雄大力士，有一天，他在一条坎坷不平的路上走着，突然，他看见路边有一个鼓起的袋子，样子十分难看。海格力斯对其产生了厌恶之情，他用力踩了那难看的东西一脚，谁料，那东西不仅没有被海格力斯一脚踩破，反而膨胀起来，并不断地增大体积。海格力斯本来就对那东西充满厌恶，心想：自己可是英雄力士，怎么可能输给这个难看的东西呢？海格力斯越想越生气，心中积压了一团怒火。

于是，他顺手操起路边的一根碗口粗的木棒朝那个怪东西砸去，谁想，这个东西在重力之下愈加膨胀起来，竟然把前面的路都堵死了。海格力斯纳闷极了，这是什么怪东西啊，不过，因为自己使完了全身的力气，已经没有别的办法了。这时，一位圣者走到海格力斯面前，对他说：“朋友，快别动它了，忘了它，离它远去吧，它叫仇恨袋，你不惹它，它便会小如当初；你若侵犯它，它就会膨胀起来与你敌对到底。”

每个人内心的仇恨就如海格力斯所遇到的那个袋子，刚开始，我们忽视它的时候，它看起来很小，如果在这时，我们继续忽略它，那么，深植于内心的矛盾就会被化解开了，仇恨自然会消失；如果你总是与它过不去，甚至，对它产生了怨恨之情，那么，仇恨就会加倍地报复于你。所以，为了避免海格力斯效应，我们应该忽视内心的仇恨，尽可能地忘记它，这样，我们的社交之路才会更通畅。

心理学启示

人一旦受到了恶性刺激，心里就会产生不良情绪，而人就会陷入无休无止的烦恼之中。在人际交往中，不管是对复仇者还是被报复的人，双方都不是真正的胜利者，因此，我们应该拒绝海格力斯效应的出现，学会宽容，懂得忍耐。以怨报怨是一种社会效用最差的选择，这很容易让我们陷入冤冤相报无了时的泥潭，有时候，忍耐不是退让，而是一种力量，只有忘记了仇恨，学会宽容，我们才能与人和睦相处，才会赢得他人的友谊与信任，从而赢得他人的支持与帮助。

幽默心理：交际场上的百变魔精

美国人崇尚幽默的品质，幽默是交际场上的百变魔精。在一次白宫钢琴演奏会上，美国前总统里根正在讲话，他的夫人南希不小心连人带椅跌落在台下的地毯上。下面的观众发出了惊叫声，但是，南希却很快从地上爬起来，在几百名来宾的热烈掌声中回到自己的位置上。这时，里根说话了："亲爱的，我告诉过你，只有在我没有获得掌声的时候，你才应该这样表演。"

幽默是人际交往中的润滑剂，在心理学中，幽默效应是一种防御机制。在日常交际中，不可避免地会出现困难或尴尬的场景，这时候，幽默就成为了最好的和谐剂，运用一些诙谐的手法，达到自我解脱，摆脱尴尬的境地，营造出和谐美好的气氛，从而与他人建立友好的关系。幽默在我们的日常生活中，几乎无处不在，尤其是在交际场上，更是成为不可缺少的调剂品。幽默，能使人心情开朗，愉悦乐观，不仅给别人送去欢笑，而且能使整个人际关系变得更和谐；幽默是精神的缓冲剂，可以淡化矛盾，消除彼此之间的误会，使遭遇困境的一方摆脱困境，有效地化干戈为玉帛。

林肯是一个擅长幽默的交际高手：

有一次，林肯正面对着观众滔滔不绝地进行演讲，突然，人群中不知名的先生递给他一张纸条。林肯接过了纸条，不假思索地打开纸条，没想到，纸条上竟然写着这样的两个字“傻瓜”。当时，在林肯旁边的人已经看到了这样两个字，他们都盯着林肯，看他如何来处理这样的公然挑衅。在许多人目光的注视下，林肯略一沉思，微微一笑说：“本人已经收到许多匿名信，全部都只有正文，不见署名，而今天却正好相反，在这一张纸条上只有署名，而却缺少正文！”话音刚落，整个会场上便响起了阵阵掌声，大家都为林肯的机智和幽默而鼓掌，那位“署上名字”的先生低下了头，混入了人群中，整个会场气氛由紧张变为轻松，演讲继续进行。

对于疲惫的人们来说，幽默就是休息；对于烦恼的人们来说，幽默就是解药；对于悲伤的人们来说，幽默就是安慰；对所有的人来说，幽默就是一种力量，一种在社交场合化险为夷的力量。在日常交际中，幽默是智慧与知识的综合体，即使自己处于四面楚歌的绝境时，或者处于受人非难的尴尬场面时，幽默都可以帮助你摆脱“危险”，脱离“尴尬境地”。

歌德有一次到公园里散步，这时，迎面走来一位曾经对自己作品提出尖锐批评的批评家，批评家看到了歌德，立即高声喊道：“我从来不给傻子让路！”歌德微笑着说：“而我正好相反。”一边说着，一边满脸笑容地站在一旁，让那位批评家先走。在这里，歌德的幽默避免了一场无谓的争吵，同时消除了自己的愤怒与烦恼，并充分显示了自己的心胸和气量。

心理学启示

在日常交际中，我们经常会无可避免地遇到一些尴尬的局面，比如，自己在生活中陷入一种沮丧悲观，烦恼惆怅的不良情绪中不能自拔，给没有礼貌的对手一个不失风度的回击，在这样的情况下，幽默都是你最好的选择。幽默在社交场上是离不开的，它能使严肃紧张的气氛变得轻松，能让人感觉到你的温和与善意，而且，对方会很容易对你产生好感。总而言之，在社会交际中，谁具有了幽默的细胞，谁就能驰骋于社交场合，如鱼得水，轻松自如。

尊重定律：让他人拥有存在感

席勒说：“不知道他自己的尊严的人，他就完全不能尊重别人的尊严。”自尊是每个人必须学会的第一个原则，从小，我们就应该学会“站着”，而不是“趴着”去仰望那些大人物，这样所建立的自信心与健全的人格会为我们的一生打下坚实的基础。一个人的心灵世界，是要靠自尊来支撑的，尊严可以带给人自信，也可以改变一个人的命运。

在哈佛的众多校长中，劳伦斯·萨默斯是其中任职时间最短的一位，当然，并不是因为萨默斯的能力不够，或者说资历不强，而是源于萨默斯在某些方面不懂得尊重人，最终，他不得不告别了哈佛大学。

28岁的萨默斯获得了哈佛大学哲学博士学位，在1982至1983年期间，萨默斯曾受雇时任总统里根经济顾问委员会。1983至1993年期间，萨默斯受聘为哈佛大学经济学教授，而且，他成为了哈佛大学现代历史上最年轻的终身教授。1991至1993年期间，萨默斯在世界银行贷款委员会担任首席经济学家，1999至2001年，萨默斯担任克林顿政府第71任财政部长。在美国历史中，萨默斯是一位社会名声显赫的人物，然而，正是这位声名显赫的大人物，却惨遭哈佛大学的“滑铁卢”

萨默斯是一个习惯“信口开河”的人，而就是这一习惯让他付出了惨重的代价。2001年，年仅47岁的萨默斯接任哈佛校长，在就职期间，萨默斯不经意说了一句：“女性先天不如男人。”顿时，这一观点被斥责为“性别歧视”的论调，在哈佛大学，引发了一场“反萨默斯”风潮。这样造成的后果是，萨默斯与同事关系紧张，严重影响了哈佛大学的团队精神。在一次投票中，哈佛的教职员纷纷向萨默斯投下了不信任票，在这样的舆论压力下，萨默斯只有主动辞职，使他成为历届哈佛校长中就职时间最短的一位。

虽然，劳伦斯·萨默斯在美国社会是一位赫赫有名的人物，但是，在哈佛大学，他不能享受一丝特权。萨默斯作为哈佛大学的校长，他有管理学校的权力，同时，他又承担着相应的责任，他的言行举止将必须接受哈佛广大教职员的监督，所以，在教职员的不信任下，萨默斯被迫离开哈佛。哈佛民主治校的人文精神是“反对特权、崇尚平等”，几乎每一位哈佛学子都渴望在平等中获得尊重。而萨默斯一句不尊重女性的话，最终导致了其威望值的下降。

纽约商人看到一个衣衫褴褛的铅笔推销员，出于内心的怜悯，纽约商人塞给那人一元钱，但是，过了一会儿，纽约商人意识到自己的行为伤害了对方的自尊。于是，纽约商人返回来，从铅笔推销商那里取出几只铅笔，并解释道：“不好意思，我忘记取笔了。”然后，他又说道：“你跟我都是商人，你有东西就要卖给别人。”几个月过去了，纽约商人再次遇到了那位卖笔人，这时，那卖笔人已经成为推销商，他感谢了纽约商人：“你重新给了我自尊，告诉了我，我是个商人。”我们应该记住：在日常交际中，尊重永远是社交的第一要素，在任何时候，面对任何人，我们都要学会尊重。

心理学启示

弗洛姆说：“尊重生命、尊重他人也尊重自己的生命，是生命进程中的伴随物，也是心理健康的一个条件。”只有真正学会尊重他人、尊重身边的每一个人，我们才能得到他人的尊重，最终我们才能与他人建立融洽和谐的人际关系。尊重，它如同一把火炬，在心灵与心灵之间传递着信任与爱；尊重，它又如同一把金钥匙，能打开所有上锁的灵魂。

第15堂课　探秘幸福的心理课

学会追求幸福和享受生活

很多人认为，获得幸福最简单的模式就是拼命挣钱，当积蓄能够满足自己的挥霍后，享受的人生就此拉开序幕。在这之前，不停地拼搏和奋斗，才是有志向、有抱负的表现。

事实果真如此吗？哈佛最受学生喜欢的幸福课教授本·沙哈尔否定了这个观点。他经常在课上讲述的“蒂姆的故事”，是反驳这个观点的一个强有力的论据。从这个故事中，很多人能够发现自己的身影也在其中晃动。

蒂姆从小就过着无忧无虑的生活，但，让他没想到的是，上了小学之后，他的人生开始走上了忙碌奔波的旅程。父母和老师总告诫他，上学的目的，就是取得好成绩，这样长大后，才能找到好工作。没人告诉他，学校，可以是个获得快乐的地方，学习，可以是件令人开心的事。因为害怕考试考不好，担心作文写错字，蒂姆背负着焦虑和压力。他天天盼望的，就是下课和放学。他的精神寄托就是每年的假期。

大人的价值观在蒂姆的思想里潜移默化地根深蒂固。他虽然不喜欢学校，但还必须天天上学，努力学习。成绩好时，父母和老师都夸他，同学们也羡慕他。到高中时，蒂姆已对此深信不疑：牺牲现在，是为了换取未来的幸福；没有痛苦，就不会有收获。当压力大到无法承受时，他安慰自己：一旦上了大学，一切就会变好。

终于，经过长时间的煎熬，蒂姆收到了大学的录取通知书，他激动得落泪了。他长长舒了一口气：现在，可以开心地生活了。但没过几天，那熟悉的焦虑又卷土重来。他担心在和大学同学的竞争中，自己不能取胜。如果不能打败他们，自己将来就找不到好工作。

在大学期间，蒂姆依旧奔忙着，极力为自己的履历表增光添彩。他成立学生社团、做义工，参加多种运动项目，小心翼翼地选修课程，但这一切完全不是出于兴趣，而是这些科目，可以保证他获得好成绩。

大四那年，蒂姆被一家著名的公司录用了。他又一次兴奋地告诉自己，这次终于可以享受生活了。

刚刚参加工作不久，他就感觉到，每周需要工作84小时的高薪工作，充满压力。他又说服自己：没关系，只有这样干，今后的职位才会更稳固，才能更快地升职。当然，他也有开心的时刻，是在加薪、拿到奖金或升职的时候。但这些满足感，很快就消退了。

在漫长的职业生涯中，蒂姆疯狂工作，经过多年的努力，他成了公司合伙人。这是他一直渴望实现的一个目标。可是，当这一天真的到来时，他却没感觉多快乐。蒂姆拥有了豪宅、名牌跑车，他的存款一辈子都用不完。

终于，蒂姆成功了，朋友拿他当偶像，来教育自己的小孩。可是蒂姆呢，由于无法在盲目的追求中找到幸福，他干脆把注意力集中在了眼下，用酗酒、吸毒来麻醉自己。他尽可能延长假期，在阳光下的海滩一待就是几个钟头，享受着毫无目的的人生，再也不去担心明天的事。起初，他快活极了，但很快，他又感到了厌倦。

我们中的很多人，也许经过多年的打拼和艰苦的奋斗，也不能取得蒂姆那样的成就。难道一生就是如此忙碌地拼搏到死吗？享受真正的人生之旅比直到那旅程结束时还没有感受到快乐重要得多。

曾听一位教授在课堂上讲过这样一个故事：

有个人特别羡慕别人骑马，非常渴望有匹自己的马。在他看来，骑马是那么潇洒、那么威风，而用脚走路实在是太麻烦，太没有意思了。

有人告诉他，如果想得到马，必须用双腿来换。那人听了之后，立刻毫不犹豫地献出了自己的双腿。他于是得到了一匹马。

骑马真是太令人兴奋了。正如所想象的那样，马在草原奔驰，仿佛在天空中飞翔。这种感觉让他沉醉，他庆幸自己的选择。

但是，人不可能总生活在马上，骑了一阵子后，他开始有些疲倦，渐渐变得兴趣索然了。于是，他想下马，可是没有了脚，他站都站不稳，一切都需要别人帮助，这个时候，他才发现自己所面临的是一种什么样的困境。

这种交易的愚蠢看起来一目了然，道理也十分简单，但生活中却仍有不少人执迷不悟，很多人用一生去追求一个看似得到后就会很满足、很幸福的目标，但最终的结果，往往得到的是你的悔恨。

人是一种有着美好憧憬的动物，年轻的时候，我们总是想等到老了以后，得到许多物质的满足，再去好好享受，去环球旅行；当我们有了孩子的时候，总是惦记着让子女好好享受。以至于自己到底需不需要享受，自己什么时候享受，却从不去认真考虑。所以，事实上，很多人不会享受。

享受生活归根结底是一种心境。享受的关键在于寻找快乐的人生，而快乐并不在于其拥有多少、获得多少，生活质量如何，而是在于其怎样看待周围的人和事情，怎样让自己有一颗接纳快乐事物的心。

心理学启示

本·沙哈尔在课堂上告诉同学们，生活的意义在于感受幸福，在于享受此刻的生活。幸福和爱向来都是孪生兄弟，哪里有爱，哪里就会有幸福的花朵盛开。爱是甘泉，滋养生命，浇灌幸福。一个人要想真正享受幸福，就必须懂得付出，懂得播种爱的芬芳，当别人从你的付出中获得幸福时，你也就享受到了幸福。幸福在给予中获得，也在给予中升华。爱人者被爱，这是千古不变的真理。只有爱，能够使我们领略到幸福的真谛；只有爱，才能让我们的灵魂充满幸福的香味；也只有爱，才能真正让我们享受到幸福。

学习哈佛教授的幸福型汉堡

在寻找幸福的过程中，本·沙哈尔的幸福观逐渐清晰起来："幸福，应该是快乐与意义的结合。"本·沙哈尔说："一个幸福的人，必须有一个明确的、可以带来快乐和意义的目标，然后努力地去追求。真正快乐的人，会在自己觉得有意义的生活方式里，享受它的点点滴滴。"他的这一看法源于汉堡里总结出来的人生的4种模式，汉堡，相信大多数人都吃过吧，它是一种受欢迎的方便主食。然而，谁也没有料到，有人能从汉堡里悟出哲理来，不过，这的确是本·沙哈尔教授的亲身经历。

本·沙哈尔16岁那年，为了准备壁球赛事，除了每天苦练之外，还被要求严格节制饮食。就在开赛前一个月，他只能吃最瘦的肉类、全麦的碳水化合物以及新鲜蔬菜和水果。这一节制的饮食对于正处在青春期的沙哈尔来说，根本就是一种折磨，他暗暗发誓：一旦比赛结束之后，一定要大吃两天所谓的"垃圾食品"。于是，在比赛一结束，沙哈尔就直奔自己最喜爱的汉堡店，一口气买下了4个汉堡。当他迫不及待地撕开包装纸，把汉堡放到嘴边的那一瞬间，却突然停住了手。他明白，自己在过去一段时间里，正是因为健康的饮食才使得自己体能充沛。如果现在自己享受了眼前的汉堡，以后可能会后悔，而且会影响到自己的健康。

看着眼前的汉堡，他发现，它们每一种都有自己独特的风味，他认为这可以代表4种不同的人生模式：第一种汉堡，就是他最先拿起的那个，口味诱人，却是标准的"垃圾食品"，享受了眼前的快乐，同时却埋下了未来的痛苦，这比喻及时享乐，不管未来的幸福人生，即享乐主义型；第二种汉堡，里面包裹了蔬菜和有机食物，但口味很差，比喻牺牲了眼前的幸福，追求未来的目标，即忙碌奔波型；第三种汉堡，既不美味，又会影响到以后的健康，比喻对生活丧失了希望和追求，既不享受眼前的事物，也不对未来抱希望，即虚无主义型；第四种是"幸福型"汉堡，即享受当下所做的事情，又可以获得更美好的未来。

在本·沙哈尔看来，那四个小小的汉堡，却展现了四种截然不同的人生

态度。在“幸福课”上，当本·沙哈尔教授让自己的学生选择做哪种类型的人时，几乎所有的人都选择了幸福型。在漫漫人生中，一时的选择很容易，但是，却很有可能为我们未来的生活带来种种影响。往往在选择之后，我们却偏离了最初的幸福。

然而，做一个“幸福型”的人并没有想象中那么容易，就好像我们总是在追寻幸福，却忽略了幸福就在我们身边。在现实生活中，我们很容易受到他人的影响，换句话说，我们对幸福的感知，常常是羡慕他人。刚刚大学毕业，眼看着身边的人都有了稳定的工作，于是开始对自己的工作不满意；家里又是托关系，又是塞钱，终于有了稳定的工作，却眼看身边的人已经开始买房买车，于是又开始对自己的生活不满意。在这个追逐所谓 “幸福”的过程中，我们最初的思维以及固有的习惯受到了很大的干扰。身边人的生活与事业成为了我们定义幸福的标准，事实上，我们并没有享受当下的生活，自然难以获得美好的未来，最终感觉不到生活的幸福。

从前，有一个渔夫，他每天上午会在海边和朋友聊天、打渔，中午回家吃饭，睡个午觉，下午晒晒太阳，去咖啡店喝一杯咖啡。傍晚，孩子放学回家，全家享受天伦之乐，他很满意现在的生活。

有一天，一位富有的商人来到了海边，看到他打渔很起劲儿，就跟他聊了起来。富商说：“你以后不仅早上打渔，下午也要打渔。”渔夫感到不解：“为什么？”“因为这样你可以多赚钱。”富商解释。“然后呢？”渔夫问道，“赚够了钱，你就可以买条船，雇佣一些人来帮你干活。”富商提出了自己的计划。“然后呢？”渔夫又问，“然后你就可以有很多渔货，卖到各地去，赚更多的钱。然后你就可以买船队，到真正的海洋上去打渔，再赚更多的钱。”富商回答道。渔夫摸了摸自己的脑袋，问道：“然后呢？”那个富商说：“然后你就可以退休，在家里每天过得轻松愉快，高兴打渔的时候就打渔，下午你就可以喝喝咖啡，和老婆孩子快乐生活啦！”听了富商的话，渔夫笑着说：“那样的生活和现在的生活有什么不同呢？这就是我现在的生活啊！”

故事里，富商是属于“忙碌奔波型”，而渔夫则是享受当下。其实，无论你是属于哪种汉堡，唯一不能够改变的是那份快乐的心情。有的人为了成功，不惜忙碌奔波，但是，成功并不是以牺牲快乐为代价，有的人每天辛辛苦苦，但他心中依然充满了快乐，他的生活是充实的，因而也是幸福的。所以，追求幸福，我们要善于选择好自己的人生模式，更为关键的是，做好自己能做的一切，把握今天，着眼于未来。

心理学启示

学会享受当下，同时，也要着眼于未来。也许，在我们的生活中会有许多烦恼，但是，很多事情并没有我们想象得那么糟糕，只要做好自己能做的事情，幸福感就会随之而来。即使遇到了重大的挫折，我们依然可以轻松地生活，至少有90％的事还不错，只有10％不太好。如果我们想拥有快乐与幸福，那就要看到事情好的一方面，你会发现，幸福的因素存在于今天，而那小小的忧虑与悲伤，只是来源于自己的担心与假象。享受当下，才能以更好的心态来面对未来，这样一来，幸福的感觉才不会被透支。

10条幸福小贴士

人生是美好的，人生最大的乐趣在于享受人生的幸福。每个人都渴望得到幸福，他们各自对幸福的定义也有所不同，因此，获得幸福的途径自然也会千差万别。为了让学生能够更好地记住“幸福课”的要点，哈佛幸福课教授本·沙哈尔将幸福课的要义简化为10条小贴士：

（1）遵从你内心的热情。选择对你有意义并且能让你快乐的课，不要只是为了轻松地拿一个A而选课，或选你朋友上的课，或是别人认为你应该上的课。

（2）多和朋友们在一起。不要被日常工作缠身，亲密的人际关系，是你幸福感的信号，最有可能为你带来幸福。

（3）学会失败。成功没有捷径，历史上有成就的人，总是敢于行动，也会经常失败。不要让对失败的恐惧，绊住你尝试新事物的脚步。

（4）接受自己全然为人。失望、烦乱、悲伤是人性的一部分。接纳这些，并将它们当成自然之事，允许自己偶尔的失落和伤感。然后问问自己，能做些什么来让自己感觉好一点。

（5）简化生活。更多并不总代表更好，好事多了，也不一定有利。你选了太多的课吗？参加了太多的活动吗？应求精而不在多。

（6）有规律地锻炼。体育运动是你生活中最重要的事情之一。每周只要3次，每次只要30分钟，就能大大改善你的身心健康。

（7）睡眠。虽然有时“熬通宵”是不可避免的，但每天7到9小时的睡眠是一笔非常棒的投资。这样，在醒着的时候，你会更有效率、更有创造力，也会更开心。

（8）慷慨。现在，你的钱包里可能没有太多钱，你也没有太多时间。但这并不意味着你无法助人。“给予”和“接受”是一件事的两个面。当我们帮助别人时，我们也在帮助自己；当我们帮助自己时，也是在间接地帮助他人。

（9）勇敢。勇气并不是不恐惧，而是心怀恐惧，依然向前。

（10）表达感激。生活中，不要把你的家人、朋友、健康、教育等这一切当成理所当然。它们都是你回味无穷的礼物，记录他人的点滴恩惠，始终保持感恩之心，每天或至少每周一次，请你把它们记下来。

幸福的含义其实很简单，对于一个人来说，选择一本适合自己的书，选择一份属于自己的爱，选择一个喜爱的工作。就这么简单，简简单单也是一种幸福。幸福是一种心态，假如你拥有乐观、正面思维以及感恩的心态，那么你就很容易获得幸福；幸福是一种能力，对幸福的感受，完全出于对幸福的感知。一个人要想得到真正的幸福，就必须修炼自我，让自己拥有一种幸福他人的能力。

哈佛教授讲述了这样一个故事：

杰里是饭店的经理，他每天心情总是很好，每当有人问他近况如何时，他总是回答：“我快乐无比。”如果某位同事心情不好了，他就会告诉对方：“每天早上，我醒来就对自己说，杰里，今天有两种选择，你可以选择心情愉快，也可以选择心情不好，我选择心情愉快；每次有坏事发生，我可以选择成为一个受害者，也可以选择从中学些东西，我选择后者。人生就是选择，你要学会选择如何去面对各种处境，归根结底，由你自己选择如何面对人生。”

有一天，杰里被3个持枪歹徒拦住了，歹徒朝他开了枪。当他躺在地上时，杰里对自己说：“有两个选择：一是死，一是活。”他选择了活，医护人员告诉杰里：“你会好起来的。”但是，他被推进急诊室后，杰里却从医生眼里读到了“他是个死人”，杰里知道自己需要采取一些行动。有个护士大声问杰里：“你有没有对什么东西过敏？”杰里马上回答：“有的。”这时，所有的医生、护士都停下来等他说下去，杰里深深吸了一口气，然后大声吼道：“子弹。”顿时响起了一阵笑声，杰里接着说道：“请你把我当活人来医，而不是死人。”经过了18个小时的抢救和几个星期的精心治疗，杰里出院了，只是仍有小部分弹片留在体内。6个月以后，一个朋友见到了他，问他近况如何，他说：“我快乐无比，想不想看看我的伤疤？”

当你把自己当做一个弱者、失败者，那么你将感受到痛苦，时间长了，你就真的会成为一个弱者；如果你将自己当做一个强者，你将因此获得生活的勇气，你可以快乐，只要你希望自己幸福，你就将获得幸福。幸福是动态的，它没有一定的标准，别人的幸福不一定是你想要的，而你的幸福对别人也未必适用。

心理学启示

在日常生活中，幸福将伴随着你生活的脚步，伴你走过人生的旅途，它如同人生一位匆匆的过客，在平淡无奇的生活中一闪而过，快得使人来不及细细品味。所以，幸福在于把握现在，时刻感悟幸福，及时感受幸福。有人说，自己是不幸的，总是被烦恼包围。其实，人生的幸福与烦恼都是等量的，关键在于你如何去感受。这就好似在沙漠里发现了半瓶水，如果你说：“太好了，还有半瓶水。”你感受到的将是幸福；如果你说：“真糟糕，只剩下半瓶了。”你感受的将是烦恼。上帝给予每个人同样多的幸福，就看你感受到了多少，假如你能从内心去感受，那么你将会被幸福包围。

理解并体会幸福的滋味

有的人感到很不解，为什么自己总是体会不到幸福的滋味呢？那么，我们在为这个问题纠结的同时，你是否意识到自己已经理解了幸福。因为，只有你理解了幸福的真谛，才能够体会到幸福的滋味。幸福并不是获得更多的金钱与财富，而是得到最适合自己的东西。当我们在选择幸福之前，我们应该清楚自己内心真正需要的是什么，那个能带给自己快乐的东西才能让你获得真正的幸福。本·沙哈尔说："幸福不但是对某种需要的满足，而且是对某种需要的理解。"

有一天，精明的猎狗在森林里寻找主人打下来的猎物，在偶然间看到了一袋黄金。它跑上前去嗅一嗅，懊丧地说："哎，我还以为找到了主人打下来的猎物呢！不过，我相信主人肯定会非常喜欢，说不定他一高兴就会每天赏赐我几根骨头呢！"猎狗这样想着，叼起那个口袋跑到主人身边。"你真是太伟大了！我要用其中的一块黄金给你配一身最好的行头！"主人抚摸着猎狗说。猎狗谢绝了主人的这一赏赐，反而恳求道："不，如果您不介意的话，我想每顿享用几根骨头。"主人爽快地答应了，猎狗从此每天都可以吃到骨头。

黄金行头对于猎狗来说，没有任何的实质性意义，所以，它选择最适合自己的东西。试想，对于一只猎狗来说，每天都可以吃到骨头，那该是多么幸福啊。许多人觉得幸福难以理解，总是胡乱猜测幸福的定义，导致最后他们错误地理解了幸福。其实，当你能够理解自己内心真正的需求，那么你就理解了幸福，这原本就是一件很简单的事情。

在许多人眼里，哈佛学院堪称世界级学府，而身为哈佛的学生，可以在毕业后获得理想的工作，无论是事业还是财富，他们都能够平步青云，一帆风顺。但是，据心理学家的调查，哈佛学院的大多数学生都会担忧自己面对社会时的境遇，即使他们的学业成绩十分优秀，但这种担忧仍时刻存在着，他们对于未来的金钱和事业发展依然会很迷茫。对此，本·沙哈尔教授告诉学生怎么看待自己未来的工作与金钱、幸福的关系。他说："仔细考虑以下3个关键的问题，先来问问自己：一，什么带给你人生的意义？二，什么带给你快乐？三，你的优势是什么？并且要注意顺序，然后看一下答案，找出其中的交集点，最后那个工作就是最能使你感到幸福的工作了。"有的人之所以感觉不到幸福，主要是因为他们首先看重的是物质与财富，之后才选择了快乐和意义，他们并没有理解幸福的真谛，也不清楚自己内心最需要的东西。

有一天，天使遇见了一位诗人，这位诗人年轻、英俊，有才华而且很富有，他拥有美丽而温柔的妻子，但是，他却过得不快活。天使问他："你不快乐吗？我能帮你吗？"诗人对天使说："我什么都有，只是缺少一样东西，你能够给我吗？"天使回答说："可以，你要什么我都可以给你。"诗人抬头望向天空，说道："我要的是幸福。"天使想了想，说："我明白了。"然后，就把诗人拥有的东西全部拿走了。于是，诗人失去了他的才华、容貌、财产，甚至他的妻子。

一个月后，天使回到了诗人身边，看见诗人饿得半死，正衣衫褴褛地躺在地上挣扎，天使把诗人的一切东西又还给他，然后就离去了。半个月后，天使再去看那位诗人，这次，诗人搂着妻子，向天使道谢，因为他得到了幸福。

在自己最需要时得到了满足，这就是幸福的滋味。于是乎，幸福不仅仅是对某种需要的满足，还是对某种需要的理解。人是一种欲望和需求不断膨胀的动物，但正是由于不断增长的欲望，才使得他不断地成长。在我们的需要获得满足的过程中，也会获得幸福的滋味。理解了内心的某种需要，而且这种发自内心的需要获得了满足，随之而来的幸福感是无法用语言来表达的。

心理学启示

本·沙哈尔认为："金钱和幸福，都是生存的必需品，并非互相排斥。"在日常生活中，金钱的问题总是困扰着我们，影响着生活的心情和质量。于是，越来越多的人将自己的喜怒哀乐交给了金钱，或者归结于工作，其所获得的幸福感也会受到影响。人们并没有随着社会财富的增加而变得更加幸福，在许多国家里，收入与幸福的相关性是被忽略的，只有在一些贫穷的国家，收入才是幸福适宜的标准。事实证明，我们所需要的并不是所谓的外在标志，比如，社会地位、金钱等，而且，我们没有深究自己内心最需要的是什么？

幸福感就是心理欲望得到满足的状态，一种持续时间较长的对生活感到满足，以及感到生活里隐藏着许多乐趣而自然而然地希望持续久远的愉快心情。所以，有人说幸福就是一种感受，是一种获得某种东西的过程，是一种心理需求得到满足之后的一种感受。但是，真正的幸福却是对内心需求的一种理解。因为，只有理解了需求才能更好地理解幸福，最终我们就能体会幸福的滋味。

让幸福成为自己的习惯

你每天幸福吗？面对这样一个既简单而又复杂的问题，我们常常不知道该如何回答。为此，史铁生曾这样写道："生病的经验是一步步懂得满足，发烧了，才知道不发烧的日子多么清爽；咳嗽了，才体会不咳嗽的嗓子多么舒畅。刚坐上轮椅时，我老想，不能直立行走岂不把人的特点搞丢了？便觉得天昏地暗。等又生出褥疮，一连数日只能歪七扭八地躺着，才看见端坐的日子其实多么晴朗。后来又患尿毒症，经常昏昏然不能思想，就更加怀念往日时光。终于醒悟：其实每时每刻我们都是幸运的，任何灾难面前都可能再加上一个'更'字。"

史铁生从心底深处说出了这样的话，也许，我们可以理解为他一定是吃尽了“疾病”的苦头，所以，才把幸福底线定得这么低。事实上，幸福底线本就如此低，为什么我们没有养成每天“幸福”的习惯？那是因为我们总是认为生活给予的不够多，不自觉提高了幸福的底线，但是，当我们意识到什么是真正的幸福的时候，生命留给我们享受幸福的时间已经少得不能再少了。本·沙哈尔认为：“只要你追随自己的天赋和内心，你就会发现，生命的轨迹原已存在，正期待你的光临，你所经历的，正是你应拥有的生活，当你能够感觉到自己正行走在命运的轨道上，你会发现，周围的人开始源源不断地带给你新的机会。在追求有意义而又快乐的目标时，我们不再是消磨时光，而是在让时间闪闪发光。”所以，我们应该让幸福成为自己的习惯，降低幸福的底线，你就会发现，幸福几乎触手可及。

在辅导班里，有一位60岁的教授，他谈吐幽默风趣，专业知识精深。但是，给学生印象最深的却是他每一次进教室都是精神饱满，面带笑容，而且，每次都会带上一束花放在教室的花瓶里，虽然，每一次带来的花都不一样，但都一样鲜艳美丽。学生不禁产生这样的疑问：教授为什么总是感到如此幸福，难道生活就没有什么不顺心的事情吗？

课程结束之后，一位学生向教授表达了自己的感激之情，同时，提出了一直存在心中的疑问。头发花白的教授笑了笑，说：“其实，我只是把幸福的感觉当成了一种习惯，前些天，老伴在一次车祸中走了，孩子又在外地工作，我一个人在家里很孤单，本来我已经退休了，但我还想继续执教，教师这份职业让我感到快乐。工作之余，我最喜欢养花，在我家的院子里一年四季都有花香，我把这些花送给了朋友、邻居以及喜欢这些花的陌生人。我每次带来的花都是自己种的，能给别人带来快乐，我自己也感到很幸福。”闻着那些花香，学生感到幸福正抚摸着自己的脸颊。

亚伯拉罕·林肯曾经说过：“人们如果下定决心要拥有幸福，他就会等到幸福。”其实，幸福只是一种感觉，我们每个人都有拥有幸福的权利。在日常生活中，我们常常会感到悲伤、烦闷，总是认为幸福是一种奢侈品，难以把握。那么，就让幸福成为自己的一种习惯吧！生活中的习惯就是一种积累，我们有养成幸福习惯的力量，因为我们完全可以自己选择幸福。习惯于幸福的人会在每天对自己说："今天的天气真好，一切都会顺利的。"而不幸的人会说："今天一切又不会顺利。"有时候，幸福对于我们来说只是一种选择，谁也不能决定你的幸福，只有你自己。

心理学启示

让幸福成为自己的一种习惯，我们不需要太多的寻寻觅觅，不需要太多的权衡，只需要放下那些太过于高远的想法，给自己的幸福划一条最浅的底线，你就会发现，生活中的快乐越来越多，幸福越来越多，感到每一天都是富足而充实的。

有的人习惯于忙碌奔波，深陷名利而不能自拔，猛然回首，才发现真正的幸福恰恰就在出发的原点，而当年的他们却坚信幸福会在更远的地方。如果你已经埋头工作了许久，那么，请站起来，推开窗，深深地呼吸，放眼远望，微笑抑或呼喊，慢慢品尝这一刻，享受它，学会在最琐碎的事情里品尝幸福的滋味！

幸福需要培养与感受

小狗问妈妈："我的幸福在哪里？"妈妈说："它就在你的尾巴尖上。"于是，小狗就天天追着自己的尾巴寻找幸福，但是，转得头都晕了还是没有找到。它哭着问妈妈："这是为什么？"妈妈回答说："抬起头，向前走，幸福就在你身后！"

哈佛教授亨利·霍夫曼说："你是否快乐与痛苦，不完全取决于你得到什么，更多地在于你用心去感受到了什么。"幸福，是需要培养和感受的，而不需要刻意地寻找。忙碌的一天过去了，在寂静的夜里，每个人都忍不住困惑：自己拥有幸福吗？幸福在哪里？生活中遇到了烦恼，常常会令我们迷失方向，激发人们对幸福的追求与向往。于是，憧憬着自己的幸福，在新的一天，盲目地开始寻觅自己的幸福，跌跌撞撞，直至头破血流我们才醒悟：幸福，不仅仅需要寻找，更需要培养与感受。在追寻幸福的路程中，我们必须要踏过痛苦、挫折与烦恼，冲破内心的束缚，决不能绕过它们去得到幸福。于是，我们懂得了幸福是需要培养与用心感受，抬起头，勇敢地向前，用心感受旅程中的点点滴滴，这样才会把幸福牢牢地拴在自己的身后。

上帝将一捧快乐的种子交给幸福之神，让她到人间去播撒。临行之前，上帝不放心地问道："你准备把它们撒在什么地方呢？"幸福之神胸有成竹地回答："我已经想好了，我准备把这些种子放在最深的海底，让那些寻找幸福的人，经过惊涛骇浪的考验后，才能找到它。"上帝听了，微笑着摇摇头。幸福之神想了想，继续说道："那我就把它们藏在高山之上吧，让寻找幸福的人，通过艰难跋涉才能发现它的存在。"上帝听了，还是摇了摇头。幸福之神一片茫然，上帝意味深长地说："你选择的这两个地方都不难找到，你应该把快乐的种子撒在每个人的心底，因为，人类最难到达的地方，就是他们自己的心灵。"

当我们跋山涉水去寻找幸福的时候，为什么却感觉不到幸福呢？原来幸福在心里，它是要用心去感受的。罗曼·罗兰说："一个人幸福与否，并不依据获得了或失去了什么，而只能在于自身感觉怎样。"幸福就如同伴着汗水和泪水的鸟儿，它不喜欢喧嚣浮华，却常常在暗淡中降临。幸福是一种感受，需要我们用心去培养与感受，而非仅仅地一味寻找。

每个人对痛苦的体验比较深刻，而对幸福的体验却有些肤浅。当我们苦苦追寻幸福的时候，或许已经错过了感受幸福的机会；当我们费尽千辛万苦获得幸福的时候，才发现幸福原来是如此简单，只要用心培养与感受就能慢慢获得它。

本·沙哈尔教授开设了"幸福心理课"，但是，在过去的30年里，他并不是一个幸福的人。在漫漫的寻找与追逐中，他逐渐变得快乐与幸福。对此，本·沙哈尔教授说："积极的心理可以使人们感觉更快乐、更充实、更幸福。

幸福需要培养与感受，是可以通过学习和练习而获得的。”本·沙哈尔通过自己的亲身经历向我们证明了：这是可行的。

关于幸福，有一个关于青鸟的传说。从前，在一片森林里隐藏着一只能为人们带来幸福的青鸟，于是，有许多人倾其所有去寻找它。在风和日丽的日子里去追寻它，在凄风苦雨的日子里去寻找它，人们从来不放弃，而那只青鸟却总是隐藏在密林里时隐时现。后来，有一天，一个筋疲力尽的男人终于在一条溪边捕获了青鸟，然后就心满意足地进入了梦乡。可是，就在他醒来之后，那只青鸟居然变了颜色，变成了一只普通的鸟，男人因此而气绝身亡。

幸福，其实就隐藏在我们身边，让我们在日常生活的平淡中，去感受真切的幸福吧！患难中一个心心相印的眼神，朋友一张温馨的字条，父母一次慈爱的抚摸……这些都是千金难买的幸福。如果我们寻找着幸福，却没有获得幸福，那是因为我们缺乏感受幸福的能力。

心理学启示

如何才能获得幸福？本·沙哈尔教授提出了这样的建议：“我希望学生们能够找到自己的优势和热情到底在哪里，倾听自己内心的声音，找寻到自己生命的使命感；希望学生多用幸福来度量生活中许多东西的价值，减少期待外界所定义的成功；学会接受你自己，不要忽略你所拥有的；要摆脱完美主义；简化自己的生活，学会简化，不要让你的生活变得更复杂，不要试图去追求过多，尽情享受做每件事情的过程。”最后，他强调了一点：“幸福，是可以通过学习和练习而获得的。我相信这是可行的，因为它已经深深帮助了我。”因此，在寻找幸福的路上，我们不要忘记了用心去感受幸福，不要忘记了培养幸福的心态。因为，享受真正的人生之旅比直到那旅程结束时还没有感受到快乐要重要得多。

幸福需要摆脱完美主义

哈佛教授本·沙哈尔如今已深受学生喜爱，在课堂上，他讲述了这样一段自己教授幸福课的经历。

刚开始讲“幸福课”时，本·沙哈尔极想把课程讲好，很想扮演一个无所不知、幽默大方的人，成为一位完美的导师。为此，他特地跑到喜剧演员培训班学习。但他不是那种能开滑稽玩笑、做夸张表演的人。无论怎么学，他也达不到想要的戏剧效果。

追求完美，做别人眼中最优秀的老师的想法让他身心疲惫，他渐渐发现这样的讲课效果并不理想，且慢慢害了自己，让自己失去了特色和本色，也害了学生。他总结说，“我每次都很紧张，怕被发现面具下真实的样子，结果把自己搞得很累。这样不仅害了我自己，也伤害了学生，等于给学生树立了一个‘完人’典型，告诉学生走一条永远走不通、错误的路。打开自己，袒露真实的人性，会唤起学生真实的人性。在学生面前做一个自然的人，反而会更受尊重。”

本·沙哈尔对学生强调，要学会接受自己，不要忽略自己所拥有的独特性；要摆脱“完美主义”，要“学会失败”。

完美的人生，固然是一种理想的状态，但即使是本·沙哈尔这样的知名教授，也难以实现，更何况是普通人了。

追求完美固然是一种积极的人生态度，但如果过分追求完美，而又达不到完美，就必然会产生浮躁的情绪。过分追求完美不但得不偿失，反而会变得毫无完美可言。

曾听说过这样一个笑话：一个男人来到一家婚姻介绍所，进了大门后，迎面又见两扇小门，一扇写着：美丽的，另一扇写着：不太美丽的。男人推开“美丽”的门，迎面又是两扇门。一扇写着“年轻”的，另一扇写着“不太年轻”的。男人推开“年轻”的门——这样一路走下去，男人先后推开九道门，当他来到最后一道门时，门上写着一行字：您追求得过于完美了，到天上去找吧。

虽然是一则笑话，但是说明一个道理：真正十全十美的人是找不到的，过分追求完美，最后只能落得失望。

很多人在追求完美的过程中丢失了更远的目标，同时也失去了真正的自我。正所谓大处着眼、小处着手，人做事要有大局观，要细致入微，同时更要懂得不吹毛求疵。为了从99.9%跨越到理想中的100%，为最终的那0.1%付出多出正常标准很多倍的时间、精力等资源，或许是一种不明智的选择。要知道，事情到最后的那0.1%最难获得，和前面根本不成比例，是得不偿失的，如果它是事情的关键倒也罢了，如果无关紧要，可有可无，那我们实在没有必要刻意地去强求它。

心理学家认为，过分追求完美是一种强迫症，是产生幸福感的最大障碍，其多见于男性，男女比例约为2∶1，主要特征是苛求完美。这些人对自己要求严格，追求完美，同时又有些墨守成规。他们谨小慎微，因为过分重视事物的细节而忽视全局；优柔寡断，面临意外而不知所措。由于行为表现过度认真、拘谨和执拗，缺少灵活性，同时由于过度自我关注、自律和刻板，因此他们很少有自由悠闲的心境，缺乏随遇而安的潇洒，长期处于紧张和焦虑状态。试想，这样的人，他的幸福感是不是会少之又少呢？

其实，每个人在生活中都有自己的位置，每个人都扮演着不同的角色，在自己的世界里，我们是主角，在别人的世界里也许只是龙套。活出真正的自己，坦然面对生活给予的一切，不要让苛求完美的心，使生活失去原本的真实。

一个艳照高照的中午，我去拜访一位刚刚喜得贵子的朋友。一进门，着实热闹，众多熟悉的朋友都在此，彼此寒暄了几句，问候朋友身体安康之后，环视朋友的新家，感觉主人是个讲究生活品质的人。虽不富裕，屋子却布置得简单而富有情趣。向阳台望去，很扎眼地悬挂着几盆花花草草，红绿相间，疏密有致，令人赏心悦目。

“我发现一个问题，这几盆花草有真有假，你们看出来了吗？”我正在愣神的功夫，一位细心的女士说。

“我怎么没有看出来呢？”有人反问道。

“谁能不用手去摸，不靠近用鼻子闻，在五米以外准确地指出真假，我就送给谁一盆郁金香。”主人有些得意地说。

听到主人的话，大家都兴致勃勃地仔细观察起来。

只见眼前的几个盆栽，都长得极为茂盛，看起来个个碧绿如玉，青翠欲滴。花儿，也开得艳丽，汪洋恣意。猛然看去，的确难辨真假。可是用心观察，你还是能发现其中的不同。我偶然发现有三盆花依稀能够找到枯萎的残叶，有的叶片上还有淡淡的焦黄，显示出新陈代谢和风雨侵袭的痕迹。可是另外两盆，绿得鲜艳，红得灿烂，没有一片多余的赘叶，没有一丝杂草，更没有一根枯藤。一切都是精心设计精心制造的结果，它们显得完美无缺。看着它们，似乎这完美的东西远不如那些夹杂着残枝败叶的新绿更令人愉快。

心理学启示

其实，人生原本就是极为真实、简单的，且存有不可避免的缺陷，有些人对完美生活的幻想超出了生活本身，刻意装点的生活，就如那盆假花一样，虽然看起来很精致，但总会缺乏生气，缺少生命经历过的真实。如果时时都是如此的心境，事事都是如此的状态，生活的一切虽看似华丽或精细，但它始终缺少灵魂的寄托。

有痛苦的穿插让幸福感更强

幸福是一种美好的感觉或享受，而痛苦则是人主观感受上的折磨。人的天性往往是努力追求幸福，而避免痛苦。然而，上帝总是成双成对地创造一切，它让幸福与痛苦也成了形影不离的好朋友，于是，幸福与痛苦之间形成了一种

微妙关系。每个人从主观上讲，都希望获得幸福而避免痛苦，但是，幸福的降临往往有痛苦的伴随，如此诞生的幸福滋味更是令人难忘。试想，如果你总是轻而易举地赢得幸福，你会体会到幸福的真切吗？所以，痛苦是幸福的代价，在痛苦的穿插之后进入幸福之门，我们的心会变得更加快乐。

本·沙哈尔教授坦言："我也有不快乐的时刻，因为我是人。"在哈佛教学的过程中，他遇到了一件有趣的事情。一天，在哈佛学院的食堂，有位学生走到了本·沙哈尔教授面前，问他："你就是那个教人如何快活的老师吧。"学生接着又说："你要小心，我的室友选了你的课，如果哪天我发现你并不快乐，我就要告诉他，别再上你的课。"本·沙哈尔看着这个学生，笑着说："没关系，我现在就可以告诉你，我也有不快乐的时刻，因为我是人。"在日常生活中，每个人都不可避免地会有面临痛苦的时候，比如，在一次比赛中失败或者失去了最宝贵的东西，但是，我们依然可以活得很幸福。人生中无法躲避痛苦，但是，痛苦只是小插曲，快乐才是常态。

在格连·康宁罕8岁的时候，他的双腿在一场爆炸事故中严重受伤，而且，在他的腿上没有一块完整的肌肤。医生毫不犹豫地断言："你此生再也无法行走。"面对满脸悲伤的父母，康宁罕并没有哭泣，而是大声宣誓："我一定要站起来！"在床上躺了两个月之后，康宁罕便尝试着下床了，为了不让父母看见伤心，他总是背着父母，拄着父母为自己做的小拐杖在房间里慢慢挪动，钻心的疼痛将他一次次击倒，跌得浑身是伤，但康宁罕并不在乎身体上的疼痛，反而咬着牙挣扎着站起来。他坚信自己一定可以重新站起来，重新走路，甚至奔跑。经过了几个月痛苦地练习，康宁罕的两条腿可以慢慢地屈伸了，他在心底为自己默默欢呼："我站起来了！我站起来了！"

在医院里，康宁罕想起了离家两英里的一个湖泊，他怀念那里的蓝天，怀念那里的小伙伴。他想再次走到湖泊，与小伙伴一起玩耍，有了这样一个美好的心愿，康宁罕更加坚强地锻炼着自己。两年之后，康宁罕凭借着自己的坚韧和毅力，走到了湖泊边。从此，他又开始练习跑步，把农场上的牛马作为自己追逐的对象，几年如一日，从来没有放弃过。最后，他的双腿奇迹般地强壮了起来，他不断地挑战自己，成为美国历史上著名的长跑运动员。康宁罕人生的幸福不仅在于他所取得的成绩，更在于他微笑面对痛苦的信心。

痛苦常常来得无声无息，它考验你的毅力与坚韧，假如我们能顽强地与之抗争，逃离痛苦的阴影，重新给心以幸福的方向，那么，在痛苦之后，内心会更显幸福的光芒。痛苦并不可怕，只要内心能够找到快乐的方向，幸福的钟声就一定会被敲响。

总是有人问本·沙哈尔："你能帮我消除痛苦吗？"本·沙哈尔感到不解：为什么要用这种态度来对待痛苦？他这样说道："痛苦，也是我们的人生经验，会让我们从中学到很多。人生的成长和飞跃，经常发生在你觉得非常痛苦的时刻。"某些人觉得幸福的滋味太过于平淡，那么，在痛苦的偶尔穿插中，你是否感到幸福的心会更加快乐呢？

心理学启示

毫无疑问，幸福与痛苦就是上帝创造的一对双胞胎，它们无时无刻不游离在我们左右。幸福与痛苦来自同一源泉，相比较，一个人的客观条件不论有多好，当他与那些条件更好的人相比，就会产生痛苦；相反，一个人的客观条件有多坏，当他与那些条件更坏的人相比，就会感到幸福。即使我们不与他人相比较，有时候也会与自己相比：假如现在比过去好，我们就会感到幸福；假如过去比现在好，我们就会感到痛苦。当然，无论是幸福还是痛苦，我们都可以有所选择，这主要取决于你的心态。比如，当痛苦来临的时候，所有的事情都很糟糕，但是你依然看到了事情美好的一面，那幸福就将战胜痛苦。

真实的幸福是痛苦与痛苦之间的间隙。我们总是渴望着快乐，但却只会带来失望与不满，最终导致了内心负面情绪的产生。一个幸福的人，并不是拒绝痛苦的人，他也会在情绪上起伏，但整体上能够保持一种积极的心理。他们经常被积极的心理所引导，从而感染了快乐与幸福，很少被负面情绪所困扰。

幸福公式：你离幸福有多远

关于幸福，每个人都有自己独特的幸福公式。幸福到底是什么呢？参与幸福公式研究的心理学家科恩说："大多数人不知道幸福是什么，他们认为，只要有钱，有好车，有大房子，就是幸福，但是，当这一切都变成现实以后，人们却发现原来自己并不比其他人更开心。"同时，科恩指出："人应该学会积极享受生命，同时需要弄清楚自己到底要什么，以及用什么手段才能达到这一目的，等等。"或许，在很多时候，幸福对于我们来说，既模糊又十分清楚。BBC曾拍过一套纪录片《幸福公式》，提出了一个引人深思的问题：我们更有钱了，更健康，智商提高了，为什么没有变得更幸福？到底是什么在影响我们的幸福呢？所谓的"幸福公式"到底是什么样的呢？

对于幸福来说，家庭生活是一个有效的指标。在结婚后的最初几年，家庭生活的幸福指数将达到顶峰，但是，有了孩子以后，幸福感就会不断下降，而且，这个下降趋势一直到一个人85岁时才开始扭转过来，那时候，你会觉得有子女是一件很幸福的事情。对此，哈佛大学心理学教授丹尼尔·吉伯特通过大量的实验得出了这样的结论：孩子就像海洛因，让你感觉非常好，但要求太多关注和精力，把其他的一切乐趣都从你的生活中摒除掉了。当然，如果想要赢得幸福，就需要用心经营感情，用爱感化对方。

对此，美国著名心理学家塞里格曼提出了一个幸福公式：

总幸福指数＝先天的遗传素质+后天的环境+你能主动控制的心理力量（H＝S+C+V）

塞里格曼认为，幸福是有指数的，总幸福指数所指的是自己较为稳定的幸福感，而不是暂时的快乐与幸福，幸福感是一种令人感到持续幸福、稳定的幸福感觉。在他看来，这个总幸福指数取决于三个因素：一是先天的遗传因素，二是环境事件，三是你能控制的心理力量。

塞里格曼曾对一对双胞胎做了研究，通过研究，他得出了这样的结论：一个人的心情可能受到父母的遗传，如，天生就具有抑郁倾向，每天闷闷不乐，即使没有任何事情使他们烦恼，可是，他们就是感觉不到快乐。

通过对3.5万美国人的调查研究发现，结婚的人中有42%的人认为生活十分幸福，而那些没有结婚、离异的和配偶去世的人中，认为生活十分幸福的比率却只有24%。但是，其中有一点尤其重要，如果你的婚姻并不幸福，那么，你的幸福感将会低于那些没有结婚的人或者已经离婚的人，不过，我们可以肯定地说：结婚的人通常比单身人士更幸福。

塞里格曼对一些人的社交做了研究，他发现：有10%最幸福的人的一个共同特点是具有丰富的社交生活，而他们区别于那些不幸福的人的一个特点是愿意与他人分享生活。

因此，塞里格曼向人们建议，如果你希望自己更加幸福，不妨选择如下的环境：生活富有一些；拥有美满婚姻；丰富你的社交生活；多与朋友在一起；具有信仰。

有的人喜欢将幸福与财富联系起来，可是，心理学家认为：财富的增加，与幸福感的关系并不是太明显，因为那些富有的人只比普通人感觉更幸福一点点。在最近的大约半个世纪，发达国家的人均收入增加了很多倍，但是，他们的幸福感只是增加了一点。或许，影响幸福感的因素还有很多，它们都一一被写在幸福公式里。但是，每个人对幸福的理解不同，他们的幸福公式也大不一样。

心理学启示

其实，幸福掌握在我们手中，其秘诀在于我们的精神世界，而不是物质生活。虽然，塞里格曼列出了幸福公式，但是，幸福对于我们每个人来说，仍是一种模糊的概念，在你的心中，如何诠释幸福的涵义呢？如果有人问你什么是幸福的时候，你是否也能列出一个幸福公式呢？对于家庭生活来说，有人列出了这样的幸福公式：总幸福指数=忠诚+用心+愿意+责任+和谐。

第16堂课　美满家庭的心理课

史塔勒公理：拥有一颗感恩的心

只有那些心怀感恩的人，才能视万物皆为恩赐，也只有当我们心中充满了感恩之情的时候，世界才会变得美好无比，苦难才会变得甘之如饴。不论什么时候，如果我们能将感恩的情绪融入家庭中，那么，家庭生活的质量就会得到改变，自己的疲劳感也会相对地大幅度减少。在家庭生活中，需要教给孩子最重要的一课就是“懂得感恩”。或许，不同的父母面对孩子的教育，其所针对的重点往往会不一样，有的父母特别注重孩子的学习成绩，有的父母侧重于孩子的智力开发，但是，诸如此类，远不如让孩子从小就拥有一颗感恩的心。感恩，对于每一个人来说，都是非常重要的，因为，只有懂得了感恩，才会懂得如何爱人。

约翰只是麦当劳的一名普通员工，每天，约翰的工作就是不停地去做许多相同的汉堡，这份工作在其他人看来，几乎没有任何新意，每天面对相同的汉堡，有什么意思呢？但是，约翰本人却不这样看，他依然从这份简单而枯燥的工作中体会到快乐。每天上班，约翰都满怀着善意的微笑来面对每一个顾客，几年来一直如此，约翰那份快乐，感染了许多人，有人好奇地问他：“约翰，为什么对这样一种毫无变化的工作感到快乐呢？究竟是什么让你充满了热情？”约翰笑着回答：“我每做出一个汉堡，就知道一定会有人因为它的美味而感到快乐，那我也就感到了我的作品带来的成功，这是多么美好的事情，因此，每天我都会感谢上天能给我这么好的一份工作。”

或许是约翰快乐的心情所带来的好运，这家店的生意越来越好，名气也越来越大，后来，就连麦当劳的总管也知道了约翰的名字，于是，约翰得到了公司一个重要的职位，然而，他那份发自内心的感恩却并没有消失。

洛克说：“感恩是精神上的一种宝藏。”为什么约翰总是那么快乐呢？这主要是源于一个心理学中的重要公理——史塔勒公理。史塔勒是美国一位心理学家，他热衷于研究那些奇怪的现象。有一次，史塔勒对奥黛丽·赫本这位著名的好莱坞影星产生了兴趣，因为在赫本身上，史塔勒发现了两项有趣的记录：一是她一生结过八次婚，二是她从来没有看过心理医生。史塔勒对此感到十分奇怪，他下定决心深入研究赫本，希望能够找到赫本保持心理健康的秘诀。

史塔勒翻阅了所有关于赫本的报道，并逐渐发现了赫本有别于其他影星的特点：赫本曾息影8年，这几乎是好莱坞历史上的先例；赫本曾做过67次亲善大使，在1956至1963年期间，她几乎每个月都会到码头、监狱、黑人社区做义工。最后，史塔勒得出这样的结论：奥黛丽·赫本非常喜欢做无报酬的慈善工作。

越是深入研究赫本，史塔勒越是发觉在赫本身上可能隐藏着某种心理学，为了证实自己的推论，史塔勒开始对其他乐于公益事业的名人富翁做研究。最后，史塔勒发现那些热衷于做慈善事业的名人富翁都具有这样的特点：很少有怪癖以及不良记录，几乎都没有看过心理医生。后来，史塔勒把自己的发现应用到一些特殊病人身上，结果，许多人在接受医疗或忠告以后，内心的阴霾消失不见，重新变得乐观起来。于是，人们将这种一个人付出没有金钱和物质回报的劳动等于得到的精神和心理方面的补偿，命名为“史塔勒公理”。

史塔勒公理被提出之后，当时那段时间，在美国好莱坞掀起了争做联合国亲善大使的热潮，人们争着去非洲的索马里、南斯拉夫的科索沃难民营。后来，那些热衷于慈善的人们发现世界上存在这样一个公理：当一个人付出的劳动没有得到金钱和物质的回报时，必定可以得到等值的精神愉悦。史塔勒公理告诉我们：要想孩子知道奉献常常会得到意外的回报。虽然，我们没有必要告诉孩子，奉献时不应该抱着这样一个心理，但是，这就是一个自然现象。

心理学启示

美国亚利桑那州立大学心理学家罗伯特·恰尔迪尼说："只要没坏处，我们就会给予。"通过自己的研究，罗伯特揭示了"给予者得快乐"这一说法。心理学家认为：始终如一的利他主义的最大快乐往往来自家人或朋友，而非个人获得的成就或金钱。通过史塔勒公理，我们可以知道：感恩，可以让我们的心理保持健康，甚至，让我们获得一种意外的感动。所以，我们应该让孩子学会付出，从而使他拥有一颗感恩的心。

蝴蝶效应：家庭细节不可忽视

魔鬼通常会隐藏在细节中。一只南北美亚马逊河流域热带雨林中的蝴蝶，偶尔扇动几下翅膀，可以在两周以后引起美国德克萨斯州的一场龙卷风。原因在于蝴蝶扇动翅膀的运动，导致它身边的空气系统发生变化，并产生微弱的气流，而这看似微弱的气流又会引起周围空气或其他系统产生相应的变化，从而引起一个连锁反应，最终导致其他系统的巨大变化。这就是心理学中著名的"蝴蝶效应"。1963年，美国气象学家爱德华·罗伦兹在一篇论文中分析了这个效应："一个气象学家提及，如果这个理论被证明正确，一只海鸥扇动翅膀足以永远改变天气变化。"蝴蝶效应告诉我们：有可能一件表面上看来毫无关系、非常微小的事情，却有可能带来巨大的变化。在日常生活中，我们千万不可忽视细节的作用，尤其是在家庭生活中，可能是一件小事情也会导致大的冲突或矛盾。

一位男士由于在公司受到了领导的批评，心中闷闷不乐，一个人在街上徘徊，直到深夜才回家。妻子见丈夫回来晚了，就询问道："今天你怎么回来这么晚？”丈夫一听，正愁自己的怒气没有地方发泄，于是，他朝着妻子大声吼道：“回来晚了怎么了？我就不能晚回来？”看到丈夫这样的态度，妻子感到很委屈，心想：我也是关心你才这样问，你怎么一点也不识好歹。于是，妻子越想越生气，这时，儿子跑过来问妈妈：“妈妈，怎么还不吃饭啊？我都快饿死了。”

妻子听到儿子在旁边吵着要吃饭，心里更烦了，冲着儿子大叫：“吃饭！吃饭！你就知道吃饭，饿不死你。”听了妈妈的话，儿子不乐意了，心想：你们大人闹脾气，干嘛拿小孩出气？这时候，家里养的一只小花猫跑过来了，对着儿子叫：“喵……喵……”正在生气的儿子对着小猫的屁股就是一脚，小猫尖叫了一声，跑出了家门，冲到街道上，这时，一辆面包车正开了过来，司机为了躲避小猫，却不小心将一位正在过路的老太太撞倒了，最后，引发了一场严重的交通事故。

即使这个故事并不真实可靠，但是，我们对于故事里的一些情节却是丝毫不陌生，因为，这在日常的家庭生活中，我们经常可以遇到。许多的人一旦在工作单位有了不良的情绪，不懂得找合适的途径发泄出去，一不小心，就带回了家里，从而伤害了家人，破坏了和谐的家庭气氛。心理学家对此做过一项统计：家庭生活中的大多数矛盾纠纷，其导火线都是一些微不足道的小事或者十分琐碎的事情。因此，为了家庭的和谐与温馨，不要忽视细节方面的东西，哪怕是一件十分细小的事情，我们也应该避免发生，否则，很有可能会引发一场大的家庭战争。

在西方流传着这样一首民谣：“丢失一个钉子，坏了一只马蹄；坏了一只马蹄，折了一匹战马；折了一匹战马，伤了一位骑士；伤了一位骑士，输了一场战斗；输了一场战斗，亡了一个帝国。”或许，这首民谣是“蝴蝶效应”的最好解释，“丢失了一个钉子”，本来是一件多么微不足道的事情，但是，其事件发展的长期效应却是与一个国家存亡有着顺应联系。所以，在任何时候，我们都不要忽视一个细节所带来的巨大作用，可能只是略带嘲讽的眼神，或者一句冷冰冰的话，就可能会导致整个家庭爆发一场战争，而且，这跟国家的存

亡是一样的道理。

心理学启示

古人说：“横过深谷的吊桥，常从一根细线拴个小石头开始。”有可能是一滴很小的水滴，但如果在雪坡上向下滚动，然后就会越滚越大。在家庭生活中，我们不应该忽视每一个细节，当然，主要针对自己的言行举止，因为，可能只是一个细微的举动，却传递给对方一个坏信息，破坏对方的情绪，导致两个人出现矛盾与冲突，最终，影响整个家庭的和谐与温馨。

多多赏识你的家人

幸福家庭的秘诀之一，就是赏识。美国著名心理学家詹姆斯说过这样一句话：“人性中最深切的本质是被人赏识的渴望。”每个人都渴望受到别人的赏识、夸奖、称赞，因为他们希望自己的某些优点能够得到肯定，这将会成为他们不断前进的动力。其中，他们最看重的是来自家人的赏识，没有谁比同住在一个屋檐下的人更了解自己，而且，家人是既了解自己的缺点，又了解自己的优点，还是一如既往地支持自己的那一位。不仅如此，家庭成员之间的赏识还会变成一笔财富，这种赏识精神将不断地被继承下去，在这样的转变过程中，那些受到影响的人会逐渐学会赏识别人，更重要的是学会赏识自己。

比尔·盖茨开创了个人计算机时代，这位20岁就辍学创业的哈佛学子，在31岁就成为了有史以来最年轻的亿万富翁，从39岁开始连续12年“霸占”世界首富位置。几十年来，比尔·盖茨率领着微软帝国驰骋于世界，深刻地改变着人类的生活方式。有人这样说，微软的影响力甚至超过一个行政意义上的国家，而比尔·盖茨则成为了人们心目中的偶像。有人好奇地问比尔·盖茨如何获得如此卓越的成就，盖茨把功劳归功于母亲对自己的影响。

2003年5月11日是母亲节，但就在前不久，华盛顿大学的董事长玛丽·盖茨去世了，这是一位伟大的母亲，她就是比尔·盖茨的母亲。为了纪念这位董事长，华盛顿大学的校园网上贴出了这样一张问卷——你从母亲那儿继承了什么？并在打开问卷的地方做了一幅小小的动画：玛丽·盖茨注视着一只金鱼缸，缸中有一只大白鲨正在鱼群中游动，如果有人点击，它就会吃掉一条小金鱼，并传出一句话：任何会动的东西，都是我的猎物。有人会惊讶地发现，这句话就是比尔·盖茨的名言。在旁边，华盛顿大学给予了这样的提示：只要你回答这个问题，我们就告诉你，比尔·盖茨是如何回答的。

比尔·盖茨从母亲那里到底继承了什么呢？面对这样一个问题，谁不感兴趣呢？有一个哈佛学子看到了这样的问卷，为了想知道比尔·盖茨的母亲给儿子留下了什么珍贵的财富，他按要求填写了答案——虔诚。点击“发送”以后，对话框就弹出了这样一句话：OK！你和比尔·盖茨一样，从母亲那儿继承了同样的东西。哈佛学子心想：难道是自己上当受骗了吗？这时，他看到了一张实物问候卡影印件，那是1975年母亲节时，比尔·盖茨寄给妈妈的，那时，他正在哈佛大学读二年级。在卡片上，比尔·盖茨写了这样一段话：“我爱您！妈妈，您从来不说我比别的孩子差；您总是在我干的事情中，不断寻找值得赞许的地方；我怀念和您在一起的所有时光。”

比尔·盖茨从母亲那里到底继承了什么，我们似乎都没有得到具体的答案，但是，从他对母亲所写的这段话中，我们似乎感觉到，他从母亲那里所得到的是一份珍贵的财富，那就是——赏识。来自母亲的赏识，铸就了比尔·盖茨的成功，或许，正是那种被赏识所产生的自豪与喜悦，督促着比尔·盖茨在成长的道路上不断前进。

心理学启示

每个人都渴望被赏识，一个人活着不仅仅是为了自己，也不只是为了获得衣食住行的满足，更重要的是来自精神上的满足。许多人都有这样的体会，最原始的快乐不是物质上得到了满足，而是自己的能力获得了肯定，自己的价值能够获得别人的认可。

心中常存感激的人最幸福

世界上最幸福的人，就是那些心中常怀感激的人。哲人说：“精彩完美的人生，总是怀着感激的人生。”对于那些心存感激的人来说，整个世界都是光明的。感激是一种积极向上的阳光心态，同时，也是鞭策自己、战胜自己的心理素质。感激是一种处世哲学，人生在世，不可能没有感激之心，否则，他就丧失了人类最基本的感情——爱。人贵有感激之心，只有怀着一种感激的心态，才能称得上是最幸福的人。

在日常生活中，许多人习惯于抱怨，不懂得感激，这样一种消极心态像病毒一样感染人群。一个人若不懂得感激，那么，他所能做的只能是抱怨，或许，工作不如意，感情不顺利，生意遭亏损，等等，生活似乎给了我们太多抱怨的机会，但是，抱怨真的有用吗？事实证明，大多数的抱怨都将于事无补，与其抱怨生活，不如怀着一颗感激的心生活着，这样，你会发现生活有一种别样的美好。

王先生和太太住在江边的别墅里，这里的景色十分优美，让人感到心旷神怡。不过，这天，王太太的心情似乎并不太好，她面露愠色，一见王先生走了进来，她不顾孩子在身边，就指着他大声嚷嚷：“都是你，在这种鬼地方买房子，害得我每天都要开车去上班，今天正好碰上塞车，停停开开，耽误了两个小时才到家，简直是活受罪！”王先生显得很不耐烦：“喂！说话公平一点儿好不好？当初，是你嫌旧房子不够派头，又说海景房增值快，我们才搬到这里来的，现在，每天回家，你不是抱怨这，就是抱怨那，从来就没听你说过好话。”王太太提高了嗓门：“哟！现在是你在抱怨我，还说我爱抱怨呢……”

坐在客厅里的两个孩子互相看了一眼，以往的经验告诉他们，一场“大风暴”即将来临。于是，两个孩子溜了出去，并排坐在台阶上，这时，隔壁传来了刘先生和太太的对话：“哎，咱们的大厨师来了，今天的菜真香啊！”刘先生声音里充满了欢笑：“感谢上帝，“文革”时下放到农村，学会了做菜和种田，现在到上海来，才能找到事做呀。”刘太太亦附和道：“感谢上帝，我嫁给了你，这么多年过来了，想想真幸福。”两个孩子听见了，似懂非懂，小女孩不解地问道：“爸爸妈妈都是大公司的主管，为什么他们总是吵架呢？”

有人这样形象比喻：在家庭生活中，“抱怨”是感情的毒药，“感激”是婚姻的蜜糖。一个人若是习惯了抱怨生活，快乐就会被排挤出去；一个人若是习惯了感激生活，那感恩就会从内心里涌现出来，使整个家庭都会洋溢着幸福与快乐。懂得感激，将会为你带来幸福快乐的家庭生活。

在现实生活中，许多人总是把自己想象成受害者，最后导致心理不平衡，内心滋生出无数的抱怨。他们常常抱怨上天的不公平，抱怨生活的不如意，抱怨工作的辛苦，抱怨父母的不理解，抱怨朋友的欺骗。然而，他们并没有意识到，随着一声声的抱怨，自己的心情也越来越坏，气氛也变得越来越糟糕。许多人把抱怨当做一种发泄情绪的途径，因为抱怨比较容易、比较直接，可是，与一颗感激的心相比，抱怨经常会容易伤害人，最后，还会伤害自己。

心理学启示

“感激”是根治“抱怨”的良药，一个人若是懂得感激，他就不会抱怨。每一个人从出生到成长，直到离开这个世界，所拥有的一切都是恩典，这样想来，还有什么可抱怨的呢？学会感激上天的眷顾，感激生活的美好，感激拥有一份工作，感激父母，感激朋友的真诚。

家庭生活：舒适比清洁更重要

男人、女人和孩子对舒适家庭的要求是不同的，主妇们不要因自己的好恶而对他们限制过多。

大多数的女人都喜欢干净，爱清洁，不仅把自己收拾得清爽照人，更喜欢整理自己所居住的环境，收拾屋子美化家庭，是许多爱美女性的一大爱好。

然而，物极必反，这是自然规律，谁也不能打破，谁也不能不遵守，爱干净的女人也不例外。当一个妻子喜爱清洁的优点成为一种“癖好”的时候，所表现出来的就不是美感，而是一种病态了，给家人带来的也不是舒适，而是烦恼了。

一个太好干净的家庭主妇，常教人受不了，因为她认为一尘不染的地板，比什么都重要。而对于一个男人来说，他最喜爱的环境和气氛应该是怎样的呢?

不管一个男人多么喜爱他的工作，他的工作也会带给他某种程度的紧张。在他回家以后，如果这些紧张能够消除，他就能够为他的心理、身体和情感加油打气，在第二天开始崭新和热诚的生活。

每个女人都想要做个好的家庭主妇，但是有时候男人在家里得不到休息和放松，因为他的太太是个太好干净的家庭主妇。小时候我的邻居中就有这么一个女人，她的孩子不可以把朋友带回家——小孩子们可能会弄脏她一尘不染的地板；她的丈夫不可以在家里抽烟——这样可能会使窗帘沾上烟味；如果她丈夫看完一本书或报纸，就必须准确地放回原处。

这种让“清洁”成为一种癖好的主妇，是演不好妻子和母亲的多重角色的。

自由玩要是每个孩子的权利，不要用清洁或卫生这样的理由来剥夺他们的权利。一个常常玩和泥巴、过家家、爬树上房、趴在地上玩打仗的孩子，虽然可能脏得像个小泥猴，但他会结实茁壮地成长。不要让你的孩子失去了游戏的天堂，而必须通过注射细菌疫苗来增强免疫力，这样他是不会健康的。

虽然我们大部分的家庭都是由辛勤的主妇们一手打理，但你不要忘了，家是属于家里的每个成员的，他们都有参与管理家庭的权利。

让丈夫觉得在家里像个国王，而不是在过于洁净和精致的女性王国里当个笨拙的破坏专家，这种努力是很值得的。

当你的家需要一件新家具，或是重新装饰的时候，你应该询问他的意见，共同决定。为了买下你丈夫所想要的摇椅，你必须放弃你心爱的古典式沙发。

也许你会埋怨，但是，通常你会发觉，他对家的喜爱和你是同样深的——而且，如果他对于发生的事情拥有更多的决定权，家对他的意义将会更加重大。

如果他想亲自下厨做菜，不妨在星期天晚上让他在厨房里自由发挥——虽然他会留下堆积如山的碟子，让你为他清洗。

男人对于家庭的关心和你是同样的——他需要一种感觉，觉得家庭没有他就不完全了。

在家休息也是每个丈夫的权利，别用多余的家务和不近人情的搞卫生活动让本来就疲惫不堪、好不容易从社会这个大机器中逃离出来的男人再次承受繁重的压力和心理上的负担。他也是需要安慰和休息的，如果回到家也没有喘息的机会，也许他会更留恋酒吧，甚至宁愿待在办公室里！

我们不可因陷进庞杂单调的家务里而忘了家的真正目的：为我们心里最爱的人创造出一个充满感情的、安全的和舒适的小岛。

心理学启示

如果抹亮了家的脸，却抹黄了自己的脸，对女人来说是一件得不偿失的事。

家居以舒适为主，东西摆放得比商店的橱窗还要整齐没什么意义。日常用品尽量放在伸手可及的地方，虽说有碍观瞻，却增加了实用功能，这一点对于时间比金钱更宝贵的职业女性来说尤为重要。

婆媳关系的“君子之交”

为什么社会上只有“女婿是丈母娘半个儿子”，而没有“媳妇是婆婆半个女儿”的说法？婆婆和媳妇天生缺少与生俱来的亲近感，且双方同为女性，本身就存在着相斥性。世间所谓“只要婆婆把媳妇当做亲生女儿，媳妇把婆婆看做亲生母亲，就能处好婆媳关系”的论调，只是一种善良、美好的愿景，并不现实。婆媳之间还是需要有点客气的，而不能像血亲之间那样亲密无间。

要保持婆媳之间良好的关系，就要既像母女又不像母女。从媳妇方面讲，应该像孝顺母亲那样善待婆婆，还要比对母亲更细心，但又不能像对母亲那样对婆婆口无遮拦、肆意撒娇。这样，彼此就可以多一分理解，少一分矛盾。

婆媳毕竟不是母女，婆媳关系也远不如母女关系那样坚如磐石，经得住践踏和敲打。如果将母女关系比作辽阔田野里的庄稼，婆媳关系不过是大棚温室里的花草，稍不留意，就会萎缩、凋零。

做媳妇的应时刻注意维护和修缮自己与婆婆之间的关系，时常地进行一些“修补”是十分必要的，即便现在的婆媳关系很好，也不能掉以轻心。

其实，这本不是什么难事。聪明的儿媳妇都能算得过来这笔账，谁家的婆婆要想对儿媳妇表示一下心意，都得破费“重金”，但儿媳妇要想对婆婆表表孝心，只需花点小钱就可以了。大多数的婆婆应该都是通情达理的，很好“哄”。平时不要忘了用好言好语让婆婆顺心满意，遇到特别的日子，略微的破费——买点小礼物或实用品，更能锦上添花。

只是千万记住，别等到你和婆婆的关系淡漠得似有似无，或已经矛盾重重、一触即发时才想起改善，到那时就不容易了，别说小礼物，就是送婆婆一座金山，她也不愿意接纳你了。

感情的升温和关爱的体现，往往都表现在一些特别小的事情上，所以，我们要学会从细节着眼，给婆婆最细致的体贴，学会利用生活上的小事，做好婆媳关系这件大事。

另外，婆媳之间还有一个很重要的问题，就是一定要把握好距离。

人们常说：“距离产生美。”换句话，没有距离便没有美。这话也许不是真理，却很有几分道理。走得太近，让人与人之间来不及隐藏，也无法隐藏，以致很多不尽人意的地方便暴露和显现出来，失望，甚至反感便也由此产生。

所以，人和人之间真的需要一点距离，夫妻是如此，婆媳更是如此。

这种距离既包括心理上的距离，也包括现实中的距离。心理上的距离我们已经讨论过，媳妇和婆婆之间的距离要若近若远，既不能像和母亲那样亲近，也不能像外人一样生分。现实中的距离也很重要，它包括时间和空间两方面。

在空间距离上，我们不妨适当拉长，很多和公婆住在一起的家庭已经证明，婆媳要想在同一屋檐下和睦共处，就要比其他家庭付出更多的、更艰难的努力。

所以奉劝一些有条件的儿媳妇，如果公婆可以自理生活，那么最好是分开住，虽然是丈夫的至亲，但毕竟已经是两个家庭，离得远一点，矛盾和问题自然就少一点。

当空间上的距离被拉远时，我们不妨把时间上的距离拉近一些。

选择了不和公婆住在一起的年轻人，不要以为躲出去就万事大吉了，如果长时间不联系，婆媳间的那种陌生感比发生小矛盾还不好处理。

不和公婆住在一起时，我们也不要忘记他们。如果在一个城市里，一定要时常走动，尽量每个周末去聚一聚，即使工作繁忙，也应该至少半个月去看一看老人。

让想儿子、想孙子的公婆多看看他们，再给婆婆带点新鲜的食品，帮婆婆做点力所能及的家务。这样，虽然不生活在一起，却比生活在一起更亲近！

如果你能控制好与婆婆在时间与空间上的距离，也许你就更容易把握那种心理上微妙的距离。其实生活中的很多事都是如此，美与丑、喜与恶，全在距离的远近之间。

心理学启示

做媳妇的，要注意下面几个细节：

1.对公婆生日以及中秋、春节等传统节日要重视。喜庆热闹的气氛对老人很重要，即使你平日好静，也要调剂好自己的心情。

2.与婆婆娘家方面的亲友相见时要热情周到，这些小事更能体现婆婆的地位和你对她的尊重。

3.无论遇到什么问题都不要说过头的话，婆媳之间没有血缘关系，有了疙瘩实在不好解，即使事后想弥补，也常常劳而无功。

第17堂课　悉心教子的心理课

家长的唠叨与孩子的“心理慢性病”

孩子总是不听话，不服从家长的管教，这让家长在头疼的同时更多地对孩子“碎碎念”。父母经常对孩子进行反复说教，实际是在不断给孩子以相同的刺激，这种唠叨式的说教使孩子形成了一种心理惰性，导致孩子患上了“心理慢性病”。

父母不管做什么都会为了自己的孩子，就是因为父母过分在乎自己的孩子，在教育孩子的时候才会没办法控制自己的情绪，有个词说：关心则乱。家长一旦不能控制自己的情绪，就会絮絮叨叨地扯出许多陈芝麻烂谷子的事情，即使那些事情已经过去很久了，记忆也模糊了，但是在家长情绪失控的那一瞬间，那些事情就会非常清晰地浮现在家长的脑海中。家长会拿这些孩子十分不乐意听的说教来不断地对孩子进行言语轰炸。不管孩子怎么解释，不管孩子怎么反抗，都无济于事。有的时候家长会忘了孩子犯的只是一个小小的错误，只是自己太过紧张。当家长数落完孩子之后不仅不能起到教育孩子的作用，还会让孩子产生逆反心理，产生抵触情绪。

很多家长都是这样教育孩子，他们认为这样做可以让孩子“长记性”，很多家长在批评完孩子之后习惯说的一句话就是：不管说什么这孩子都不长记性。有的时候某一件事情上孩子已经知错了，但是因为另一个错误的带动，孩子还是要听家长把旧账翻一遍，第一遍或许还可以起到家长想要的那种效果，但是时间久了，只会让孩子心理麻木。

这就需要家长学会如何防止孩子的心理慢性病，让自己的教育效果不要成为单纯的“口水战”。那么家长该如何防止呢?

第一，要准确告诉孩子错在哪儿了。有的时候孩子并不能认知到自己的错误，并不是他们不想去认知，而是他们不知道原来那么做是错的，这就需要家长对他们加以指导。就像他们做作业的时候总是写得很潦草，总是丢三落四，这时候家长一定要告诉孩子哪里错了，要如何改正。

第二，家长要尽量控制自己批评孩子时的音调。孩子犯了错，本身心里就害怕，这时候家长如果再用尖锐的语调去批评孩子，就会刺激到孩子的理性界限，即使家长说的话很有道理，孩子从心理上还是觉得家长只是单纯地在朝自己发火。低沉的语调会让人觉得这个声音乃至这个人都是理性的，低沉的语调外加有道理的言论，会让父母和孩子双方都趋于冷静。

第三，要在适当的时候选择沉默。有些孩子已经习惯了自己犯错后等待父母高声的责骂和失去理智的责打。他们犯错后父母如果真的有这样的举动他们反而会松一口气，他们会觉得终于熬过去了的感觉，而不是去反省自己的错误。但是如果在他们等待责骂的时候父母反而沉默了，会让他们忍不住想要去猜测父母的想法，紧张的情绪之后自然会开始反省自己的错误。

第四，要懂得在教育孩子的时候注意强调性。很多孩子对于家长的批评教育一般都是左耳进右耳出，父母的说辞他们基本倒背如流，因为唠叨的总是万年不变的那么几句。这时候家长就要用强调性的语言说自己只说一遍，且一定要这么做，要让孩子品尝到没有好好听话的苦果。

家长一定要知道：不停地唠叨只会使孩子产生厌恶，他们极尽所能地想要让孩子变得听话懂事，但是不停地唠叨只能适得其反。

心理学启示

小孩犯错，家长一定要杜绝在孩子面前翻那些陈年旧账。要理智地和孩子讲道理，而不是歇斯底里地大喊大叫。

孩子需要一个能明确告诉自己错在哪儿并要求自己改正的家长，而不是一个毫不讲理的、唠叨的让他们心烦的“唐僧”。

让孩子宣泄自己内心积聚的坏情绪

很多家长总是会因为孩子的年龄问题而对孩子的内心活动不太重视，他们觉得孩子嘛，什么都不懂，怎么会有什么不好的情绪呢。

有这样一则故事：

这天，妈妈下班后看到七岁的女儿小米一个人在客厅的角落里画画，好奇的她便走过去看看女儿到底画的是什么。

“小米，画什么呢？”妈妈觉得奇怪，因为她知道，小米最不喜欢画画了，为什么今天会一个人画画呢。

“画房间。”小米知道妈妈站在自己的身后，但她依然没有停下手上的“工作”。

“这是谁的房间啊。”妈妈继续问道。

“玲玲的房间。”小米继续画着。

“她的房间怎么这么小，估计只能搁得下一张床吧？”妈妈觉得孩子有爱好是好事儿，就和小米聊天玩儿。

“会慢慢变大的。”小米一边画着，一边表现得很兴奋。

“她的房间怎么是漆黑漆黑的？”妈妈的疑问来了。

“是呀，就是一间漆黑的房间。”小米很认真地说。

“真奇怪，谁会住在这样一件漆黑的房间里。”妈妈更觉得奇怪了，她原本准备起身去做家务。

“看哪！起火啦！”小米突然大声叫了一声。

“……”妈妈这才发现，刚刚小米画的那间房间突然被火红的颜料覆盖了，这就是小米说的着火了。

孩子为什么要画这样的画？又为什么会这样毁掉画呢？妈妈心想，小米一定是遇到了什么事，经过询问，妈妈才知道，原来小米在学校被玲玲欺负了。玲玲对其他同学说不要和小米做朋友，还孤立小米。小米心里压抑，就想出这样的方法来发泄自己郁闷的心情。

在小米看来，玲玲就应该住在这样漆黑的房间里，然后她的房间还着火了，当她把红色颜料泼在画上时，她心中的郁愤也就消失得无影无踪了。

可能很多家长都会觉得孩子画得好好的画儿毁了真的是可惜了，不会想到孩子其实是不开心了或者孩子是在学校受委屈了，他们只是想要通过这种途径来发泄自己心中的不满与委屈。其实孩子也是有自己的思想的，他们在遇到问题的时候不一定会希望和妈妈聊天，让妈妈跟自己讲道理。而是希望能做点什么发泄自己心中的不满，自己去解决这个问题。

心理学启示

很多家长心中有着根深蒂固的思想，觉得孩子还小，不会有对别人不满的情绪，所以也不太关注孩子的内心，而且对于孩子的很多事情家长以为自己都能够解决。

作为家长，要在关注孩子的同时给孩子一定的空间，让孩子学会处理自己的事情。不要想着控制孩子，因为很多时候孩子并不希望家长帮自己解决问题，他们有自己的思想，他们希望有一种属于自己的方法来发泄自己心中的坏情绪。

让孩子避开“心理性矮小症”

在日常生活中，我们常能见到一些孩子和同龄人相比，显得过分矮小。出现这种情况，家长和医生总认为是生理或遗传上的原因。但是，医学家们发现，得不到足够的父母之爱往往也是孩子矮小的一个极为重要的原因，医学上称之为“心理性矮小症”。

“心理性矮小症”是指孩子缺乏父母的爱抚，精神上受到压抑，致使孩子生长发育产生了障碍而出现的矮小症。这时候，我们就要考虑一个问题：孩子缺乏爱抚为什么长不高呢？美国著名的精神病学家霍劳博士指出：孩子长期生活在精神压抑、无人关心或经常挨打受骂的家庭环境中，会引起体内激素分泌的减少，导致生长发育障碍。

其实孩子的身体和心理是一样的，如果孩子长期生活在没有关爱的家庭中，内心就会产生自卑的感觉，不管在什么时候都会觉得自己低人一等。看着别人孩子幸福的家庭，他们内心的那种自卑感就会更加的强烈，这会导致他们更加封闭自己的内心，精神也会更加压抑。缺乏关爱的孩子不仅身体上会产生“矮小症”，心理上也会产生“心理性矮小症”。

有关统计表明：第二次世界大战中，参战国比如德国、西班牙、朝鲜等国家中失去双亲的儿童，他们的平均身高要比其他国家的同龄儿童矮几厘米。为此，随后，科学家们又做了一个实验，他们将一批精神受到压抑的孩子安置到那些关系和睦的家庭中，让他们受到模拟亲人的爱抚和家庭的温暖，3个月后约有95%的孩子发育情况发生了变化，生长停滞现象得以消除，身高得到明显的增长，基本上接近其他同龄儿童身高增长的水平。

因此，科学家们认为，爱抚的缺乏、精神上的压力和心灵的创伤，都可导致内分泌系统紊乱，致使生长激素、甲状腺素等有助于长高的激素分泌减少，从而引起孩子的生长发育障碍。为此，家长应充分关心和爱护孩子，使他们得到足够的父母之爱，这对孩子的生长发育很重要。

因为太长时间没有和孩子们接触，有的时候家长不太能够理解为什么明明是自己的孩子，但是自己却越来越不了解了。他们不知道该如何与自己的孩子沟通，就一直放任这样的情况，结果导致孩子的心灵越来越封闭，不懂得与别人交流。

作为一个合格的家长，不仅要在物质上满足孩子，也要在精神生活中多与孩子接触。家长要知道再优越的物质条件都不如自己多抽出时间与孩子相处，看孩子有什么想法，孩子最需要的是什么，然后让孩子感受到家庭的温暖。

心理学启示

家长应该充分关心和爱护孩子，时刻了解孩子们在想什么，给予他们家庭的温暖和精神上的抚慰。正因为是孩子们的父母，所以更得了解自己的孩子，正是因为是自己的孩子，所以才要更加尽到自己作为父母的责任，给他们更多的理解和关爱，避免他们在身体和心理上出现“心理性矮小症”。

作为父母，真正爱自己的孩子就要懂自己的孩子，明白自己的孩子最需要的是什么。还要用爱——这种最肥沃的土壤培育孩子身体和心理的成长之树。

不要让孩子患上“心理肥胖”

人体长期体验某种情绪，以致超过心理承受能力，从而导致“心理肥胖”。“心理肥胖”在现代心理医学中称为心理饱和状态，即指出现心理的承受力到了不能再承受的程度。就像是家长对自己孩子的关爱与保护。如果失去了理性和一定的度，也会让孩子渐渐承受不了家长的这种所谓的爱，成为“心理肥胖儿”。

很多孩子心理上是超负荷的状态，是因为家长还是一味地向自己的孩子表达自己所谓的爱而不是去和他们交流，去明白孩子心中所想。

有这样的一则小故事：有一对夫妻，丈夫五十，妻子四十多岁才生了一个儿子。两人是老来得子，所以对自己的孩子分外疼惜。孩子从小就是想要什么就有什么，两个人就算是孩子要天上的星星他们也会爬上天去摘。因为太过爱惜自己的孩子，他们也不让孩子与别人接触，生怕孩子出现什么意外，所以孩子从小就没有什么朋友。邻居见了劝他们要给孩子一些自由，不然孩子容易出现心理上的疾病，他们听了觉得邻居是对他们的孩子有企图，甚至对孩子的监视也越发得严了。

然而他们没想到的是，孩子一天天变得沉默，好像每天都有心事，夫妻俩想，也许是孩子觉得他们做得还不够好，所以就加倍地对孩子好，但是孩子孤僻的状况并没有得到缓解。他们不得不带孩子去看大夫，但是大夫也没有检查出来孩子究竟得了什么病。夫妻俩终日愁眉苦脸的，邻居看他们一直这么下去也不是办法，就告诉他们去和孩子沟通一下，明白孩子的想法才是重要的。夫妻俩虽然觉得邻居的建议不以为意，但是因为实在是没有其他办法，他们只能去问一下他们孩子的想法。

孩子见父母终于愿意和自己交流，于是把自己内心最真实的想法告诉了他们。孩子说，他知道父母都是为他好，但是他们这种爱就像是囚笼，让自己喘不过气，别人都有朋友，就他没有，让他觉得自己是个异类，他想自己做一点儿事情，让自己觉得活在这个世界上还有一点点的价值，但是什么都被父母包办了，让他觉得自己很没用。他想和父母好好地交流一下自己的内心，但是父母却从不给他机会，让他的心理无法承受这样沉重的爱。

夫妻俩知道孩子的想法之后觉得很不能理解，他们觉得自己做了那么多的事情都是为了自己的孩子好，自己的孩子他们还能害他吗？他们觉得自己的孩子就是狼心狗肺，不知道报恩反过来还怪他们做的不对。

的确，这个世界上每一个家长本质都是为了自己的孩子好，但是这也要考虑自己的孩子需要的到底是什么，是不是自己一厢情愿的付出就是对自己的孩子好。所有的家长都应该仔细地思考一下，不要让自己对孩子的爱变成溺爱。

心理学启示

很多家长一厢情愿地认为不管自己做什么都是为了自己的孩子好，为了自己的孩子他们什么都愿意去做。但是他们没有考虑过他们所做的这些是不是自己的孩子心理可以承受的。

孩子的心是很脆弱的，他们渴望被认同，渴望被关爱，他们渴望家长在做关于自己的决定的时候询问自己的想法。所以家长们也该学会时不时的和孩子沟通交流，拒绝孩子“心理肥胖”。

家长如何表扬孩子更恰当

教育学家认为，正确的表扬有助于培养孩子的自我意识和独立能力。很多家长也发现，想要让孩子变得乖巧听话，就要时常表扬他们。但是表扬也是有讲究的，孩子想听到的是家长发自内心的、对自己恰如其分的表扬，而不是家长过分溺爱而表达一些不恰当的表扬。否则会适得其反，伤害到孩子。

有三种不适当的奖励会伤害自己的孩子。第一就是表扬缺乏针对性，就像孩子花了一个下午的时间做好了一副拼图，孩子满心欢喜地拿着它站在家长面前的时候绝对不希望只听到家长说“真不错”。孩子牺牲了一下午的时间去做拼图，一定需要很大的耐心，这中间，他也许想过放弃，但最终还是坚持下来了，这正是他最感到自豪的地方，而如果你看不到这点，只是说“真不错”，孩子一定感到很伤心，他会认为你这是在敷衍他。如果你能这样夸奖孩子：“这两片这么相像，区分出来一定花了很长时间吧？”他可能会激动得热泪盈眶。而哪怕你只是稍微具体一些：“你真是完成了一个复杂的工程啊，每个小卡片都找到了正确的位置。”也会让他感到你在意他的努力过程。

第二就是低估孩子的能力。也许在你看来，孩子已经学会了做某件事或

者有某种能力是一件骄傲的事，但从孩子的角度看，你却是低估了他的能力。举个最简单的例子：这天，全家人和孩子在广场玩，你发现，你六岁的孩子居然能穿过人群、娴熟地滑旱冰，你夸奖他："你真棒呀，这么小就能滑旱冰啦！"谁知小伙子立刻表现出一副被侮辱的样子："我三岁就会滑了！"然后气呼呼地走了。有些时候，成年人是因为他心里有偏见，低估孩子的能力，但是孩子有着敏锐的触角，能够分辨出你的言外之意。

第三种是为了表扬而夸大事实。这样夸奖孩子，孩子自然会飘飘然，但一旦孩子摔下来，势必会难以接受。如果你仅仅因为一点儿小事就夸大地夸奖孩子，至少会有三个方面的负面作用：首先，长期接受你的夸奖，让孩子无法正确地认识到自己的能力；其次，他会有苛求赞美之瘾，而且会太在意外界对自己的看法；最后，夸张的表扬对孩子的耐性、宽容程度以及应对挑战和竞争的能力都大为降低。

心理学启示

作为家长表扬孩子的时候一定要注意，恰当、准确、注重细节的赞美才是对孩子最有效的。孩子需要父母发自内心的、恰如其分的表扬，而不是父母纯粹为了表扬孩子的敷衍之词。

家长发自内心的赞美会增强孩子的自信心，在表扬孩子的时候一定要实事求是，不能过分低估孩子的能力，也不能不顾事实过分夸大。否则，会伤害到孩子。

延迟满足效应，让孩子把控自己的欲望

金无足赤，人无完人，人最大的敌人是自己。只有能够战胜自我的人，才是真正的强者。这就考验到人的自制力。一个有着强烈自制力的人，就像一个有着良好制动系统的汽车一样，能够在很大程度上随心所欲，到达自己想要

去的任何地方。因此，我们可以说，美好人生，就是从自我控制开始的。而生活中，人们之所以会做那些让自己后悔的事，归结起来，大多是因为自制力薄弱，抵挡不住诱惑，因此做了不该做的事。可见，任何一个父母，在教育孩子的过程中，一定要培养孩子的自控能力，让孩子学会约束自己，他才能最终战胜未来生活中的种种困难，取得成功。

关于这一点，心理学上有个概念叫延迟满足，它指的是，人们为了获得更大的目标，可以先克制自己的欲望，放弃当下的诱惑。如果一个人没有忍耐的这种能力，那么，则会在遇到压力时退缩不前或不知所措。生活中，我们发现，一些家长，在自己年轻时受过很多苦，因此，对于自己的孩子的要求，他们都来者不拒，孩子要什么，他们都满足，这样孩子对物质的需求或对欲望的需求就会越来越弱，因为太容易得到了，不需要靠他的努力就能得到。而一个自我延迟满足能力高的孩子，在成年后就会在面对困难和挫折时，知道自己要付出很多才能达到那个目标。

事实上，懂得克制自己欲望的孩子眼光是长远的，当他们在成年后，对于眼前的事，他们会做出综合的考虑，考虑一下这个现在对我有没有利，五年以后有没有利，十年以后有没有利。吴向东说，如果小时候不控制自己，长大了就会习惯“控制不住”的状态，矫正起来则比较难。

那么，作为父母，如何培养孩子自我延迟满足能力?

1.适当一下延迟满足孩子的时间

培养孩子的自我延迟满足能力，就不能对孩子太过迁就，当他们想要什么时，我们可以适当延迟一下时间，比如，过半个小时再来处理孩子的要求，在这个过程中，孩子的忍耐能力就无形中提高了。

2.立场要温和，态度要坚定

如果你想拒绝孩子的要求，那么，你就必须表现得立场坚定，进而让孩子明确自己的要求是无理的，但同时，你的语气必须要温和，这样才是真的以理服人。

比如，孩子想买一样东西，你可以这样说：“抱歉，宝贝，妈妈最近经济有些拮据，大概三天后妈妈才能拿到钱，那么，这三天妈妈必须努力工作，你能帮妈妈在这三天干点儿家务吗？到时候妈妈再给你一点补助，三天以后再买给你好吗？”这样态度温和地说，是要让孩子感受到：“虽然妈妈没给我买，但妈妈是有原因的，妈妈也是爱我的。”

然而，很多父母在这方面做得并不好，他们一遇到孩子提出的要求不合理，总是对孩子疾言厉色，甚至还打骂孩子，这样孩子既得不到这个玩具，又觉得你不爱他。

假若我们在教育孩子的时候态度温和，客观地看待孩子的要求，当孩子做出任何不好的举动时，也能包容和接纳，那么我们在与孩子进行一切互动时，都能很好地把握分寸。

3.是否满足孩子要看孩子的要求是否合理

当孩子提出某个要求时，家长是否立刻满足，最重要的是看这个要求合不合理。如果家长认为孩子的这个要求是合理的，就应该马上满足；如果家长认为孩子提出的要求不合理，就一定要拒绝。但你需要注意的是，你必须在拒绝他的时候告诉他原因，告诉他怎样做才是对的。

心理学启示

家庭教育中，每个父母都要遵循孩子的天性，但这并不意味着我们要满足孩子的所有要求。相反，适当延迟满足，能培养孩子控制自己欲望的能力。这一点，需要家长在生活中加以贯彻实施，当你的孩子明白只有付出才有回报时，他也就拥有了一定的自控力。

孩子的学习成绩为什么一再下滑

可能很多家长都遇到过这样的困惑：为什么我的孩子在经过一段时间的努力学习后变得停滞不前、提不起学习兴趣呢？实际上，这就是学习中常见的“高原现象”。

“高原现象”是一个比喻。现在，我们来画一个图形，以时间为X轴，学习效果为Y轴，将学习者学习时所花的时间和取得的效果连成一条线，从这条线中，我们不难发现一个问题：第一，学习者的学习效果与其所花的学习时间是有一定的关系。并且，基本上是成正比的；第二，很多时候，时间和学习效果这两者之间的关系，不会呈现规律变化。也就是说，学习者开始学习时，进步快，收效大，曲线斜率也较大，但紧接着会有一个明显的、长短不定的接近水平的波浪线，再往后，又会出现斜率较大的曲线。这条呈现学习效率与所花时间、精力之间关系的曲线，常被比喻为学习的“高原现象”，而中间呈相对水平状态的那段波浪线，常被比喻为学习的“高原时期”。

也就是说，一般情况下，孩子在学习时候，在刚开始都有明显的效果，但后来就会出现一个收效不大的情况，学习原地踏步甚至还会出现倒退的情况。此时，对于孩子来说，他们会显得慌张，不知如何是好，作为父母，也会焦急，甚至把原因归结于孩子的不努力、不认真。而实际上，孩子的学习状况之所以会出现高原现象，是有一定的原因的，一般来说，可以分为以下几种情况：

1.学习难度大、学习方法守旧

我们需要肯定的一点是，孩子学习内容的难度，是会随着学习层次的上升而逐渐加大的，因此，当孩子还在用同样的方式方法去学习新内容时，自然会觉得吃力。

2.学习动机因素

这一点，多半会发生在那些学习成绩一般的孩子身上，他们认为，反正自己学习成绩不怎么样，再怎么努力也不会有什么效果，于是，他们变得得过且过，也不去努力。当然，有的孩子则是目标过高，动机过强，总是无法企及，因而学习兴趣降低，甚至产生厌学等消极情绪。

3.身体原因

身体是学习的本钱，孩子身体不适，自然不能静心学习，也就会成绩不佳。

但无论何种原因，在知道孩子出现“高原现象”时，一定要找到原因，并平衡自己的心态，稳定情绪，这样才能帮助孩子走出“高原时期”。你可以帮助孩子这样做：

1.注重基础知识的学习

基础知识没有学好，在面对难度更大的知识时，只能束手无策，因此，要想走出高原时期，你首先需要帮助孩子打好基础知识。

2.改进学习方法

家长要告诉孩子，在学习中，一定要懂得思考，要发现哪些方法是应该保持的，哪些是需要改进的。比如，如果孩子有不复习的习惯，那么，他就会很容易忘记刚学习过的内容，这一点，就是需要改正的。

3.坚持体育锻炼

身体是“学习”的本钱。没有一个好的身体，再大的能耐也无法发挥。因而，再繁忙的学习，也不可放松锻炼。有的同学为了学习而忽视锻炼，身体越来越弱，学习越来越感到力不从心。这样怎么能提高学习效率呢？

4.注意休息

晚上不要熬夜，定时就寝，中午坚持午睡。充足的睡眠、饱满的精神是提高效率的基本要求。

心理学启示

“高原现象”在学习每一种新知识时都会发生，在各个年龄段的孩子身上都会出现。这种现象和学习者的年龄、学习内容、心理品质等诸多因素都有关系，而且会循环出现。有时持续时间短，有时持续时间长。作为家长，当孩子在学习上遇到这一问题时，一定不能急躁，而应该找到具体的原因，对症下药，帮孩子顺利走出低谷。

家长如何与孩子平等交流

家长在教育孩子的时候总是过于注重自己是“家长”这一身份，所以和孩子总是不能有效的沟通，他们更多的时候是用强制性的手段让自己的孩子接受自己的观点，而不是认真地去倾听孩子心中所想。但是孩子如果与家长的沟通不够或者没有效果，都会导致他们有一些过激的行为，尤其是处在青春期的孩子。所以家长在和孩子沟通的时候要注意自己的引导方式，还要学会放下自己家长的身份与架子，平等的与孩子交流，千万不要老想着用强制性的手段让自己的孩子屈从于自己的思想。

小燕今年上高一了，她的成绩一直不错。但是在最近的一次期中考试中她没有考好，这让她的心里很不舒服，她觉得自己的压力特别大。父母为此也十分的担心，他们为小燕请了家教，时刻督促着她学习，还时常在小燕面前说：“你才高一，成绩就掉下来了，你还怎么考大学啊。”听到父母的抱怨，小燕想要说的话全都没有说出口。

后来，小燕觉得自己实在受不了如此压抑的气氛，就约了几个朋友出去玩了一会儿，希望可以让自己的心情放松放松。就在几个伙伴玩了一会儿准备回家的时候在小区的门口撞到了下班回家的小燕妈妈。小燕妈妈看小燕没有在家学习而是出去玩了，顿时心中冒火，当着小燕朋友的面就对小燕说：“学习没本事，玩起来你还挺有劲儿的。”小燕本来还觉得自己的心情好了些，听到妈妈的话后，她的心情又变得十分的沉重。她想和妈妈好好地沟通一下，向妈妈诉说一下自己心中的压力，但是妈妈从来不给她机会。因此小燕也变得越来越沉默，不管父母给她请什么样的家庭教师，她的成绩都赶不上去。

我们生活中像小燕妈妈这样的父母很多，他们总觉得自己是家长，有责任督促自己的孩子学习，即使孩子不乐意。他们从来不去考虑孩子心里的感受，家长们总是觉得是自己的孩子太缺乏上进心。其实家长也应该考虑一下，自己教育孩子的时候为什么会失败，自己已经尽了最大的努力，自己的孩子还是不能进步。这不仅说明了家长如此强制性的教育方法不妥当，它的背后还有一个

更深层次的根源：家长和孩子之前不能平等的沟通。

很多父母都会觉得自己辛辛苦苦一辈子，做什么都是为了自己的孩子好，但是自己的孩子却不领情。但是他们从来没想过自己强塞给孩子的是不是孩子想要的，他们习惯用自己作为“家长”的这个身份来看待自己和孩子之前的关系，而且根深蒂固。

心理学启示

父母对孩子而言，是最重要的家庭教育者，而且父母是孩子觉得最亲密的寄托情感的对象，如果父母和孩子不能正常有效地沟通，就会让孩子的心理蒙上阴影，对教育孩子极为不利。

作为家长在和孩子沟通的时候切不可过度强调自己“家长”的身份，而是要学会与孩子平等地交流与沟通，让孩子在父母的良性影响下健康地成长。

第18堂课　经营婚姻的心理课

女人婚后总感到缺少安全感

结婚之前，女人往往非常享受被男人大献殷勤的感觉，享受被男人追求的感觉，然而，一旦结了婚，女人和男人之间的地位就会发生微妙的变化。结婚之前，男人总是提心吊胆，担心自己好不容易追到手的女朋友会有什么变化，而结婚之后呢，男人感觉就像把自己心爱的女人关进了保险箱，有了婚姻作为保障，他们的心里感到踏实多了。和男人的感觉完全相反，结婚前，女人觉得自己是自由自在的风筝，被男人小心翼翼地牵着，生怕一不小心撒手跑了，结婚之后，她们难免会觉得自己受到了冷落，因为恋爱期间的呵护备至、殷勤周到越来越少见了。一旦走入婚姻，女人就要承担起大部分的家务活动，而男人呢？除了有一个固定的吃饭、睡觉以及娱乐休闲的场所之外，在没有孩子之前，他们的生活几乎没有太大的改变。即使是有了孩子，大部分家庭也是由女人来承担抚育孩子的重任，因此，婚姻除了使男人的肩上多了一份责任之外，带给男人更多的是滋润的生活。比起男人来，女人步入婚姻生活之后琐碎的事情无形中多了很多，她们承担了大多数家务劳动，而且还要养儿育女，照顾丈夫，甚至还要照顾老人。看着男人就像是断了线的风筝一样在广阔无垠的世界中游荡，女人难免会缺乏安全感。担心男人的安全问题，担心婚姻的稳固问题，担心孩子的成长问题，担心家庭的收支平衡问题……如此种种，使得女人极度缺乏安全感。

其实，并非所有的女人婚后都缺乏安全感，关键在于女人如何协调自己和家庭之间的关系，如何协调工作和生活之间的关系。很多女人都很痴情，她们觉得既然结婚了，那么每个人的所有全都应该归为家庭，这样才是一个真正意义上的家。因此，在不知不觉之中，她们为家庭付出了很多，而且还有一部分女人为了家庭而放弃了自己的工作和事业，放弃了自己的兴趣爱好，放弃了自己的美好前程。这是爱的奉献吗？对于女人来说，这并非一个明智的选择。人类无产阶级导师马克思曾经说过，经济基础决定上层建筑。在家庭生活中，这个道理同样适用。不管是谁，假如依赖于别人生活，必然会失去自我，成为别人的附属品。作为女人，要想有独立的自由，要想有自己的人生，就一定要有属于自己的工作或者是事业。虽然爱情能够使男人在短时间之内心甘情愿地养活自己心爱的女人，但是生活的压力却是人们不堪重负，日久天长，没有经济来源的女人必然失去自己在家庭中的地位和在男人心目中的位置。与此同时，她们必然失去安全感，成为彻底的附庸品。因此，要想有安全感，女人首先应该独立自强。

张茜和杜威是大学同学，大学毕业工作两年之后，他们俩走进了婚姻的殿堂。张茜非常聪明能干，有着一份很好的工作，但是，怀孕之后，因为张茜的身体比较虚弱，所以杜威强烈要求她辞职回家，专心养育孩子。左思右想之后，张茜放弃了那份令自己满意的工作，成为了一名全职家庭主妇。起初，杜威非常感谢张茜，毕竟她为这个家牺牲了很多。然而，日久天长，随着孩子的成长，家中每日的开销也越来越大，杜威感受到自己身上沉甸甸的担子，开始变得急躁起来，脾气也越来越坏。

一天，孩子不小心摔坏了一个张茜新买的手机，杜威马上开始大吼起来：“你这个孩子，怎么把妈妈新买的手机摔坏了呢？！你知道这要花多少钱，你这个败家子！”张茜看到两岁多的孩子被吓得哇哇大哭，赶紧说：“坏了就坏了，再买一个。孩子这么小，他哪里知道什么呀？”“再买一个，你说得倒轻松。你天天在家待着，哪里知道挣钱是多么不容易的事情呢？”杜威怒气难消。听了杜威的话，张茜的心中充满了委屈，也很不安。

她知道，杜威已经开始抱怨了，抱怨沉重的家庭负担，抱怨自己没有经济来源，需要靠他养活。随着时间的流逝，张茜心中的不安全感越来越强，因为担心杜威在外面寻开心，她有的时候甚至会半夜起床查看杜威的手机。张茜知道，自己的心病越来越严重了。好不容易到了孩子三岁的时候，张茜毫不犹豫地把孩子送到了幼儿园。她自己则出去找了一份工作，虽然一切都要重新开始，工资也不好，但是她的心里却无比踏实。她知道，自己又找回了自己，再次以树的形象与杜威并肩而立。

果然，张茜上班之后，家里多了一份收入，杜威的心情也好多了。张茜的心里松了一口气，只有在这种情况下，他们的婚姻才能在良性的轨道里运转。

因为张茜没有收入，所以一家三口的消费都需要由杜威来承担，尽管他刚开始的时候非常感谢张茜为了家庭牺牲了自己的事业，但是日久天长，也难免心生埋怨。幸好，张茜是一个新时代的女性，她知道自己的不安全感来源于哪里，也知道如何使自己充满信心，变得有安全感。因此，她把三岁的孩子送去幼儿园，坚决果断地回到了工作岗位。总而言之，女人要想有安全感，就必须自立自强，实现经济上和人格上的双重独立。只有这样，女人才能以树的形象与男人比肩而立，而不会成为男人的附属品和沉重的负担。

心理学启示

安全感是自己给自己的，而不是从别人那里得到的。不管是男人还是女人，都应该牢牢地记住这个道理。

每个男人都是一个小孩子

虽然男人总是以顶天立地的形象出现，但是，绝大多数的男人心里都住着一个长不大的小孩。正是因为如此，大多数男人的内心深处都有着孩子的天真和任性。尤其是在充满母性的女人面前，男人的这种特性表现得更加明

显。其实，这和男人内心深处的恋母情结有一定的联系。早在希腊的神话之中，俄狄浦斯情结就已经提出来了。后来，精神分析学的创始人弗洛伊德又曾经在心理学领域提出了恋母情结。这就使男人和女人之间更是结下了不解之缘。

在自己所爱的女人面前，很多男人表现得就像是一个孩子，和那些伪装坚强的男人不同，这些男人尽情地展示自己的任性，希望能够得到女人的包容和宽恕。而女人呢？和男人的坚强而脆弱比起来，女人无疑是柔韧的。她们虽然没有男人那么坚强，但是因为有很大的柔韧度，所以在困难和挫折面前往往能够保持坚韧，不会轻易放弃和承认失败。这就是为什么在大的灾难发生的时候，有时，女人比男人的承受能力更强的原因。

男人心里的小孩各不相同。有的小孩非常顽皮，他喜欢带着自己所爱的女人一起飞翔，一起寻找快乐；有的小孩非常暴躁，总是冲动地发脾气，使自己所爱的人流眼泪；有的小孩会跺脚撒野，然后溜之大吉；有的小孩会感到疲惫，把头枕在女人的大腿上，感受爱人的温情……作为女人，要想拥有和谐美好的婚姻生活，首先应该了解男人心里所住着的那个没有长大的小孩，这样才能在男人任性撒娇的时候给予他想要的爱抚。也许有人会说大男人撒什么娇，其实不然，即使是顶天立地的男子汉，也有铁汉柔情的时候。因此，女人要了解男人的内心，要学会安抚男人的情绪，给予他们想要的抚慰。

尽管她不漂亮，也不够温柔，但是她的老公却非常帅气，一表人才。而且，他们的感情非常好，虽然结婚十年了，但是仍然如新婚燕尔般甜蜜。究其原因，是因为她非常崇拜他，也非常宠爱她。他是一个性格爽直的男子汉，身材魁梧，顶天立地。但是，他的心里却住着一个怕黑的小孩。很多女人觉得这么一个魁梧高大的男人怕黑简直是不可理喻的事情，因为他们认为只有女人才有怕黑的权利。但是，只有她，在停电的时候摸着黑给他送去一盏电瓶灯。只有她，在黑暗之中紧紧地与他依偎在一起，没有嘲笑，没有讽刺。就这样，英俊的他被相貌平平的她深深地吸引住了。而除了怕黑之外，他几乎是完美男人的典范。他事业有成，春风得意，而且非常顾家，从来不像其他有钱男人那样在外面花天酒地。每当纪念日的时候，他总是贴心地提前预订好她喜欢的百合花，并且精心地准备礼物。对待孩子，他简直就是一个无可挑剔的父亲，他总是尽量抽出时间来陪伴孩子玩耍，甚至就像回到了童年一样与孩子尽情嬉笑打闹。刚开始的时候，亲戚朋友们觉得他们并不般配，但是他却坚定不移地选择了她。事实证明，幸福始终陪伴在他们的身边。

相貌平平的她之所以能够博得英俊潇洒的他的欢心，就是因为她在他需要的时候抚慰了他心中住着的那个小孩，所以，他感到无比踏实，觉得她就是他的归属和宿命。而她呢？得到了奢望的幸福，被甜蜜的生活包围着，即使是在黑暗之中紧紧相依偎，她也觉得无比幸福和满足。对于他而言，黑暗是可怕的，因为有了她的陪伴，才变得可以忍受；对于她而言，黑暗是他们之间心与心无限贴近的机会，在黑暗之中，她感觉到了被他需要的幸福。

心理学启示

每个男人的心里都住着一个长不大的小孩，作为女人，要想了解一个男人，首先要了解他心灵深处居住的那个小孩。只有抚慰好这个脆弱的小孩，女人才能从男人那里得到自己想要的幸福。

女人心中的“麦迪逊之桥”

生活是琐碎的，它非常残忍地磨平了每个人的锐角，使人们变成圆润的石头。当爱情渐渐退去神秘的面纱，以庸俗的真实面目出现在每个人的面前，尤其是女人，往往很难接受这个现实。正是因为如此，很多女人都会抱怨自己的老公不够浪漫。事实果真如此吗？当浪漫归于普通而又平凡的生活，耀眼的光芒就会逐渐减弱。原来，婚姻都是一样的平庸。然而，即便天下乌鸦一般黑，每个女人的心中也都有着一座麦迪逊之桥。麦迪逊之桥出自于根据美国作家罗

伯特·詹姆斯·沃勒的小说《廊桥遗梦》改编的电影《廊桥遗梦》。当年，《廊桥遗梦》的热播使得全球的离婚率急速攀升，在这部浪漫电影的启发下，无数女人抛开心中的顾虑去争取自己的幸福。当然，也有一些女人像影片的主角弗朗西斯卡一样把浪漫的邂逅深埋在心底，心甘情愿地再次回归家庭，抚育孩子。正所谓一千个人眼中就有一千个哈姆雷特，对于《廊桥遗梦》的理解，真是仁者见仁，智者见智。

卡洛琳和麦克是姐弟俩，他们几乎在同一时间面临着家庭离异的困扰。正当他们为此而纠结万分的时候，他们的母亲弗朗西斯卡去世的消息使他们抛开一切感情问题回到了童年时代生活的偏僻乡村。在母亲留下的一封长信中，他们才了解了母亲这么多年来始终深埋在心底的一段感情秘密。

1965年的一天，全家人都去集市上了，只剩下母亲弗朗西斯卡留在家中。突然之间，摄影记者罗伯特·金凯把车停在了他们家的门前。他想向弗朗西斯卡打听罗斯曼桥的具体位置。弗朗西斯卡非常热心，她上了罗伯特的车，亲自带他去桥边。罗伯特一下车就被眼前的美景惊呆了，他迫不及待地观察造型，选取角度，直到最后，他才采了一把野菊花送给弗朗西斯卡表示感谢。捧着一个陌生男人送的野菊花，弗朗西斯卡的内心有一种别样的感觉，她主动邀请他去自己家喝一杯冰茶。在品味冰茶的过程中，两人不时向对方讲述自己的婚姻和家庭。弗朗西斯卡和丈夫以及一儿一女在乡村过着简单而又寂寞的生活，罗伯特则已经与前妻离异。当夜幕降临的时候，弗朗西斯卡依依不舍地送走罗伯特，她的心情再也无法平静。左思右想之后，她最终下定决心驱车前往罗斯曼特桥，并且把自己亲手书写的一张纸条钉在桥头。

次日清晨，罗伯特再次来到罗斯曼特桥拍摄，他发现了纸条，并且接受了弗朗西斯卡的邀请。就这样，两个人像久别重逢的恋人一样全身心放松地在桥边工作、拍照。当夜色再次降临的时候，两人一起回到弗朗西斯卡的家中共进晚餐。夜色如水，音乐撩人，他们深情地相拥共舞，旋转着舞进了卧室……

在此之后的两天时间里，他们争分夺秒地厮守在一起。但是，弗朗西斯卡却不愿意为了爱情而自私地舍弃家庭，因此，他们痛苦地分手了。

罗伯特走了之后，在漫长而又寂寥的乡村生活中，弗朗西斯卡收集了他所有的作品。1982年3月，当她得知罗伯特的死讯时，很快就收到了他的手镯和项链，以及当年钉在桥头的那张她亲笔书写的纸条。她把它们放在一个木盒里，每年过生日的时候都会翻出来看一看。1989年，弗朗西斯卡过世了，在遗嘱中，她要求子女们把她的骨灰撒在曼迪逊桥畔。

看完了母亲留下来的信之后，卡洛琳和迈克都被母亲的爱情故事所感动，更敬佩母亲对家庭的责任心。他们理解了母亲的良苦用心，开始珍视自己的家庭，放弃了草率离婚的计划。

生活的枯燥和每个女人的心中都有一座麦迪逊之桥。然而，未必所有浪漫的邂逅都能有着完美的结局。作为女人，即使生活再怎么无味而又枯燥，也应该尽量克制自己不要轻易涉足婚外恋的陷阱。弗朗西斯卡的做法无疑使人钦佩，但是并非每个女人都有如此的理智。很多时候，当我们心中的浪漫念头蠢蠢欲动的时候，我们不如用心地把自己的婚姻生活经营得更加浪漫一些。因为工作的忙碌，可能很少有人有大把的时间用于浪漫的约会，没关系，我们应该应时而动，见缝插针地抓住生活和工作的间隙去浪漫一把。当然，正是因为女人心中有着这么一座浪漫之桥，作为男人，也应该提醒自己更多地关注女人在精神方面的需求，把乏味的生活经营得有声有色。

心理学启示

你的心中有着一座麦迪逊之桥吗？拉住爱人的手一起奔向它吧，爱情是经营出来的，浪漫也是经营出来的！

大龄剩女的心理障碍

近几年来，各个卫视电视台的婚恋交友类节目非常火爆，各种类型的婚恋

交友网站也越来越吸引人们的眼球。为什么原本水到渠成的男大当婚女大当嫁的问题现在需要如此兴师动众呢？一则是因为人们因为忙于工作，可供选择的结婚对象越来越少，而且也没有时间去谈恋爱；二则是因为人们对于人生伴侣的要求越来越高，不仅彻底摒弃了父母之命媒妁之言的传统习俗，而且还把自己寻找人生伴侣的半径无限扩大。最多的时候，江苏卫视《非诚勿扰》的舞台上站了四个国家的女生，男生也来自五湖四海，其中还包括很多来自温哥华、加拿大、美国的男生。如此看来，在婚恋问题上，一方面是越来越多的人被剩下了，一方面是越来越多的人开始公开地为自己寻找合心意的人生伴侣。当然，走上婚恋交友类节目在全国几亿观众的众目睽睽之下寻找人生伴侣的女性只是少数，大多数大龄单身女性都在默默地为自己的单身问题着急或者苦恼，而不愿意婚姻问题被亲戚好友提上日程。其中，甚至有一部分女性存在心理障碍，因此始终无法正确面对自己的婚姻问题。

简而言之，大龄单身女性的心理障碍可以归结为三点。首先，大龄单身女性或者是自卑，或者是非常高傲，要么是觉得自己配不上别人而自我贬低，要么是因为自我感觉良好而不把一切男人放在眼中，最终导致自己大龄未嫁，还得亲戚朋友也跟着着急。因此，大龄单身女性或者条件非常优越，也就是人们经常说的“白骨精”或者是“三高”人群，要么条件非常不好，走入了两个极端。反倒是那些平凡而又中庸的女人，早早地就找到了如意夫君，高高兴兴地把自己嫁了出去。其次，大龄单身女性中不乏自我封闭者。她们之中有的人曾经目睹了父母或者是其他亲人的不幸婚姻，因而根本不相信婚姻，有些因为曾经的恋爱经历受到了伤害，因此很难再接受其他的男性。最后，随着年龄的增大，大龄单身女青年反而更加心有不甘。“反正已经这么大的岁数了，不如再等一等吧，这个时候再凑合，难免对不起大好青春的等待。”正是基于这种心理，很多大龄单身女青年不愿意降低自己的标准，总觉得既然已经坚持了那么久，就应该再坚持一下，这是导致很多的大龄单身女青年坚守独身的原因。其实，在这个世界上，一见钟情、惊天动地的爱情真得很少，只有缘分到了，才能水到渠成。大多数人的婚姻都是日久生情，就像五六十年代的人一样，尽管当时已经不流行包办婚姻了，但是他们的婚姻很大程度上还是参考了家长或者是领导的意见。如今平平淡淡的一生走下来，倒也波澜不惊，甘苦与共。所以，假如遇到一个人，假如不像心中所想的那么百般合乎自己的心意，大龄单身女青年也应该适当放宽自己对于爱人苛刻的要求，给自己一个机会。假如能够迈过心中的这三个坎，很多大龄单身女青年的婚姻问题就能够迎刃而解。

雅娟今年32岁了，看着这个待字闺中的老闺女，她的爸爸妈妈简直急得火上房，隔三差五地发动亲戚朋友给雅娟介绍对象。其实，雅娟之所以变成了“剩女”，并非条件不好，而是自己太挑剔。雅娟是学习英语专业的，大学毕业后进入一家外企工作，工作环境好，工资待遇高，是典型的白领。雅娟高挑的身材，白皙的皮肤，大大的眼睛，一看就是美人胚子。但是，眼见着身边的丑小鸭们都嫁了出去，雅娟却觉得自己条件好，不着急，就这样，挑挑拣拣到了30岁。看着闺女过了30岁，爸爸妈妈开始着急了，但是雅娟几经相亲，却回来告诉爸爸妈妈没有感觉。当爸爸妈妈劝说她不要要求太高的时候，她就会慢条斯理地说：“我都等了这么多年了，假如没有碰到合心意的人，岂不是太亏了！”就这样，雅娟已经32岁了。假如不是妈妈一番语重心长的话，雅娟也许还在单着，但是妈妈的话使雅娟改变了自己的想法。妈妈说：“雅娟哪，其实，婚姻是没有那么完美的，一个人，即使再好，也不可能百分之百地合乎你的心意。想当初，我和你爸爸在一起的时候，我也是觉得自己有点儿亏，但是，经过一段时间的接触之后，我发现你爸爸虽然没有很大的本事，但是却是个负责任的好男人。我想，嫁给这样的男人，虽然没有大富大贵，但是生活肯定非常安稳，而且，他对我也会特别好。我和你爸爸真的生活得很幸福，这你是亲眼看到的。”雅娟惊讶地张大了嘴巴，问：“妈妈，爸爸对你这么好，原来你还是带着委屈嫁的。我一直以为你们之间的爱情肯定是轰轰烈烈的呢！”妈妈笑道：“傻孩子，婚姻就像鞋子，外人的评价都是次要的。我嫁给你爸爸的时候全家人都反对，觉得你爸爸配不上我，但是，这么多年你爸爸是怎么对我的，也是全家人有目共睹的。我告诉你这件事，只是想让你知道，一个男人，不管再怎么优秀，都是有缺点的，女人也是如此。你自己不是也有很多不尽如人意的地方吗？又何必对男人提出那么高的要求呢？只要自己心理平衡一下就好了。”听了妈妈的肺腑之言，雅娟在32岁之后第六次相亲的时候与一个成熟稳重的男人确定了恋爱关系。虽然这个男人的长相一般，但是却很有事业心，有家庭责任感，最重要的是，对雅娟非常好！

假如雅娟一直坚持自己的想法，继续不甘心地等待着心目中的那个白马王子出现，只怕幸福的到来仍然遥遥无期。作为女人，最美的青春年华也就是十几年的时间，所以，我们应该珍惜自己的美好时光，把握住机会好好地享受爱情的甜蜜滋味。琼瑶的爱情小说中的那种惊天地泣鬼神似的爱情并非人人都能遇见，作为平凡的人，我们应该摆正自己的心态，脚踏实地地对待爱情和婚姻。

心理学启示

只要能够放宽心中苛刻的要求，敞开心扉接纳喜欢自己的男生，你就会发现爱情其实就在转弯处，只是你被高标准严要求蒙蔽了眼睛，始终视而不见而已。

爱情中的距离和神秘感

人们常说，距离产生美。其实，神秘更是能够产生大美。很多原本彼此倾心的恋人在走入婚姻殿堂几年之后就变得兴趣索然，主要原因就是因为双方之间没有保持适当的距离，导致摸着对方的手就像是摸自己的手一样，全然没有任何的神秘感。如此一来，爱情就失去了根基，失去了赖以生存的土壤。

在传统婚姻中，两个原本陌生的男人和女人一旦结婚，就亲密相处，在同一个屋檐下生活，在同一个锅里吃饭，在同一张床上睡觉，甚至出入都成双成对。刚开始的时候，这种形如一人的亲密总是使旁观者无比羡慕，然而，随着时间的流逝，夫妻之间越来越了解，越来越熟悉，因而渐渐地失去了激情。大多数夫妻都追求默契，然而，默契并非是形式上的熟悉和了解，而是心灵上的共鸣。通常情况下，往往是一个眼神、一个手势，抑或还没有形之于外的某个心念，都能够令对方心领神会，并且产生共鸣，这才是默契。相比之下，假如对方看到你的举动，就知道你接下来要说什么话；看到你的表情，就知道你随后会做出哪些举动，对方了解你甚至比了解自己更加深刻透彻，那么，你们之间虽然有了形式上的默契，却失去了心灵之间的距离感和神秘感，因此也就失去了彼此间的吸引力。对于婚姻而言，假如吸引人们在一起的神秘力量消失了，那么婚姻也会随之枯竭干涸。

随着相处时间越来越长，大多数夫妻在变得越来越亲密、越来越默契的同时，也带来了审美疲劳。由此可见，作为新时代的夫妻关系，除了要有默契之外，为了保持彼此之间的吸引力，也应该保持一定的距离，这样才能产生神秘感，使对方百读不厌。

每年，郝梦都会离开丈夫，独自一个人进行一次长途旅行。对此，身边的好朋友们都很不理解，他们问郝梦："人家去旅游，都千方百计地想和老公一起去，只有你非常奇怪，非要一个人去进行长途旅行。你就不怕你老公心里有想法？"郝梦笑了笑说："他有什么想法？这可是我们结婚之前就说好了的，每年都要分开一段时间。"朋友们更奇怪了："人家夫妻都巴不得每分每秒地腻歪在一起，你却结婚前就说好了每年都要分开一段时间。你说说，你可真是个怪人啊！"郝梦神秘地笑了笑，说："你们懂什么？！知道吗，距离产生美。每次分离，我们都是在思念之中度过的，相见之后，会经历一种重逢的喜悦。这是我们为婚姻保鲜的秘诀！"朋友们认真一想，才发现郝梦说的果然很有道理。因为郝梦和老公的感情真的很好。大多数年轻夫妇都会吵架，但是他俩却几乎从来不吵架，尽管不像传说中的那么相敬如宾，最起码也是好言好语的，从来没有脸红脖子粗地翻脸。看到郝梦的婚姻，很多朋友纷纷效仿。果然，在久别重逢之后，很长一段时间内，他们都沉浸在重逢的喜悦和新鲜感之中，吵架的次数大大减少，亲密和缠绵的次数大大增多。

毫无疑问，郝梦非常聪明。她虽然因为分离而使自己和老公沉浸在思念之中，但是也正是因为这份别样的思念成为了他们的爱情保鲜剂。一次次的离别，使他们的爱情始终能够经历一种久别重逢的喜悦和神秘感之中。他们谁都不知道，分离之后将会有着怎样的重逢。其实，女人们都应该学习郝梦的做法，当然，未必每个人都有条件出去长途旅行，与丈夫拉开时间和空间的距离，但是，除此之外，还有很多方法可以为婚姻和爱情保鲜，拉开彼此之间的距离，给彼此一个独处的机会。比如，可以培养自己的兴趣爱好，不过，不要强求自己所爱的人也必须和自己一起从事同一项活动。为什么不各自坚持自己的兴趣爱好呢？这样一来，双方不仅可以经历短暂的分离，而且还会有不同的体验，从而能够与对方分享。再如，做周末夫妻。尤其是在大城市，如今，周末夫妻越来越多。因为大城市的生活半径比较大，所以夫妻俩万一在不同的地方工作，每天回家就会成为一个沉重的负担。假如能够各自在单位附近居住，到周末的时候再相聚，那么无形中就会有恋爱的感觉，这样也能够为爱情保鲜，为双方保持神秘感。

当然，每对情侣都要根据自己的实际情况安排自己的生活，凡事都有度，长久的两地分居是不可取的，每天纠缠腻歪在一起也是不明智的。聪明的女人会安排自己的生活，认真经营自己的爱情和婚姻。

心理学启示

人的精神世界是一块富饶而又肥沃的园土，需要相对独立的私人空间。这个空间不仅仅包括物理的空间，而且包括心灵的空间。假如缺少这个空间，爱情就会在逼仄狭窄的空间里感到窒息，从而无法自由成长。因此，聪明人知道要为爱情留出空间，要保持在对方心目中的神秘感。

如何牢牢抓住男人的心

男人和女人之间的爱情能够保持的时间非常短暂，剩下的，就是经营。如何把原本短暂的虚无缥缈的爱情经营到生活的实际呢？如何使那个曾经对你充满激情的男人对你始终牵肠挂肚呢？作为女人，要想永远地拴住男人的心，必须动动脑筋。也许有的女人会用美貌吸引男人，其实，这是下下策，因为美貌是无法长久的，短则几年，长则十几年，一旦美貌烟消云散，爱情和婚姻的根基也就摇摇欲坠了；有的女人想用温顺的性格和卓尔不凡的才气吸引男人，然而，找爱人并非是找百依百顺的老妈子，也不是要找一个成天在自己耳边念经的唐僧；聪明的女人会用更加历久弥新的东西吸引男人——与众不同的气质和魅力。只有这种经久不衰、历久弥新的东西，才能把男人久久地留在自己的身边。具体地说，具有独特魅力的女人大多数都是“三不”女人，即“深藏不露、飘忽不定、捉摸不透。”这种女人，才是最让男人魂牵梦绕，甚至是牵肠挂肚的。

男人和女人原本是不认识的，只因为缘分，所以才相识相知。他们从全然陌生，到逐渐了解，很多女人毫无保留地把自己彻底呈现在男人面前，使男人对她的了解比对自己更加深刻和透彻。如此一来，就像人们所说的左手握右手一样，必然会失去吸引。而“三不”女人则完全不同，她们不会把自己彻底地袒露在男人眼前，这样一来，她们在男人面前才能保持神秘感；他们更不会使男人觉得自己就像是笼子里的鸟儿一样，再也不会离开笼子了，使男人放心大胆地出去采摘野花，从而使男人就像初恋一样对自己患得患失；她们不会把自己所有的心思都告诉男人，每个人在考虑问题的时候都有自己的出发点，假如被男人彻底摸清了思路，那么，她还有什么招数能够使自己牵动男人的心呢？夫妻之间的相处，一则是以深厚的感情作为基础，一则是以相互之间的吸引力作为基础。聪明的“三不”女人恰恰知道这两点。

在曾经火爆荧屏的港剧《金枝欲孽》中，尔淳之所以能够从海选中突出重围直至入宫，就是因为她有一套与众不同的“驭帝术”。她坚信，皇上和所有男人都一样，要想讨好皇帝，只需要用讨好普通男人的方法就可以了。百依百顺无疑见效甚快，但是却是最愚蠢的，因为皇上不久就会索然无味。相比之下，若即若离显得更加聪明，使向来呼风唤雨的皇帝可望而不可即。这其中，让皇帝求之不得是最厉害的招数。其实，不管是若即若离也好，还是求之不得也好，从本质上来说，就是在男人面前摆“迷魂阵”，使男人始终在心目中对自己保持一定的神秘感，无法彻底地看透你。尔淳深谙此道，她不仅是这么想的，而且也是这么做的。每次，当皇上主动接近她的时候，她并没有像大多数宫女那样感恩戴德，而是对皇帝漫不经心，由此施展欲擒故纵术。在钩心斗角争风吃醋的皇宫内院，皇帝们早就已经厌倦了万千佳丽主动送上门的良好服务，因此，尔淳的反其道而行之，欲拒还迎，欲说还休，反而吊起了皇上的胃口。在不知不觉之中，皇帝就被这个心计颇深的小丫头灌了“迷魂汤”，别看皇上是九五之尊，但是最终仍然乖乖就范，任其摆布，彻底拜倒在她的石榴裙之下。

从某种意义上来说，一个男人开始进入一段全新的感情就像一个小男孩初次打开一盒新的拼图似的。假如他打开一看，发现拼图不用拼就已经是完整的图案了，那么他一定会感到兴趣索然。与此相反，假如这个拼图必须让孩子自己动脑、想象、部署，最终才能把那些小块拼到一起，那么，男孩的大脑就会异常兴奋。

一个深藏不露、飘忽不定、捉摸不透的“三不女人”深谙此道，她们总是能够让男人领略到水中望月的朦胧的美感，从而不停地追求这美的来源。大家都知道法国女星苏菲·玛索，几乎每个男人都深深地迷恋她。这是为什么？关键原因就在于苏菲·玛索身上有一种非常神秘的气质，而且，她的脸上总是带着那种无辜而又迷茫的表情，既像一株无语凝咽的寂寞梧桐，又像一座神秘莫测的卢浮宫，使男人不由自主地想要揭开罩在她身上那层神秘的面纱，一探真相。

心理学启示

所谓“三不”女人，就是指深藏不露、飘忽不定、捉摸不透的女人。对于男人，这种女人具有最大的吸引力。

女人如何保持吸引力

众所周知，结婚与恋爱是完全不同的。恋爱是两个人之间的事情，可以天马行空，随心所欲，而婚姻则是两个家庭的事情，除了要照顾到两个彼此相爱的人之外，还要照顾他身后的家庭。因此，有人说，婚姻是两个家庭之间的结合。一旦结婚，原本简简单单相爱的问题就会变得复杂起来，婚姻承担的责任和压力比恋爱大得多。

当你爱上一个男人并且想和他结婚的时候，你必须做好充分的心理准备，你不只是同他一个人结婚，而是在与他的生活习惯、家庭背景以及社会背景结婚。必须弄清楚一点，你所面对的这个男人不是一个单独的个体，而是与他相关的那一群人。此外，你还要承担婚后生活中柴米油盐的压力。因此，一旦结婚，婚前那种恋爱的甜蜜感可能会渐渐消失，导致人们的心里产生波动。由此，就产生了恋爱与婚姻的落差心理。所谓落差心理，指的是理想与现实的距离造成了人们内心的失衡。曾经有心理学家列出这样一个算式：幸福生活=现实-期待。它的意思是，现实值与期望值之间的差值决定了幸福的程度。当差值为正的时候，生活就是幸福快乐的；当差值为零的时候，生活显得相对平稳；当差值为负的时候，人们就会变得悲观失望，对生活失去信心和希望。那么，面对婚姻生活，如何保持恋爱的温度呢？这就要求初入婚姻的男人和女人们要调整好自己的心态，积极乐观地面对婚姻生活。

从男人的角度来说，恋爱中的男人往往比较殷勤，对女人呵护备至，而一旦结了婚，有些男人就会觉得自己把所爱的女人装进了保险箱，因而放松了警惕，变得懒散起来，这也是很多女人觉得男人婚前和婚后判若两人的原因。所以，男人应该保持自己的积极性，即使结了婚，也要周到地照顾自己心爱的女人，给予她更多的温暖和关注。从女人的角度来讲，古人云，女为悦己者容。很多女人婚前非常注重自己的形象，关注自己的仪表和气质，而一旦结了婚，她们也觉得自己进了保险箱，所以整日蓬头垢面，变成了一个不折不扣的黄脸婆。对于相爱的两个人而言，不管他们如何注重自己的私人生活，一旦结了婚，他们就变成了一个有着共同利益和共同目标的整体，他们应该团结一心，努力为创造美好的生活而奋斗。当双方因为一些无关紧要的问题发生冲突的时候，要照顾到对方的感受和情绪，更好地经营婚姻。只有保持像恋爱中一样的个人魅力，才能对对方产生吸引力，爱情才能更加长久，婚姻才会更加幸福。

依依和黄林结婚之后，感到生活简直无聊透顶，非但没有像他们所预想的那样变得更加幸福和美好，反而越来越乏味。他们整日因为谁做饭、谁洗碗而争执不休，并且双方的家庭问题也使得他们俩之间的感情产生了隔阂。为此，他们之间的感情越来越淡，甚至起了离婚的念头。看到依依这么痛苦的样子，闺蜜不由得给她出主意：“你看看你啊，先不说你们双方的家里有没有矛盾，你看看你自己如今变成什么样子了。以前的你总是穿着时尚，神采奕奕，但是现在呢？不管你是不是因为想攒钱买房子，你都首先要保持个人的魅力啊，哪个男人愿意和一个黄脸婆度过一生呢？你必须先照顾好自己，然后再考虑买房子的问题。如果黄林看不上你了，移情别恋，那你苛刻自己攒钱买房子还有什么意义呢？”听了闺蜜的话，依依恍然大悟，她知道自己应该保持个人的魅力，这样才能留住黄林的心，才能拥有一个幸福完整的家庭。从此之后，她再也没有沉浸在双方的家庭矛盾中，再也没有和黄林大吵大闹。她学会了包容，每天都心情愉悦，把自己打扮得漂漂亮亮的。闲暇的时候，她会主动约黄林一起去看电影、看话剧，或者是一起出去旅游等。渐渐地，他们之间的爱情渐渐地恢复了灼热的温度，很多矛盾也迎刃而解了。

从依依的婚姻中，我们不难明白一个道理，即对于相爱的两个人来说，即使婚姻需要面对的问题很多，首先的问题也还是先处理好彼此之间的感情，经营好彼此之间的爱。只有这样，很多问题才能迎刃而解，婚姻生活的基础才能更加牢固。

要想为爱情保鲜，要想使婚姻历久弥新，我们首先要保持神秘感。所谓神秘感，其实就是指构成情感引力的重要因素，它能够使人产生雾里看花、水中望月般的朦胧美感，从而引发恋人之间的情趣，使爱情变得越来越浓醇。

心理学启示

婚姻与恋爱之间是有落差的，面对落差，我们要积极地应对，而不是消极地接受感情逐渐变得淡漠。对于相爱的两个人而言，要时刻保持对对方的一种吸引力，这样爱情才会历久弥新。

在相处中找到最舒适的温度

假如说恋爱是一百度的沸水，那么婚姻则是三十度的温水。也许有人不相信，因爱情而诞生的婚姻为什么会与爱情有着如此大的温差呢？事实确实如此。在蜜月期，也许人们仍然能够维持比较高的感情温度，但是，等到蜜月期过了之后，回归到平实的生活中，婚姻就会回归到一种不愠不火的状态之中。婚姻不仅仅只有三十度，而且是一杯三十度的温开水。这样的水经过了热恋的沸腾状态，渐渐地归于平淡，以最舒适的温度让相爱的人彼此依偎。当然，也有人会觉得这个温度和热恋的一百度反差太大，因此无法适应。其实，每个人可以根据自己的需要调节婚姻的温度，从而为自己找到最舒适的温度。

有的人习惯比较高的温度，有的人习惯比较低的温度，这完全是一种个人喜好，不过，必须与相爱的人协调一致。在相爱的男人和女人之间，假如男人习惯于比较淡的夫妻关系，而妻子却始终想要维持一百度的高温，那么双方必然都会无法适应，因为男人对于女人而言太冷，女人对于男人而言又太热。只有找到一个平衡点，使温度被双方所接受，使温度让双方都觉得无比舒适，这段婚姻才能以最好的状态维持长久。这就像人们以前所说的，有人崇尚夫妻之间应该举案齐眉，相敬如宾，但是有的人却认为夫妻之间就应该打打闹闹，爱恨纠缠。这就是人们对于爱情截然不同的喜好。温度也是如此，找到双方都觉得舒适的温度是最重要的。

怀着对于未来生活的美好憧憬，琼斯和约翰结婚了。他们经历了六年的爱情马拉松，无限憧憬婚后的幸福生活。但是，婚后，琼斯却发现这并不是自己想要的生活。琼斯和约翰婚前的感情非常好，好得就像是一个人一样，琼斯原本以为婚姻能够使他们之间的感情更加升温，但是却惊讶地发现他们之间的感情在婚后急剧降温了。以前，约翰每天都接琼斯下班，如今的约翰却总是以工作忙为借口让琼斯自己穿越几个街区回家；以前，约翰在和朋友一起泡吧的时候总是会告诉琼斯自己很快就回家，如今的约翰却恨不得彻夜不归，再多多享受一点儿自由；以前，约翰不管什么事情都以琼斯的意愿为准则，现在的约翰却变得非常理智，如果琼斯想买一套很贵的化妆品，约翰会提醒琼斯他们正在攒钱买房。总而言之，琼斯觉得感觉糟透了，约翰非但没有因为婚姻而增加对自己的爱，甚至连维持都算不上，她觉得他们之间的爱情在急剧降温。不过，约翰却没有觉察到琼斯的内心，依然我行我素。琼斯非常苦恼，找到心理专家咨询。心理专家告诉琼斯，婚后有这种变化和困惑是正常的，因为他们对于婚姻的温度有着不同的要求。在心理专家的建议下，琼斯找到一个机会认真地向约翰倾诉了自己的感受，约翰表示理解和接受，并且进行了一定的调整。琼斯呢，也相应地调整了自己的情绪。很快，在两个人的共同努力之下，他们找到了最适合自己的爱情温度，使得婚姻生活变得更加幸福和美满。

婚姻是不是就像洗澡？每个人对于水温都有着不同的要求。同样的温度，有的人觉得很舒适，有的人觉得很冷，有的人觉得很热。幸好，爱是双方的事情，所以，要想找到最合适的温度，只需要经过两个人的同意就可以了。约翰的态度是很积极的，琼斯也找到了心理专家咨询，在他们两个的共同努力下，婚姻才能以最适宜的温度出现，使相爱的两个人都觉得温暖舒适。

心理学启示

和温度极高的恋爱比起来，婚姻的温度无疑更低。相爱的两个人应该多多沟通和交流，找到适合彼此的温度，这样才能得到幸福美满的婚姻。

“入得厅堂”与“进得厨房”

自古以来，人们就用“入得厅堂，进得厨房”来形容优秀的妻子。不过，在古代社会，女人还没有明确的社会分工，她们的主要任务就是留守在家中相夫教子。因此，那个时代的女人肩负的责任显然小得多。随着社会的发展，女人的社会地位得到了提高，女人开始走入社会，与男人一样承担起繁重的工作。因为生活变得忙碌了，肩负的责任更重了，所以现代的女人很难兼顾“入得厅堂”和“进得厨房”。在这种情况下，女人开始两极分化，或者是“入得厅堂”，或者是“进得厨房”。既然鱼与熊掌不可兼得，那么男人应该如何取舍呢？到底是“入得厅堂”更重要，还是“进得厨房”更重要。心理学家研究发现，男人是用眼睛谈恋爱的，这就决定了男人更在乎女人的形象。现代社会，形形色色的美女如雨后春笋般层出不穷，假如一个女人心甘情愿地在家里当黄脸婆，为男人煮饭炒菜，那么日久天长定然成为一个只能“进得厨房”的糟糠之妻。其实，美味的饭馆随处可见，但是，爱好面子的男人更希望得到的是一个能撑得起面子的爱人。尽管人们说要想拴住男人的心就要拴住男人的胃，但是仍然无法改变男人用眼睛来谈恋爱的事实。由此，聪明的女人在这两者之间进行了取舍，即首先成为一个“入得厅堂”的娇妻，再争取成为一个“进得厨房”的贤妻。

李秀明是一个非常贤惠的女人，自从结婚以后，因为丈夫郝强忙于工作，所以她就主动辞职在家，专心相夫教子。人们常说“一个成功男人的背后必然有一个默默付出的女人”，这句话是很有道理的。正是在李秀明的支持之下，郝强才能解除后顾之忧，一心一意地发展事业。十年的光阴，弹指一挥间。转眼间，他们的儿子已经8岁了，女儿也已经5岁了。如今的郝强已经不再是十年前的那个穷小子了，摇身一变成了一个事业有成的钻石王老五。随着事业的发展，越来越多年轻漂亮的女人围绕在郝强身边。刚开始的时候，郝强还能够谨记“糟糠之妻不下堂”的古训，但是随着时间的流逝，他越来越发现李秀明变成了一个地地道道的黄脸婆，一个彻彻底底的家庭妇女。她每天都忙于照顾孩子，尽管家里的经济条件很好，但是她却不注意自己的形象，因为她不忍心花郝强辛辛苦苦挣来的钱。然而郝强却不领情，他更愿意看着一个光鲜亮丽的女人在自己的面前转。渐渐地，他开始在外面包养年轻漂亮的情人。李秀明感受到了郝强的变化。以前，郝强最喜欢吃的就是李秀明做的菠菜面，有的时候，即使出去陪客户应酬吃大餐，郝强回家之后也会要求刘秀明下一碗面。但是如今，郝强再也不提刘秀明的面了，因为他吃惯了燕窝鱼翅、山珍海味，已经对那碗菠菜面不感兴趣了。发现郝强的变化之后，再加上听到的风言风语，李秀明突然想明白了一件事情：女人不能太亏待自己，否则，男人是不会领情的。她开始注重自己的形象，去形形色色的健身会所、美容沙龙，她甚至还开始学钢琴和绘画。经过一年多的时间，已经很久没有关注自己妻子的郝强突然之间就像发现了新大陆一样。出现在他面前的李秀明高雅大方，虽然已经四十多岁了，但是却散发出成熟女人独有的魅力，这是那些年轻女孩子所模仿不来的。他开始频繁地带李秀明出席各种商业场合，因为他觉得李秀明不俗的谈吐和成熟的美丽能够给自己增光添彩。

李秀明非常聪明，她发掘出了自己独特的美丽，最终挽回了丈夫的心。无数事实证明，即使是对糟糠之妻，男人也往往无法忍受一个黄脸婆整日围着自已转。所以，作为女人，不管自己的丈夫是成功人士还是普通的凡人，都应该注重自己的形象，最起码能够与丈夫并肩出席各种社交场合。对于男人来说，美味的食物当然重要，但是面子更加重要。一个拿得出手的老婆能够给男人挣来无限的风光，很多时候，即使别人调侃男人是牛粪，只要夸奖他的妻子是鲜花，男人也是觉得特别有面子。女人要把握住男人的这种心理，多多注意自己的形象。

心理学启示

男人需要一个出得厅堂的妻子为自己长脸，所有男人都是如此。因此，女人应该了解男人的心理，这样才能更好地把握婚姻的方向。

参考文献

[1]易东.心理分析术[M].北京：中国纺织出版社，2012.

[2]王保蘅.弗洛伊德心理分析术[M].南京：凤凰出版社，2013.

[3]高振云.受用一生的哈佛心理课[M].北京：印刷工业出版社，2012.